儿童精神分析

Psychoanalysis of children

梅兰妮·克莱因 儿童心理学

全面分析、诠释儿童的潜意识幻想。让我们更懂得儿童心理，也更懂得如何与儿童相处，与曾经的自己和解

[英]梅兰妮·克莱因 著
冀晖 译

北京理工大学出版社
BEIJING INSTITUTE OF TECHNOLOGY PRESS

版权专有　侵权必究

图书在版编目（CIP）数据

儿童精神分析 /（英）梅兰妮·克莱因著；冀晖译. — 北京：北京理工大学出版社，2020.11（2024.6重印）

ISBN 978-7-5682-9067-8

Ⅰ．①儿… Ⅱ．①梅… ②冀… Ⅲ．①儿童—精神分析 Ⅳ．①B844.1

中国版本图书馆 CIP 数据核字（2020）第 182337 号

责任编辑：田家珍		**文案编辑**：田家珍	
责任校对：周瑞红		**责任印制**：施胜娟	

出版发行 / 北京理工大学出版社有限责任公司
社　　址 / 北京市丰台区四合庄路6号
邮　　编 / 100070
电　　话 /（010）68944451（大众售后服务热线）
　　　　　　（010）68912824（大众售后服务热线）
网　　址 / http://www.bitpress.com.cn

版 印 次 / 2024年6月第1版第2次印刷
印　　刷 / 天津明都商贸有限公司
开　　本 / 880 mm × 1230 mm　1/32
印　　张 / 9.5
字　　数 / 228千字
定　　价 / 75.00元

图书出现印装质量问题，请拨打售后服务热线，负责调换

第一版　序言

本书的写作基础是我从事儿童精神分析的观察实践。我原本是这么计划的，在本书的第一部分内容中介绍我在精神分析的过程中运用的技巧，在第二部分的内容中描述我在临床工作中所积累的理论成果，目前看来这些理论刚好适合作为我分析技巧的基础。但是在我撰写这本书时（这本书拖了好几年的时间才写成），第二部分的理论却比我的预期多很多。对成人的精神分析实践以及对儿童的分析经验，让我可以将我对儿童最早期的发展阶段的观点应用到成人心理学，并得出个体早期发展阶段的精神分析理论。我将在这本书中详细描述这些成果。本书的所有结论和贡献都基于弗洛伊德所传授的知识体系。我正是站在他的肩膀上才得以进入幼童的心灵，尝试分析与治疗他们。除此之外，通过直接观察儿童的早期发展，我才获得了如今的理论成果。这些成果充分验证了弗洛伊德在成人精神分析领域的发现，也代表了我致力于将他的理论在儿童精神分析等领域的应用和深化。

如果这些努力有一定效果,或者这本书能够为建设精神分析学大厦添砖加瓦,那么我最先要感谢的是弗洛伊德本人。他不但建起了这座大厦,还让其拥有了持续发展壮大的根基,而且引领我们将目光投向那些新的领域,在这些领域开展新的工作。

我要感谢我的两位老师,他们是桑多尔·费伦齐医生(Sándor Ferenczi)和卡尔·亚伯拉罕医生(Karl Abraham),在我的精神分析发展生涯中,他们扮演了重要角色。费伦齐医生是首先将我引进精神分析世界的人。他使我对精神分析的真正本质和意义有了一定的了解。他对"潜意识"和"象征"等概念的强烈而直接的感觉,以及他和儿童的心灵进行沟通、建立联系的能力,对我理解儿童心理学具有重大意义。他也让我意识到我在儿童分析领域的禀赋。他自己对儿童精神分析非常感兴趣,在这个领域还鲜有人涉足的时候,他就鼓励我专注于这个领域的研究。他竭尽全力地帮助我在这条道路上继续前进,并在我踏上这条道路的时候给予了我莫大的支持。正是费伦齐,奠定了我成为一名精神分析师的基础。

卡尔·亚伯拉罕医生是我的第二位恩师。我非常幸运能遇到这位老师,他具备一种能力,这种能力能鼓励他的学生把最好的潜能用在精神分析上。在亚伯拉罕的眼中,精神分析的进展完全取决于精神分析师本人,取决于他的工作质量、人格特质以及学术造诣。我一直将这些高标准放在心里,在这本关于精神分析的书中,我试着偿还这份我欠精神科学的情。无论是在临床实践还是在理论上,亚伯拉罕都非常清楚地知道儿童精神分析的巨大发展潜力。在1924年于德国乌兹堡(Würzburg)召开的第一届德国精神分析师年会中,他提到了一篇我的论文,那篇论文写的是一名患有强迫性神经官能症的儿童,对此他说了下面这番让我铭记一生的话,他说:"精神分析的未来,在于分析技巧。"对幼童心灵的研究,让我明白了一些事实,乍一看,这些事实或许有点奇怪,然而当时亚伯拉罕对我的工作充满了信心,并且鼓励我继续沿着我开始的道路前进。我的理论成果,其实只是亚伯拉罕思想的自然延伸,这一点我希望能在本书中有所呈现。

在过去的几年中,我的工作得到了恩斯特·琼斯医生(Ernest Jones)真心诚意的鼎力支持。在儿童精神分析刚开始起步的时候,他就已经看到了它未来在精神分析发展中的角色。正是由于他的邀请,我才能在1925年在伦敦的英国精神分析学会上,以客座的身份开展了第一次讲座。这些讲座构成了本书第一部分的内容,第二部分的内容则来自1927年我在伦敦做的一些演讲,主题是"儿童精神分析视野下的成人心理学"。作为儿童精神分析的倡议者,琼斯医生具有坚定的信念,并打开了英国研究儿童精神分析的大门。他本人对这个领域也做出了很多重大贡献,比如,早期焦虑情境的问题和攻击性对于罪疚感的意义,以及早期阶段的女性性发展等。在所有关键的地方,他的研究结果都和我的研究密切相关。

借此机会,我还要感谢我英国的其他同事,感谢他们对我工作的真挚理解与诚心的支持。和我有着共同信念与私人友谊的妮娜·塞尔(Nina Searl)小姐,在英国儿童精神分析事业的发展以及儿童精神分析师的培训方面做出了重要的贡献。斯特雷奇先生和太太(Mr.&Mrs. Strachey)对本书的付梓也有很大的功劳。他们不仅精准地翻译了我的文字,而且在写作上还给了我非常宝贵和富有创造性的建议。我还要感谢爱德华·葛罗夫医生(Edward Glover),感谢他对我的工作一如既往的兴趣,以及他的仁慈批评对我的帮助,尤其是协助指出我的理论和现存普遍被接受的精神分析理论相类似的地方。同时,我还要非常感激我的好友琼·里维埃夫人(Joan Riviere),她不仅积极支持我的工作,还做好随时在各个方面帮助我的准备。

　　最后,也是最重要的一点,我真心感激我的女儿梅莉塔·舒米登堡医生(Melitta Schmideberg)。她为本书的付梓付出了很多心血,也提供了很多非常宝贵的帮助。

梅兰妮·克莱因

1932年6月于伦敦

第三版　序言

在本书首次付梓后的几年里，我有了一些关于婴儿一岁以前生活的更加深入的研究结果。这些结论让我对某些重要假设有了更加细致的阐述，在这里我将予以呈现。本序的目的正是想让读者对这些修正后的实质有所了解。目前我所想到的和其相关的假设主要有：在婴儿生命最开始的几个月，他会经历被害焦虑（persecutory anxiety）状态，这种状态和"施虐高峰期"（phase of maximum sadism）密切相关。小婴儿也会产生破坏冲动和对原始客体的幻想所带来的罪疚感，这个原始客体指的是他的母亲，更确切地说，指的是他母亲的乳房。而这种罪疚感会让婴儿产生一种倾向，想要修复跟被伤害对象之间的关系的倾向。

我发现，想要更详细地描述婴儿在这一时期的心理面貌，在一定程度上对研究重点和时间顺序进行调整是有一定必要的。我区分了婴儿在最初6个月到8个月生命中的两个主要阶段，将其称为"偏执心理位置"（paranoid position）和"抑郁心理位置"（depressive position）。（我选择"心理位置"这个词的原因是它们代表了童年早期反复出现的焦虑和防御的特定现象集合，当然这些现象并不是都发生在童年早期，它们在儿童发展的最初阶段可能就已经出现了。）

在偏执心理位置阶段，婴儿的破坏冲动与被害焦虑占据主导地位，这个阶段自出生开始一直延伸到第三、第四个月，甚至第五个月。这让我们必须改变对施虐高峰阶段的时间定位，但高峰阶段施虐特质和迫害焦虑间的密切联系并没有改变。

伴随而来的是抑郁心理位置，大概在半岁左右形成，它跟自我发展的关键步骤密切相关。在这一阶段，施虐冲动和施虐幻想乃至迫害焦虑的威力逐渐消失，婴儿可以将完整的客体内射、部分客体的各个方面以及自己对它的情绪进行整合。他们对客体的爱和恨纠缠不清，这导致他们异常焦虑，害怕客体的内在与外在受到伤害或者破坏。抑郁与罪疚感使婴儿竭尽全力保护爱的客体或者让他们再生，以此修复他们的破坏冲动和幻想导致的结果。

抑郁心理位置的概念不仅带来对早期发展阶段时间定位的变化，还让我们对小婴儿的情绪生活更加了解，因此极大地影响了我们对整个儿童发展的理解。

这个概念的提出让我们对俄狄浦斯情结早期阶段的理解更进了一步。我仍旧相信俄狄浦斯情结大概形成于半岁左右，但我不再认为这一阶段是施虐高峰阶段，因此我将专注于婴儿和父母的情绪关系以及性关系的初始点。所以，尽管在某些篇章中（如第八章）我提出俄狄浦斯情结产生于施虐和恨意中，然而我现在认为，俄狄浦斯情结产生于婴儿带着爱恨双重情感转向第二客体（即父亲）的时候。（在第九、十和十二章中，我从其他角度重新思考了这个问题，那时的看法和这个观点比较接近。）我认为，抑郁的情感来自对失去深爱的母亲的恐惧，母亲作为内在和外在客体，是早期伊底帕斯欲望的重要诱因。由此，我将俄狄浦斯情结的早期阶段与抑郁心理位置关联在一起。

我也想根据过去十六年中积累的经验，对本书中的颇多表述进行更新和修正。但这些修正并不会导致原有的结论发生根本性的变化，因为本书中的观点基本上也是我现在持有的观点。并且，我最近工作上一些进展，都是基于书中原有的假设，比如：内射（introjection）和投射（projection）的过程从出生起就开始运作；随着时间的推移，内化的客体逐渐促成了超我各个方面的发展；内外客体的互动关系自婴儿期早期就已经开始，并极大地影响了超我发展和客体关系；俄狄浦斯情结其实很早就已经发生；带着神经质特质的婴儿期焦虑是精神病的重要标志。此外，在本书中描述的游戏技巧（该技巧于1922和1923年开发出来），其要点仍然都有效。我后来的工作只是对它进行了优化，并没有改变它。

梅兰妮·克莱因
1948年5月于伦敦

引 言

儿童分析兴起于二十多年前,当时弗洛伊德是病人"小汉斯"的精神分析的主持人。这次主持揭开了儿童精神分析的序幕,其理论意义体现在两个方面。第一,小汉斯还不满五岁,这个成功的案例证明,在幼童身上可以运用精神分析方法。

第二,更重要的是,这次案例不可否认地证明了在儿童身上的确存在一直以来受到大家质疑的"婴儿期本能趋向"(infantile instinctual trend),这一点弗洛伊德早就在成人身上发现了。另外,小汉斯案例的成功,让我们看到了儿童精神分析的希望,那就是对幼童的精神分析完全可以超越成人精神分析,从而让我们可以更深刻、更准确地认识儿童的心灵世界,同时也能够对精神分析学理论的建立贡献一份力量,虽然这并不是在一朝一夕之间就能实现的。这么多年过去了,儿童精神分析在精神分析领域,还是一片鲜有人触及的贫瘠之地,不管是在科学研究方面,还是临床实践方面。尽管有胡戈-赫尔姆斯医生（H.v.Hug-Hellmuch）这类精神分析师曾经进行过儿童精神分析，但一直以来，并没有人建立过一套完整的与分析技巧及其应用有关的规范。基于这个原因，儿童精神分析在临床实践和理论知识方面都还有很大的开发空间。与此同时，那些一直以来运用于成人精神分析方面的原理和方法能否用于儿童精神分析还有待证实。

近十年以来，越来越多的人开始涉足儿童精神分析领域。主要分为两个派系，一个是以安娜·弗洛伊德为代表的派系，另一个则是我本人。

根据在儿童"自我"（ego）方面的研究发现，安娜·弗洛伊德修正了一些精神分析的经典技巧，并独自建立了一套潜伏期儿童的分析方法。我和她的理论在一些特定的方面有不同之处。安娜·弗洛伊德认为，儿童无法发展出"移情神经官能症"（transference-neurosis），所以缺乏分析治疗的基础条件。她还认为，成人精神分析方法不能运用于儿童，因为儿童的"婴儿期自我理想"（infantile ego-ideal）还不够强大。而我的观点刚好跟她相反。通过对儿童的观察，我发现儿童也可以发展出"移情神经官能症"，这点跟成人是类似的，我们只要不介入任何教育手段，运用和成人精神分析一样的方法，并且对儿童对精神分析师的负面冲动进行深入分析。除此之外，我还观察到，就算运用深度分析的方法，对不同年龄段的儿童来说，超我（superego）的严厉性仍然很难缓解。另外，只要不借助于任何教育手段，精神分析不但不会损害儿童的自我，反而会使之强化。

无可置疑，将两种方法在临床数据的基础上进行详细的比较，并且从理论的角度对它们进行评估，将是一件非常有趣的事。但是现在我仅仅能做的是，用这些文章来展示我的分析技巧和得出的理论成果。截至目前，我们对儿童精神分析的认知仍然有限，所以当前最重要的是，让大家从各个方面了解儿童精神分析的主要问题，并全力将已有的成果进行汇集整理。

目录

第一部分
儿童分析技巧

- 002 **第一章**
  儿童分析的心理学基础
- 015 **第二章**
  早期分析技巧
- 035 **第三章**
  六岁女童的强迫性神经官能症案例
- 057 **第四章**
  潜伏期儿童的分析技巧
- 079 **第五章**
  青春期儿童的分析技巧
- 094 **第六章**
  儿童神经官能症
- 113 **第七章**
  儿童的性活动

第二部分
早期焦虑情境及其对儿童发展的影响

124	**第八章** 早期俄狄浦斯冲突和超我的形成
145	**第九章** 强迫性神经官能症与超我早期阶段的关系
172	**第十章** 早期儿童焦虑情境对自我发展的影响
189	**第十一章** 早期焦虑情境对女童性发展的影响
237	**第十二章** 早期焦虑情境对男童性发展的影响

273	附录一	儿童分析的广度和局限
278	附录二	说明
282	附录三	克莱因生平年表
287	附录四	个案病人名单

第一部分

儿童分析技巧

第一章
儿童分析的心理学基础

在精神分析学里，儿童精神分析是一个较新的领域。通过对儿童的精神分析的观察，我们得出一个结论，即便是在早期的时候，儿童也会经历性冲动与焦虑，并可能因此造成严重的心理创伤。儿童并非是"无性"（asexuality）的，也并不存在大家所谓的"无忧无虑的童年"。这个结论是我们根据对成人的心理分析与对儿童的直接观察得出的，而对幼童的心理分析实践也对这个结论进行了证实和补充。

让我们从我的小病人开始讲起吧。根据我对这个小病人早期的心理分析，我将描绘出她的心理面貌，并会用案例加以说明。这位小病人名叫莉塔，第一次来我这里接受治疗时她刚满两岁零九个月。她刚刚满一岁的时候，就不再偏爱她的妈妈。之后，她对爸爸的偏爱越来越明显，而对妈妈则表现出强烈的嫉妒。比如，在她十五个月大的时候，她常常表现出想和爸爸待在一起的愿望，她喜欢坐在爸爸的膝盖上,跟他一起看书。而到了十八个月的时候,她的偏好又一次改变,母亲再次成为她的偏爱。但是这个时候,她开始出现夜惊,并对动物产生了害怕的情绪。她对妈妈的依赖越来越大,而对爸爸则越来越不喜欢。两岁之后,她的行为变得更加矛盾,无法管教,最终在两岁零九个月的时候,她的父母把她送到了我这里治疗。那时候,她有明显的强迫性神经官能症和强迫性的仪式动作,控制不住的淘气行为和带着悔意的乖巧表现在她身上交替出现。而她喜怒无常的情绪发作也和忧郁型抑郁症的所有表现相吻合。另外,她还表现出严重的焦虑,她承受不了任何挫折,对自己的玩乐有着压抑的行为,而且还有过度悲伤的表现。诸如此类,导致家长对她的管教无从下手。

从莉塔的案例我们可以清晰地看到,在十八个月的时候,她出现的夜惊现象,其实是她面对俄狄浦斯冲突时的神经官能表现。因焦虑而反复夜惊,出奇地愤怒以及其他一些症状,这些都是她的表现,与早期俄狄浦斯冲突引起的强烈罪疚感息息相关。

下面我将通过另一个案例来考查这些早期罪疚感的内容和成因。楚德的年龄是三岁零九个月,她在治疗的过程中,一直玩着"假装"的游戏。她假装是在晚上,大家都要准备睡觉了。然后她从房间的一角(她假装那是她的卧室)轻轻地向我走来,以各种各样的方法威胁我,比如:她想用某个锋利的武器刺我的喉咙,想将我扔出窗外,想用火烧我,想带我去警察局等等。她还想把我整个捆住,然后揭开沙发上的毯子,在上面"大便"。最后,我终于搞明白了她真正的意图,她觉得妈妈的屁股里有一个小孩,她想要窥视它,其实,她所谓的小孩只不过是妈妈的大便。还有一次,她说要打我的肚子,将我的大便取出来,让我的肚子变得空空如也。然后她拿着一些沙发的靠垫(她一只坚称这些靠垫是她自己的孩子),躲到沙发后面的一个角落里，她在那里缩成一团，表现得非常害怕。她还用靠垫把自己遮挡起来，将手指头放进嘴里吮吸，最后还尿湿了裤子。每次她对我进行攻击以后，都会重复一样的行为。我发现，楚德的这些行为在细节上都与她在还未满两岁时出现的严重的夜惊现象相呼应。而那个时候的她，一次又一次地闯进父母的房间，但她始终说不清她闯进房间是为了做什么。而在我分析发现她遗尿、遗粪这些行为，其实是为了攻击父母的性交之后，她的症状就消失了。楚德想要杀死妈妈，抢走她肚子里的胎儿，还想要取代她的位置与爸爸性交。在楚德两岁的时候，她的妈妈生下了妹妹。而她在两岁时候对妈妈的憎恨与攻击冲动，使她后面对妈妈的依赖性越来越强，并因此产生了严重的焦虑和罪疚感。然后，通过夜惊的方式，将这些焦虑、罪疚感和她其他的情绪表达出来。因此，我认为：幼童早期的焦虑和罪疚感，源于他们的攻击倾向，而这种倾向和俄狄浦斯冲突有关。楚德在接受治疗的时候，如果明确地出现了我所描述的行为，那么在来治疗之前，她其实已经用各种方法伤害过自己了。后来我才明白，楚德用来伤害自己的那些物体，例如桌子、橱柜与壁炉等，和她在最原始以及婴儿期的认同相符合，正是她的爸爸或者妈妈在处罚她的象征。

再看看第一个案例，我们发现，在两岁以前，莉塔一旦做错事，就会表现出非常明显的悔意，同时，她也非常敏感，尤其是在面对大人的责备时。例如有一次，她和爸爸一起看图画书，爸爸突然笑着说，他要对付书里的一只熊，她立刻大哭起来。而她对图画书中的熊有认同感的原因是，她害怕爸爸对她不满意。她在做游戏时的压抑也来自这些罪疚感。在她两岁三个月的时候，经常玩洋娃娃的游戏，虽然她并不觉得这个游戏很好玩。在游戏里，她不断地强调她不是洋娃娃的妈妈。分析显示，她不断强调自己不是洋娃娃的妈妈的原因是不被允许,因为在游戏中,洋娃娃代表的是她的弟弟。她一直希望能在妈妈怀孕的时候从妈妈的身体里夺走这个弟弟。然而,这个禁令并不是来自她真正的妈妈,而是来自她内心的投射。在她内心的投射里,这个妈妈的形象比她真正的妈妈更加严苛与残酷。莉塔在两岁的时候,还出现了强迫症,具体表现是,她的床上仪式需要很久。仪式的主要内容是,她认为,她必须要用睡衣把自己紧紧地裹住,不然,老鼠或"小东西"就会从窗户跑进来,咬掉她自己的"小东西"。而她的洋娃娃也必须得跟她一样,紧紧地被裹起来。她不断地重复这种床上仪式,让仪式变得越来越细,时间越来越长,而这些行为显示,她的心智已经被强迫型的态度完全侵占了。在一次治疗的过程中,她在洋娃娃的床上放了一只玩具大象,目的是以防洋娃娃半夜起来跑去她父母的房间,然后对他们做一些坏事,或从他们那里拿走点什么东西。而这只大象则是她内心投射的爸爸妈妈角色的代表。在一岁零三个月到两岁之间,当她想要替代妈妈的位置和爸爸在一起,以及抢走妈妈肚子里的孩子,并做出伤害妈妈和阉割爸爸的行为时,她内心投射的爸爸妈妈就会出来阻止她的这种想法。仪式的意义越来越明确:她把自己紧紧裹在睡衣里,是为了避免自己会半夜起来,去攻击自己的爸爸妈妈。与此同时,她觉得自己可能会因为有这些想法而被爸爸妈妈以相同的方式惩罚,所以把自己裹起来也是对担心被攻击的一种防卫方式。比如,这种攻击可能来自她爸爸的"小东西"(指她爸爸的阴茎),"小东西"会对她的生殖器造成伤害,并且咬掉她自己的"小东西",以此作为她想要阉割爸爸的惩罚。在玩游戏的过程中,她经常在惩罚了她的洋娃娃后变得充满愤怒和恐惧。实际上,她分别扮演了两个角色,一个是惩罚的力量,另一个是被惩罚的孩子。

通过这些游戏可以证明,这种焦虑既来自孩子真实的父母,更来自他们内心投射出来的更加严厉的父母。孩子身上的这些情况可以跟成人的"超我"一一对应。这些典型的迹象，通常在俄狄浦斯情结到达顶峰还没有衰退之前出现，也就是在整个即将持续好几年的发展过程的最后阶段出现。早期的分析表明，在婴儿半岁的时候，俄狄浦斯冲突就开始形成，而跟其一起形成的还有婴儿的超我。

我们发现，儿童在早期的时候就可能因为罪疚感而背负巨大的压力，这也为我们对幼童进行精神分析奠定了基础。然而，想要成功治愈，条件却还不够。例如，幼童不会像成人那样觉得自己遇到了心理问题，又缺乏诱导物对他们进行分析，加上他们与现实的联系不强，最后也是最重要的，他们还不能用语言表述，就算可以表述也不能表述得很充分。而在进行成人分析时，语言恰恰是一个最重要的工具。

让我们先来了解一下语言这个重要的工具。第一，婴儿期的心理和成人的是有差异的，在了解它们之间的差异后，我学到了触发儿童自由联想的途径，并通过这些联想抵达他们的潜意识。根据儿童心理学的特点，我可以借由游戏玩耍对他们进行分析。儿童在玩耍和游戏的过程中，可以将他们的幻想、愿望以及真实经历通过象征的方式表达出来。他们通过还不太成熟的、或者说是与生俱来的语言进行表达，这与我们所熟悉的梦的语言一模一样。而想要完全了解儿童的语言我们只能通过弗洛伊德所教导的解析梦的方法。当然，如果我们要正确理解儿童的游戏行为，以及进行分析时的其他所有行为，我们就不能仅仅看到游戏本身给我们带来的一些零散的象征意义，即便这些象征非常吸引我们的视线。我们一定要考虑到所有机制以及所有梦境中用到的表征方式，而不能从整体情境中将个别元素单独剥离出来。从早期儿童分析经验可以看出，单个玩具或游戏很有可能代表着多种意义，我们只有考虑了更多的联系以及对整个分析情境进行考察之后，才可以去推断和解释它们的意义。例如莉塔的洋娃娃，有时候代表的是阴茎，有时候代表的是从妈妈那里偷来的孩子，有时候则代表的是她自己。只有将这些游戏元素放进与孩童罪疚感的联系里一起考察，并对它们进行尽可能详细的分析，这样的分析才可能完整。在分析的过程中，儿童向我们展示的场景总是让我们眼花缭乱，更有可能，这些展示根本就没有意义。他们一会儿玩玩具，一会儿玩扮演游戏，一会儿玩水，一会儿剪纸，一会儿画画。其实，孩子怎么玩游戏，为什么突然换了游戏内容，以及用什么样的东西来表达游戏的内容，所有这些都是有内在联系与规则的，如果我们用释梦的方法进行解释，也许这些行为的意义就会一目了然。游戏是儿童最重要的表达途径，他们经常会通过游戏的方式来表达他们前一秒刚告诉过我们的梦境，也会通过游戏的方式表达出对梦的自由联想。如果我们充分利用游戏分析技巧，便可以从分散的游戏元素中，找出儿童的自由联想，这和成人在梦的分散元素中的自由联想几乎一样。这些分散的游戏元素对有丰富经验的精神分析师来说，便是很好的指征。而且儿童在玩耍的时候也会说话，他们说的话都是很真诚的自由联想，都有很高的价值。

让人感到吃惊的是，有些时候，儿童对我们的解析接受度很高，他们甚至非常乐于被我们解析。原因可能是，在他们心灵的特定层面，意识与潜意识的沟通相对容易，所以对他们而言，重回潜意识之路要容易一些。解析常常可以非常快地产生效果，意识层面甚至都可能不知道，它其实已经解析过了。孩子通过解析可以重新开始被心理抑制（inhibition）临时打断的游戏，改变游戏的玩法，增加游戏的内容，从而让我们可以窥探他们心灵更深处的秘密。当他们不再焦虑时，就会有重新玩游戏的欲望，这时，他们便与精神分析师重新建立起了接触。当儿童产生抑制的心理能量在解析过程中被赶走了，他们就会对游戏重新提起兴趣。而有些时候，我们在对儿童进行解析时，也会遭到他们的阻抗（resistance），他们不愿意配合治疗，而这有可能是因为我们触及了他们心灵更深处的焦虑和罪疚感。

儿童在游戏中所采用的不成熟的、象征性的表征（representation），与另外一套原始机制有关。在游戏中，儿童常常用行动来代替语言。当他们要表达自己的思想的时候，不是说出来的，而是做出来的。也就是说，在分析时让他们"用行动表现"（acting-out）是非常重要的。弗洛伊德在《一个婴儿期神经官能症的案例》一文中指出："对神经官能症儿童的分析显然是可靠的，但是素材没有那么丰富；可以将很多语汇和思想借用在孩子身上，但就算这样，我们可能还是抵达不了他们最深的意识层面。"如果我们原封不动地照搬成人精神分析的方法，那么明显，我们是进入不了儿童最深的意识层面的。而不论是儿童还是成人，只有触及最深层面，精神分析才有成功的可能。但是，如若我们熟知儿童心理学和成人心理学的区别（主要表现为：儿童的潜意识和意识之间的界限不清，最原始的冲动和高度复杂的心理过程相伴相生），如果我们准确地掌握了儿童的表达方式，那么儿童分析难题和缺点都不再是问题，我们会发现，我们也可以对儿童精神的最深层面进行分析，就如同我们对成人精神的最深层面进行分析那样。在儿童分析中，通过儿童的直接表达，我们很容易追溯儿童的经历和他们的固着（fixation），但是在成人分析中，我们只有以重新建构的方式才能获得。

1924年，我在萨尔茨堡会议上发表的论文中提出了一个观点，那就是无论在什么形式的游戏活动背后，都潜伏着儿童自慰幻想的释放过程。这种释放过程通过持续的游戏动机呈现，表现出来是一种

"强迫性重复"（repetition-compulsion），它建立了儿童游戏本身和伴随而来的升华作用（sublimation）的基础机制。游戏中出现的抑制也就是源自对这些自慰幻想太过强烈的压抑，由此，儿童生命中的想象力也随着被压抑了。和儿童的自慰幻想有关的是他的性经验，儿童在游戏中找到了表达和发泄的方式。在这些再现的经验中，原始场景（primal scene）发挥了十分重要的作用，在早期分析中占据着主导地位。正常情况下，只有在做完大量分析以及在一定程度上将原始场景与儿童性趋势揭示之后，我们才能获得儿童性前期经验与幻想的表征。比如，露丝四岁零三个月，因为她母亲的奶水不够她喝，所以在很长一段时间里，她都处于饥饿的状态。于是她在做游戏的时候，会把水龙头称作"奶龙头"。她在游戏中是这样解释的："奶要流进嘴（其实是下水道口）里去了，但是它流不进去呢。"从她在很多游戏和扮演的角色所表现出来的心态中，都显示了她没有被满足的口腔欲望。比如，她常常说自己很穷，只有一件外套，没有东西吃等，当然，这些都不是事实。

还有一个案例，六岁大的厄娜是一个强迫症患者。她得神经官能症的主要原因是如厕训练。在分析中，她非常详细地向我展示了她的经历。例如，她把一个正在排便中的玩具娃娃坐在积木上，然后让其他娃娃排成排，仰望着它。接下来，我决定加入她的游戏，仍然还是如厕的主题。这次，她扮演妈妈，我则扮演那个被大便弄脏的孩子。一开始，她非常关心孩子，并且赞赏她。可才过了一会儿，她就变了，变成了一个很凶而且很严厉的妈妈，并开始虐待她的孩子。从这个游戏中，我看到了她童年早期的经历与感受，那时候的她，刚刚开始做如厕等训练。她觉得就是在那个时候，她失去了曾经在婴儿时期得到过的妈妈的关心和爱护。

在儿童分析中，我们不可以因为儿童的强迫性重复行为，就过于看重他们的外在行动与潜意识幻。在大多数情况下，儿童确实喜欢用行动来表达（acting out），而成人通常也依赖这一原始机制。他们在分析时感受到愉悦，这为继续治疗提供了不可缺少的刺激，尽管我们知道，这也只不过是一种手段罢了。

当分析开始后，儿童的焦虑已经被分解了一部分，开始有了放松的感觉，这种感觉促使他继续接受治疗，而这种情况往往在最初的几次治疗后就会出现。因为在治疗之前，他们其实并没有被分析的内在需求，而这种放松感让他们确切地体会到了分析的作用和价值，于是产生了有效的治疗动机，就如同成人知道自己生病了需要治疗一样。儿童的领悟能力证实了他们和现实其实是有联系的，这与我们先前对这些小患者的期待并不相符。所以，关于儿童和现实的关系，我们还需要进一步探讨。

在分析的过程中，我们会发现，儿童对现实的理解，会从一开始的很微弱，然后随着分析的深入而逐渐增强。例如，一开始，小患者是可以区分假扮的母亲和现实中的母亲的，也可以区分玩具弟弟和现实中的弟弟。他始终坚持，他对玩具弟弟所做的一切都是假的，他很爱现实中的弟弟。而当他在战胜了强烈且顽固的抗拒心理之后才会理解，他的所有攻击行为，针对的其实是现实生活中的对象。当小患者领悟到这一点，说明他其实已经迈出了适应现实的重要一步。我有个小患者叫楚德，三岁零九个月大，在只进行了一次分析之后便跟着母亲出国了。六个月后，她又回到国内，继续跟随我进行治疗。当时，我花了很多时间，才让她谈论起旅途的所见所闻，但是，她也仅仅聊了和她梦境相关的那部分：她梦见她跟母亲回到了她们在意大利时去过的一家餐厅，餐厅的服务员没有给她们红莓酱，原因是红莓酱用完了。通过对这个梦的解析以及其他一些现象，我们可以看到，她还处在断奶的痛苦以及对妹妹的嫉妒中，还没有得到恢复。虽然她跟我谈到了很多显然对分析无利的日常琐事，还多次提到六个月前第一次分析时提过的细节，但让她提起这次旅行的唯一原因是一次挫折事件，这次挫折事件和分析情境中的挫折体验息息相关。除此之外，她只字未提旅行中其他的事迹。

通常情况下，患有神经官能症的儿童接受不了现实，因为他们接受不了挫折。他们通过否认现实来回避现实中受到的伤害。而他们在未来能否接受现实，最关键、最基础的一点是他们能不能适应俄狄浦斯情境带来的挫折。幼童患神经官能症的指征之一是，绝不接受现实（常常伪装成顺从和适应），这点和成年人逃离现实时一模一样，只是在表达方式上有所差异。所以，早期分析得到的一个结果就是可以帮孩子接受和适应现实。如果这个目标实现了，先不说其他收获，光在教育方面就能减少很多困难，因为孩子已经能够接受现实带来的挫折了。

我想我们已经明白，儿童分析和成人分析在方法和角度方面有很大的不同。我们通过一条横穿自我的捷径，将自己置身于孩子的潜意识中，并从他们的潜意识中渐渐接触他们的自我。由于幼童的自我比较弱，所以他们的超我所带来的压力比成人的超我带来的压力更大，我们只有通过减少这些压力来强化儿童的自我，才能帮助他们的自我得到发展。

我在前面的内容中提到，在进行儿童精神分析时，解析可以立见成效。这一观点可以从很多方面得到证实，例如，解析之后孩童的游戏内容更多了，移情作用得到强化，焦虑也有所减少等等。但有时候，他们在意识层面确实处理不了这些解析。我发现，处理解析的能力是随着自我的发展以及适应现实能力的提高而渐渐养成的，也就是说，这个能力要到后期才能发展起来。同样，性觉醒（sexual enlightenment）的过程也是这样。在比较长的一段时间里，精神分析只能挖掘到性理论和出生幻想（birth-phantasy）的相关材料。只有将潜意识的抵抗消除之后，孩童的性觉醒才会逐渐形成。所以，只有对儿童进行完整的分析，他们才有可能形成性觉醒，也才可能完全适应现实。如果没有达到这个效果，那么，并不能说孩童已经治愈，可以结案了。

儿童与成人的表达方式不一样，分析情境也不一样。但是，儿童分析和成人分析遵循的主要分析原则是相同的。那就是持续进行解析，逐渐消除阻抗，不断移情到旧经验（不管这种旧经验是正面的还是负面的），这些都可以帮助我们建立并维系正确的分析情境。想要实现这个结果，必须有一个前提条件，那就是分析师使用的分析方法必须与成人的相似，不能在儿童身上使用非分析的、教育化的方法，而且，处理移情的方法也必须与成人分析类似。只有这样，我们才能在分析情境中发现儿童的症状，了解他们的困难。他们早期的症状或困难，甚至小时候的顽皮表现都可能会通过移情重现出来。比如，他们可能会尿床，在某个特定情境下做小时候做过的一些事情，三四岁的孩子甚至会像一两岁的婴儿一样咿呀学语。

在分析的初级阶段，孩子新明白的道理主要以潜意识的方式工作，所以，他们并不会觉得应该立刻与父母修复关系，这种进步在最开始是以情绪的方式表现出来的，而不是理性。根据我的经验，当孩子逐渐明白了这些道理，他们会慢慢放松下来，这样，他们和父母的关系就会有所改善，同时，孩子适应社会的能力也会加强，父母教育起来也更容易了。通过分析，弱化了孩子超我的要求，被抑制的自我得到释放,从而变得强大起来,再去执行超我的要求也就变得越来越容易。

随着分析逐渐加深,从某种程度上来说,孩子开始用批判的拒绝来替代压抑的过程。在分析的中后期,我们还会发现,他们不再对曾经主导他们的施虐冲动(sadistic impulses)那么热衷,而对于他们不认可的解析,他们会用最强烈的方法来反抗,有时还会嗤之以鼻。例如,我曾经听说过的一个案例,有一个非常小的孩子,对他曾经真的想要把他的母亲吃掉,或把她撕成碎片的想法不屑一顾。而相应减轻的罪疚感,也使得曾经完全被压制的施虐欲望得到升华。这种升华在游戏和学习中的具体表现就是,他的抑制被消除了,对游戏也有了新的兴趣,游戏的活动范围也有了拓展。

在这一章中,我陈述了从早期分析实践中得到的分析技巧,并将其作为本书的开篇。因为,对儿童精神分析方法来说,这些分析技巧是非常基础的。幼童的心灵有一定的特殊性,而且会一直强有力地延续下去,所以,对于研究大一点的儿童,我发现的这些分析技巧也是必不可少的。当然,如果分析的对象是潜伏期与青春期的儿童,由于他们的自我发展得比较完整,所以分析技巧需要进一步改进后才能使用。在后面的章节中,我们将会进一步探讨这一主题,在此不再赘述。至于分析技巧应该更靠近早期分析还是成人分析,这要因儿童的年龄而定,也要因每个案例本身的特性而定。

在接下来的章节中,我将详细讲述分析原则,这些原则是所有年龄层儿童分析技巧的基础。因为儿童与少年的焦虑感比成年人的更加严重,我们必须找出直达他们焦虑和罪疚感潜意识的通道,并且尽可能快速地建立起分析情境。对幼童来说,他们常常会通过发作来宣泄焦虑;对潜伏期的儿童,焦虑则表现为不信任地拒绝;而青春期的孩子，情绪较为强烈，焦虑也会变得明显、尖锐。与幼童期不一样的是，青春期的孩子自我已经发展了，所以焦虑常常表现为带有挑衅和暴力的阻抗，这种表现容易导致分析的中断。无论是哪个年龄层的儿童，负面的移情作用如果从一开始就得到彻底地治疗和消解，那么他们的焦虑在很大程度上就会得到释放。

不过，为了获得儿童幻想和潜意识素材，我们必须要接受所有年龄层儿童都喜欢用的间接的象征性表征。孩子的焦虑一旦减轻，幻想就会变得更加自由，我们就能获得通往他们潜意识的通道，还能更大程度地活化他们在潜意识指挥下表达幻想的方法。对那些从一开始就完全缺乏幻想素材的案例来说，这种方法成效卓著。

最后，我将对本章节的内容做一个简短的总结。儿童的心灵具有更加原始的特质，在分析时必须运用更适合他们的分析技巧，而游戏分析则是一个很适合他们的技巧方法。通过游戏分析，我们可以知道孩子遭受深度压抑的经历和固着，并在它发展的过程中施加有效的影响。这种分析方法和成人分析方法在原理上是相同的，只是在技巧上有所差异。通过游戏分析，我们可以实现很多目的，比如，移情情境和阻抗的分析，婴儿期遗忘和压抑的消除以及原始场景的再现等。我们还可以看到，所有心理分析方法的标准都能够运用到这个技巧上。游戏分析和成人分析技巧的产生的效果相同，唯一的不同是，游戏分析这种方法更适用于孩童的心灵。

第二章
早期分析技巧

在本书第一章的内容中，一方面，我阐述了不同于成人的儿童特殊的心理机制，另一方面，我也指出了它们的相似之处。而这些异同促使我们建立一种特殊的分析技巧，于是我建立了游戏分析法。

我经常在心理分析室的矮桌上放一些简易的小玩具，比如木头小人（男女都有）、货运马车、载客马车、小汽车、火车、动物、积木、小房子、纸、笔以及剪刀等。是因为我认为，哪怕是极其拘谨的孩子，至少也会看一看这些玩具，或者摸摸它们。通常这个时候，我都会观察他们是怎么开始玩玩具，又是怎么把玩具放到一边去。而他们对玩具的大体态度，可以让我大概了解他们的情结（complex）所在。

我将通过对幼童分析的案例来展现游戏分析技巧的原则。彼得是个三岁零九个月的孩子，而且非常难管教。他对母亲严重依赖，同时也充满矛盾的心态。在游戏中，他非常拘谨，无法忍受挫折，给人的一种极度害羞、哀怨的感觉，而且也没有小男孩该有的样子。他无法和其他孩子融洽相处，尤其是他的弟弟。他的行为有时候带着攻击性，并且一副轻蔑的姿态。由于他的家族有严重的神经官能症病史，所以我们对他的分析是出于预防性的考虑。但在分析的过程中，我们发现他患有严重的神经官能症，而且已经很明显了。在行为上，他的深度抑制使得他无法适应学校的正常生活，以至于他会因此迟早被学校劝退。

在进行第一次诊疗时，他首先拿起几个玩具马车和小汽车，将它们前后排列在一起，然后又将它们并排排列在一起，接着又改变了好几次排列方式。这期间，他拿出了两辆马车相互对撞，对撞的过程中，两匹马的腿踢在了一起，他一边玩一边说："我有了一个新弟弟，名叫弗里茨。"我问他马车在做什么，他回答说："哦，这样不太好。"说完立刻就停止了马车相撞的游戏，但过了一会儿，他又开始玩起来。接下来，他又将两匹玩具马以同样的方式相撞，我说："你看，这两匹马犹如两个人一样，撞在一起了。"他一开始说："哦，这样不太好。"但紧接着又说，"是的，这是两个人撞在了一起。"然后又补充道，"小马也撞在一起了。现在它们要去睡觉了。"然后，他用积木把玩具马盖起来，说："它们快要死了，我要把它们埋掉。"

在第二次诊疗的时候，和第一次一样，他很快就把小汽车和马车按照之前的方式先前后排列在一起，然后又并排排列在一起。接着跟第一次诊疗的时候差不多，他把两辆马车互相撞在了一起，紧接着又把两辆机车撞在了一起。然后，他把两个摇摆玩具并排放在一起，指着用来悬挂和摇晃的零件对我说："你看，它会摆晃，也会撞来撞去的。"我指着这些摆晃着的摇摆玩具、机车、马车和马，对他解析道："你看，他们其实是两个人，是你的爸爸和妈妈，他们把'thingummies'（指性器官）撞在一起啦。"

他反对道："不，那样不太好。"但是他仍然继续把马车撞在一起，说："他们就是这样把他们的'thingummies'撞在一起的。"说完他马上又提起他的弟弟。我们发现，在两次诊疗时，当他把两辆马车撞在一起后，他都紧接着提到了他的新弟弟。于是我继续解析道："你在想，爸爸妈妈把'thingummies'撞在一起后，你的弟弟弗里茨就出来了。"接着他又拿了一辆小马车，把三辆车撞在了一起。我解析道："这是你自己的'thingummy'，你想把自己的'thingummy'和爸爸妈妈的撞在一起。"然后他又拿了一辆新的马车说："这是弗里茨。"接着，他拿起两辆更小的马车，把它们放在一辆机车上面。他指着马车和马说："那是爸爸。"说完又把另一辆放在它的旁边，说："那是妈妈。"他又指着他爸爸的马车和马说："那是我。"然后又指着他妈妈的马车和马说："那也是我。"从彼得的这些现象中，可以看出他对性交中父母的认同。而之后他开始重复让两辆马车相撞，并跟我说，为了让两只鸡安静下来，他和弟弟让鸡进入了他们的卧室，结果鸡上蹿下跳，还在卧室里吐口水。"我和弗里茨，"他补充道，"我们可不是粗鲁的乞丐，我们才不会吐口水。"我告诉他，鸡代表他和弗里茨撞在一起的"thingummies"，而吐口水意味着自慰。一开始他还有些抗拒，但是慢慢地他就表示了同意。

在这里，我想简单地说，由于不停地解析，孩子通过游戏表达出来的幻想变得越来越自由。与此同时，他在游戏中的抑制得到了减轻，游戏的种类也更加丰富了。他在游戏中一直重复的细节通过解析后变得越来越清晰，之后就会出现新的细节。就好比在梦的解析中，对梦境素材的联想揭示了梦的潜在内容一样,儿童分析过程中的这些游戏素材,也可以揭示出其潜在的内容。游戏分析通过系统地将实际情境转变成移情情境,并在实际情境和原始经验或者幻想之间建立联系,以此帮助孩子回到幻想中的原始场景。就这一点来说,游戏分析丝毫不亚于成人分析。游戏分析通过揭示婴儿期的经验与他们性发展的根源,解决了固着(fixation)问题,同时还可以修正儿童发展中的错误。

　　下面关于彼得案例的摘要证明了一个事实,早期诊疗中的解析在后期的分析中得到了证实。过了几个星期之后,有一天在诊疗时,一个玩具小人不小心跌倒了,彼得突然大发雷霆。完了他问我玩具汽车是怎么生产出来的,以及"它们为什么可以站立"。他为我演示了一只玩具小鹿的跌倒,然后跟我说他要小便。在洗手间里他跟我说:"我正在尿尿,我有'thingummies'呢。"当他尿尿完回到房间后,他拿起一个他称之为"小男孩"的玩具人。他把"小男孩"放进一个房子里,给房子起名为"厕所"。他让这个小男孩站着,然后在他旁边放了只狗,但这只狗"既看不见他,也咬不到他"。接着他把另外一个玩具人放到小男孩的旁边,他称这个玩具人为"小女孩",他说"小女孩可以看到小男孩。"又说,"只有小男孩的爸爸不准看小男孩。"这些现象都表明,他将狗和他的父亲进行了等同,将正在排泄的男孩和他自己进行了等同——他害怕他的父亲。之后,他一直在玩电动汽车,他非常喜欢汽车的构造,玩了一遍又一遍。突然,他非常生气地问我:"它什么时候才能停下来啊?"而后又立马补充说,其他玩具男人不可以坐这辆车。他将玩具男人弄倒,再把它们背对着电动汽车放好,在它们旁边并排放上一大列车队。突然他说他想要大便,但他并没有真的去大便,只是问正在大便的玩具人(小男孩)大便完了没有。而后他又转向电动汽车，表示很欣赏电动汽车，但是又对电动汽车停不下来表示愤怒。他在欣赏和愤怒之间来回徘徊，又不停地想要去大便，却又只是问小男孩大便完了没有。

在上述的分析中，彼得不断地将玩具小人、小鹿等这些玩具弄倒，这代表了和他爸爸勃起的阴茎相比，他对自己的阴茎感到自卑。他想要马上去解小便，是为了证明我和他之间的区别。电动汽车停不下来，则表示他父亲的阴茎在性交中一直在抽动，他感到羡慕又觉得愤怒。当羡慕消失只剩下愤怒的时候，他便想要排便。这是他在目睹原始场景（指父母性交）时产生排便行为的重复。他想要通过排便来对父母的性交行为产生干扰，并幻想通过排出的大便来伤害他们。另外，对小男孩而言，大便还代表了他弱小的阴茎。

现在，我们将上面这些素材跟彼得的第一次治疗联系起来。在第一次分析治疗时，彼得将小汽车首尾相连在一起，这代表的是他父亲强大的阴茎；他把小汽车并排放在在一起，象征的是频繁的性交行为，即他父亲的性能力，而后来停不下来的小汽车表示的也相同。第一次分析时，彼得曾希望两匹马一起睡觉，后又说它们"快死了""要将它埋掉"，其实表达的是目睹了父母性交行为后的愤怒。在分析开始时呈现的原始场景反映了被压抑的婴儿期的实际经历，而这些在后来孩子父母的陈述中都得到了证实。据彼得的父母描述，彼得只和他们同睡一室过一次，那是在彼得十八个月大，他们一起外出度暑假的时候。那时候他们发现，彼得很难管教，睡眠也不好，还开始遗粪，而在几个月之前，他就已经可以独立地大小便了。虽然有婴儿车围栏的阻挡，彼得还是看到了父母的性交场景，这个场景在他的游戏中表现出来就是他把一个玩具小人弄倒，然后将它们排成一排背对着车放在车的前面。玩具的跌倒也代表了他在性方面无能的心理感受。在这之前,彼得玩玩具玩得特别好,但这之后,他在玩玩具的时候,总是破坏它们。早在他进行第一次治疗的时候,我们就已经看出了他破坏玩具和看到父母性交行为之间的联系。曾经有一次,他把小汽车(代表着他父亲的阴茎)并排在一起,让它们一起向前开,然后突然勃然大怒,把汽车扔得满屋都是,口中念道:"我们就是要这样摔坏圣诞礼物,我们什么礼物都不要!"在他的潜意识中,毁坏玩具就是毁坏他父亲的性器官。随着分析的进行,从破坏中得到的快感和在游戏中的抑制行为逐渐得到了消除,同时,他的其他困难也渐渐得到了克服。

在原始场景被逐渐剥开的同时,我还发现,彼得有很强烈的被动同性恋(passive homosexual)倾向。在描述完父母性交之后,他还幻想了三人性交。这些幻想让他非常焦虑,接着他又产生了其他幻想,比如和父亲性交。在彼得的游戏中,玩具狗、电动汽车以及机车都代表着他的父亲,马车和人则代表的是他自己。在玩游戏的时候,他常常把马车弄坏,人也经常缺胳膊少腿,接着他就开始害怕代表父亲的玩具,或者表现出强烈的攻击性。

结合上面实际分析中的某些片段,接下来我将阐述一下分析技巧中几个更重要的点。无论是在游戏、绘画、幻想或者其他的行为上,一旦在某种程度上发现了小患者本身的情结,我便会相应地着手开始解析了。精神分析有一条屡试屡验的规则,即分析师必须等到移情建立才能开始解析。但是,由于儿童的移情是当即发生的,分析师能够非常及时地接收到来自儿童的积极回应,所以我们用在儿童分析上的策略与一般精神分析策略并无冲突。如果孩子释放出负面移情的信号,例如害羞、焦虑或者缺乏信任等,解析就更加势在必行。我们可以通过追溯给患者带来负面影响的原始客体和原始情境,通过解析以减少他的负面移情。例如，莉塔是个心理矛盾非常严重的孩子，不配合分析，一分钟也不愿意待在分析室，我立刻对她进行了解析，最终缓解了她的阻抗心理。而当我通过追溯原始客体和原始情境，找到了她阻抗的原因之后，问题便迎刃而解了。她再次变得友善与信任，重新开始她的游戏，并在很多细节中都印证了我先前的解析。

从楚德的案例里，我们十分明确地看到了迅速解析的必要性。我记得楚德在三岁零九个月的时候来过诊室一次，后来由于某些原因中断了治疗。楚德非常神经质，对她的母亲有强烈的依赖。她非常焦虑，而且不愿意来我的诊室，所以在治疗的时候，我总是把门开着，用轻微的声音对她进行分析。很快我便发现了她的情结所在。她坚持要把花从花瓶里拿出来；她把玩具小人放到马车里，接着又将它从马车里扔出来，甚至还抽打它；她想要把随身带来的一本图画书中的高帽子男人挖出来；她还坚持说一只狗把屋子里的坐垫弄得乱七八糟。我立马对她的叙述进行了解析，那就是她希望除去父亲的阴茎，因为它把母亲（花瓶、马车、图画书、坐垫都是母亲的象征物）弄得乱七八糟。而在我对她进行解析之后，她的焦虑得到了消除，对我的信任比刚来的时候更深了，还跟家人说还想再到我这里来。六个月后，当我继续对楚德进行精神分析时，我发现，她仍然能记起之前分析时的细节，我还发现，我的解析已产生了积极移情的效果，或者说，她身上的负面移情已经有所减弱。

游戏分析技巧还有一个基础原则，即解析一定要足够深入，才能抵达被激活的心理层面。例如，在第二次诊疗时，彼得玩完了让小汽车并排向前开的游戏之后，他把长凳子假扮成床，将一个玩具小人放在长凳子上。然后他把小人从长凳子扔下去，说它死了、完蛋了。接着他又拿了两个有点破损的小人，对它们做了一样的事。这个时候，我对已经有的这些素材进行了解析：第一个玩具小人是他的父亲，长凳子是他母亲的床，他想把父亲从母亲的床上扔下去，并杀死他；第二个小人是他自己，他幻想，父亲也会对他做一样的事。通过对以上种种细节的分析，原始场景越来越清晰，彼得又以各种方式表达了两个摔坏的玩具小人这一主题。我们发现，这个主题与原始场景导致的惧怕息息相关。在彼得的幻想中，母亲的形象是阉割者，她把父亲的阴茎放进体内，却没有还给父亲。于是彼得就为此事感到非常焦虑，因为父亲可怕的阴茎（代表他的父亲）还在母亲的身体里面，没有出来。

彼得的案例还有一个例子。在第二次治疗时，我对彼得的素材进行解析后得出一个结论，他和弟弟有相互自慰的行为。七个月后，那时彼得四岁零四个月，他跟我描述了他做的一个长长的梦，这个梦是一个丰富的联想素材。其中有这样一个片段："猪圈里有两只猪，它们在一起吃东西，猪圈在我的床上。船上有两个男孩，船也在我的床上；船上的两个男孩非常高大，像G叔叔（他母亲的弟弟，已成年）和E（彼得认为是一个比他大的女孩，已经长大成人了）。"我从他的这个梦中获得的大部分联想，基本上都是他通过语言表达的内容。在这个梦中，猪是他和他弟弟，猪一起吃饭代表着他们在相互吮吸阴茎，但是，这也可以代表他的父母在性交。他和弟弟的性关系是基于对父母性关系的认同，彼得轮流扮演着父亲与母亲的角色。在我对这些素材进行解析后，彼得在之后的诊疗中改为玩洗手池。他在一块海绵上放上两支铅笔，说："这是我和弗里茨（他的弟弟）在坐船。"接着，他突然声音深沉（一般在超我起作用的时候，他就用这种声音）地对两支铅笔怒吼道："你们不能整天在一起做猪做的事情。"来自超我的这声怒吼骂的不仅仅是他和弟弟，同时也骂了他的父母

（G叔叔和已经长大的女孩E代表的其实是他的父母），这声怒吼其实是当时他目睹原始场景时对父母产生的类似情绪的释放。而早在他第二次诊疗的时候，就已经这样发泄过，当时，他让两匹马相互撞在一起，说它们死了想要埋掉它们。然而，就算过了七个月，对这个素材的分析仍然还不够完善。明显地，在分析早期就进行非常深入的解析，并不会对我们对孩子的经历与整体性发展（特别是决定彼得和弟弟性关系的发展）关系的了解造成影响，也不会阻碍我们对相关素材的分析。

我列举了以上例子，是想要证明一个观点，这个观点是在实际案例中观察得出的，那就是分析师不能回避深度解析，即使是在分析早期，因为在后期的分析中，这些心灵深层次的素材会再次出现，供我们分析。就像我曾经说的，深度解析是为了让我们打开通往潜意识的大门，缓解激发的焦虑，并为整个分析工作做好准备。

我反复强调孩子在自发移情方面的能力，一部分原因是，幼童与成人相比，他们对焦虑更加敏感，同时他们对这些焦虑也早就做好了准备。儿童有一个非常重要的心理任务（虽然不能说是最重要的心理任务），那就是控制焦虑，这需要消耗非常多的心理能量。所以在潜意识中，他们评估客体（object）的标准，主要是看这些客体是减轻还是激发了焦虑，根据判断结果再决定是对它们进行正面还是负面的移情。由于幼童常常对焦虑有充分准备，所以他们往往当场就表达了负面移情，具体表现为没有修饰过的惧怕之情；而对于更大一点的孩子，特别是潜伏期的儿童，他们负面移情的具体表现是不信任或者单纯的厌恶。孩子在对最亲密客体的恐惧的抵抗过程中，常常将恐惧再次附着在不那么亲近的对象身上（这种置换也是消解焦虑的一种方法），并让它们替代"坏妈妈"和"坏爸爸"。因此，那些高度神经质，觉得时时刻刻都被威胁，总感觉"坏妈妈"或"坏爸爸"时刻都在监视自己的孩子，他们也会对每个陌生人都充满了焦虑。

还有一个重要的点不能被忽略，即幼童和在某种程度上大一点的孩子一样，他们其实早已做好准备，随时可以迎接焦虑。哪怕在分析初期，他们展现的是一种积极的态度，我们也必须做好他们会负面移情的准备，因为当某些分析触及那些与情结有关的素材时，孩子可能会当即出现负面移情。分析师一捕捉到负面移情的信号，应该继续进行分析工作，并建立起和自己相关的分析情境，与此同时，在解析的帮助下追溯原始客体与情境，从而帮助孩子消除部分焦虑。分析师需要抓紧某个关键点，并快速地切入潜意识素材，由此打开通向孩子潜意识心灵的通道。同一种"游戏思维"（play thought）通过各种方式不断重复（在彼得的案例中，第一次治疗时，我们就发现他不断变换车子的排列，前后排列或者并排排列。他还不断地让马、马车和机车彼此相撞等等）的表征以及孩子选择玩哪种游戏，玩游戏的频度等，我们通过这些都能够找到关键点的位置，因为我们可以在游戏内容中观测到情感反应。如果分析师错过了这个关键点，孩子则有可能会中断游戏，表现出强烈阻抗，变得焦虑甚至想要逃离。在素材充足的情况下，分析师可以通过及时解析，阻止孩子的焦虑，或者将它限制在一定范围内。当然，这个方法也适用于自分析一开始就出现积极移情的案例中。孩子一旦出现焦虑和阻抗，或者分析开始出现消极移情的时候，我们应该立刻进行解析，这个观点，我已经通过案例对其进行了充分的说明。

从上述的阐述中，我们知道了解析的及时性很重要。除此之外，还有一点也非常重要，那就是解析的深入性。我们除了不能轻视已呈现出来的素材的紧迫性，我们也不能轻视：我们不仅要追溯表征的内容，还要追溯心灵深处与之相关的焦虑与罪疚感。在儿童分析时，如果我们套用成人分析原则的模板，最先试探的是最接近与自我和现实的心灵表层，那么我们将很难建立起分析情境，也对消解孩子的焦虑无利。这一点在实践中已被多次证明。同样，如果只是单纯地翻译了符号，或者在解析时只处理了素材符号化的表征，而不重视与其相关的焦虑与罪疚感，那么，儿童分析照样无法进行。如果解析不够深入，无法接触到被素材与相关焦虑激发的层面，没有抵达潜在阻抗最深的位置，不努力消解最暴戾最明显的焦虑，那么对儿童来说，解析将是毫无用处的，相反，还会激发更大的阻抗，并且无法再消解。但是，正如我在上述彼得案例的片段中试图说明的那样，解析（如上文所述）并不能彻底消除心灵深层次的焦虑，但是也不会限制心灵表层（虽然它能很快进入深层）的分析工作，也就是儿童自我和其与现实关系的分析。在儿童分析中，儿童和现实的关系的建立，以及他们身上越来越强大的自我，都是随着他们自我发展的过程渐渐实现的，这是分析的结果而不是前提。

截止到现在，我们讨论的主要是一些典型的早期分析的开始和过程。下面我将聊聊我在分析过程中碰到的一些不同寻常的困难，这些困难让我在分析时采取了一些特殊的分析技巧。楚德第一次到我的诊室时看上去非常忧虑，她的案例让我明白了一点，对某些患者来讲，迅速解析是消解其焦虑、让分析活络起来的唯一办法。我还有一名小患者，名叫鲁思，四岁零三个月，有非常明显的矛盾心态：一方面，她对母亲和某些特定的女性有强烈的依恋；另一方面，她又不喜欢其他人，尤其是陌生人。比如，她在很小的时候，她就不喜欢新保姆，也无法和其他孩子正常交朋友。她不仅有明显的焦虑，还时刻面临焦虑发作的情况。同时，她还患有其他神经官能症状。总的来说，她是个忧虑的孩子。在第一次诊疗时，她坚决不和我单独待在一间屋子里，所以在分析时，我特意让她的姐姐陪伴在旁。我的目的是希望建立起积极移情，让她最终有可能愿意进行独立分析。但是无论我怎么做，和她单纯地玩耍、鼓励她说话等，全都没有任何作用。她在玩玩具的时候，总是将身子转向姐姐（虽然姐姐并不回应她），完全忽视我的存在。她的姐姐告诉我，不管我怎么努力都是没用的，就算我花上整个星期，她也是不可能信任我的。这让我不得不寻找其他的解决办法，而这办法再一次证明了解析在减轻患者焦虑和消极移情方面的重要作用。

一天，鲁思还是继续眼里只有姐姐，忽略我的存在。她在纸上画了一个杯子，杯子里有一些小圆球，杯子上面画了个盖子。我问她杯子的盖子是做什么的，她并没有回答我。当她的姐姐将我的问题重新问了她一遍后，鲁思回答说："为了不让球滚出来。"而在这之前，她打开过姐姐的包，然后把包紧紧地关起来，"为了不让包里的东西掉出来"。她还打开了包里的小钱包，然后又同样把钱包紧紧地关上，以阻止硬币从中掉出来。我将她的这些表现和之前她在诊疗里的表现联系起来，发现这些表现的意义已经很明显了。我冒着风险对鲁思解析道：杯子里的球、包里的东西以及钱包里的硬币，这些代表的都是她妈妈肚子里的孩子，她想要把它们都关起来，这样她就再也不会有弟弟妹妹了。没想到，解析的效果让人惊讶，鲁思终于把注意力转移到我的身上，并且开始用一种不一样的、更加放松的方式玩游戏了。然而，她还是不允许我对她单独进行分析，当我和她单独待在一个屋子里时，她还是会焦虑发作。但随着分析的进行，她的消极移情在慢慢减少，并渐渐地转化成积极移情，所以我决定分析的时候，让姐姐继续在场。就这样进行了三周后，她的姐姐突然病了，这可把我置于两难当中,是暂停治疗还是冒着焦虑发作的风险继续治疗呢?在得到她父母的允许后,我决定采取第二种方案。请保姆把鲁思送到我的诊疗室门口后就离开,不要管她的尖叫哭闹。在这种异常痛苦的氛围下,我决定像普通人一样,尝试用一种非分析的、充满母爱的方式安抚鲁思。我试着安慰她,逗她开心,和她一起玩,但是毫无作用。不过,当她发现只有我一个人而没有别人时,她倒是跟着我进了房间,但也仅止于此。她大声尖叫,脸色变得苍白,释放出焦虑即将严重发作的信号。于是我坐到玩具桌旁边,开始自己玩了起来,我一边玩一边向坐在角落里的惊恐的鲁思描述着我正在玩的内容。突然,我有了新的想法,我想将她之前治疗时的游戏素材作为我游戏的主题。我玩着玩着,鲁思终于也开始在洗脸池旁玩了起来,她拿着一大壶牛奶,说要给洋娃娃喂奶喝,于是我也学着她的模样开始玩。我拿起一个洋娃娃,让其睡倒,并告诉鲁思我想要给养娃娃喂东西,然后我问她应该吃什么。我从她的尖叫中听到了她的回答:"牛奶。"随后我注意到,鲁思把她的两只手指放进了嘴巴并动了动(她有睡前吮吸手指的习惯),然后又立即拿了出来。我问鲁思想不想吮吸手指,她说:"想,但要用正确的姿势。"我意识到,她是想重建每天晚上在家里发生的情境。于是我让鲁思在沙发上躺下,并满足她的要求给她盖上毯子,然后她开始吮吸手指。她闭着眼睛,脸色仍然很苍白,但是停止了哭泣,看上去平静了很多。与此同时,我继续玩洋娃娃,重复着她在前面几次治疗时玩的游戏。当我像她之前做过的那样,把一块湿海绵放在其中一个洋娃娃的旁边时,她突然一边大哭一边尖叫着说:"不,她不可以用那块大海绵,那不是给小孩用的,而是给大人用的!"我得说明,在她前几次的治疗中,她提供的很多素材都表明她嫉妒自己的母亲。我将这些素材和她不允许给洋娃娃使用大海绵联系起来——大海绵代表父亲的阴茎。我在解析过程中，详细地描述了她对母亲的嫉妒与憎恨。在父母性交的过程中，由于母亲将父亲的阴茎放入体内，于是她想从母亲的体内偷走阴茎和孩子，并杀死母亲。我跟她解释，这就是她经常感觉害怕，并相信她已经杀死了母亲，或者即将被母亲抛弃的原因。我将这些解析的内容通过洋娃娃传递给了她：我假装在跟洋娃娃玩耍，并对着洋娃娃解析，当她把注意力转向正在玩耍的我和洋娃娃时，我让娃娃假装害怕，大声尖叫，随后我告诉她为什么会这样。然后我又在她身上重复了一遍刚才的解析，通过这个方式我彻底建立起了分析情境。而当我进行分析的时候，鲁思明显变得更安静了。她睁开了眼睛，同意我把我正在玩的桌子移到沙发旁边，在她旁边玩游戏和进行解析。慢慢的，她坐了起来，满怀兴趣地观察我玩游戏的过程，甚至开始参与进来。当这一次治疗结束保姆来接她的时候，她看起来很快乐，甚至还友好、深情地跟我说再见，令保姆非常吃惊。而在紧接着下来的一次治疗中，当保姆离开之后，鲁思还是显得有点焦虑，但是焦虑并没有发作，也没有大喊大叫。与之相反的是，她立即躺到沙发上，自然而然地摆好上一次诊疗时的姿势，闭上眼睛并且开始吮吸手指，于是我得以坐在她的身旁，直接开始上次的游戏。我按照上一次的顺序，将游戏重新进行了一遍，但是这次更加简短，也更为缓和。就这样，几个疗程之后，我们的进步非常大，以至于除了治疗一开始时有点焦虑的迹象之外，焦虑再也没有发作过。

　　从鲁思病症的分析我们可以看出，她的焦虑发作其实是夜惊的重复。在她两岁的时候，她的夜惊非常严重。那时她的母亲正在怀孕，鲁思想要偷走母亲体内的婴儿，并用各种方式伤害和杀死母亲，正是这个潜意识愿望带来的罪疚感引发了她强烈的反应。在她睡觉前，母亲跟她说的晚安会被她理解成永别。由于她有抢夺婴儿和杀害母亲的想法，所以她很害怕被母亲永久地抛弃或者再也不见她，也害怕那个温柔地与她道晚安的母亲，会在夜里变成"坏母亲"袭击她。也正是因为这个，她才无法忍受与陌生人单独相处。而与我单独相处则代表着她被"好母亲"抛弃了，于是她把害怕被"坏母亲"惩罚的恐惧移情到我身上。通过对这个情境的分析和解析，她焦虑发作的症状被完全消除了，分析工作终于可以正常开展了。

我在楚德的案例中，也运用了分析鲁思焦虑发作症时一样的技巧，并且取得了非常好的效果。在楚德治疗期间，她的母亲生病住院了，这时正好是楚德袭击母亲的虐待幻想占据主导的阶段。在上面，我已经详细描述了这个三岁零九个月的小病人在我面前表现出来的攻击性，她常常被攻击性带来的焦虑所压倒，将自己藏在沙发背后的靠垫中。但是她并没有焦虑真正发作时的症状。然而，当她因为母亲的病请假，回来再次做恢复治疗时，她在接下来的几天里确实有显著的焦虑发作。这种发作是她对攻击冲动的反应，也就是她对自身这种冲动的恐惧。楚德和鲁思一样，在发作期间采用了一种特别的姿势，这种姿势她在晚上开始焦虑的时候常常采用。她常常走到角落，紧紧抱着坐垫，她称这些坐垫为孩子。然后她开始吮吸自己的手指，还尿了裤子。在我对她进行解析后，她的焦虑就没再发作过。这种分析技巧的有效性，无论是在我后来的经验中，还是妮娜·塞尔小姐抑或其他精神分析师的经验中，都得到了充分的证明。虽然这两个治疗案例是几年之前的事，但是有一点我始终是很明确的，即准确把握呈现出来的素材是幼儿以及大童深入分析的前提。而想要让解析正确进行，必须满足几个主要条件：迅速准确地评估素材的重要性，了解素材对于整个案例结构的启发，知道素材和病人当时情感状态的关系，以及对潜在焦虑与罪疚感的快速洞察。只有这些条件齐全了，解析才能在刚刚好的时间进行，才能抵达被焦虑激发的心灵层面。在分析中，我们只要将这一技巧坚持到底，那么将会大大降低分析中焦虑发作的可能性。而对于那些在日常生活中就会焦虑发作的神经官能症儿童，他们在治疗一开始的时候，就有可能会焦虑发作，将一技巧运用到他们身上同样有效，这将会大大降低他们焦虑发作的可能性，从而让分析得以正常进行。对焦虑发作症的分析，也证实了游戏分析技巧中某些原则的有效性。我在对楚德进行分析的时候，一开始我也分析了相同的素材，虽然那时候他并没有真的焦虑发作，但与这些素材相关的深度焦虑还是很明显的。通过持续且深入的解析，我成功地逐渐减少了他的焦虑，并让这些焦虑以温和的小剂量的形式释放出来。在她母亲生病住院，她因此请假中断治疗时，焦虑无法得到释放，不断累积直到最后大爆发。而通过后面的几次治疗，她的焦虑发作又被成功制止，重新以"小剂量"焦虑的形式释放。

在这里，我要对焦虑发作的理论性质进行一个补充。我在前文中提到，焦虑发作其实是夜惊的重复，也提出了病人在焦虑发作或者想要努力克服焦虑发作时的情境，其实是他们夜间睡眠时焦虑情境的再现。除此之外，我还提到了一种特定的早期焦虑情境，它们便是夜惊和焦虑发作的基础。通过对楚德、鲁思和莉塔的观察，加上我这些年来的经验，我发现，焦虑或者说焦虑情境，主要发生在女孩身上，而在男孩身上，发生更多的是阉割焦虑。当女孩意识到母亲要迫害、掏空她的身体，并夺取她体内的孩子时，焦虑情境会到达顶峰。我将在本书的第二章节里对这个问题进行详细阐述。我在这里想要提醒读者们，留意我在早期分析中收集的素材，这些素材与弗洛伊德在《抑制、症状与焦虑》一书中的阐述有某些相似之处。弗洛伊德在书中指出,男孩的阉割恐惧,体现在小女孩身上则表现为对爱丧失的恐惧。在我引用的小女孩案例的素材中,对孤独的恐惧和被母亲抛弃的恐惧表现得非常明显。但是我认为,引起这种恐惧的是更深层次的原因。它们基于孩子对母亲的攻击冲动,基于杀母并夺取母亲体内小孩的渴望,究其根源,乃是早期俄狄浦斯冲突所致。这种冲突不仅导致焦虑、引起受母亲惩罚的恐惧,随之而来的还有被母亲抛弃或者母亲死亡的恐惧。

现在我们再来谈谈技术问题。解析的形式也非常重要,如同我在上述的例子中所讲,我将尽可能详细、清晰地阐述潜意识幻想的内容。在解析中,我采用了儿童的思维方式和语言习惯,将他们的意象(image)作为我的分析模型。你们是否还记得,在彼得的案例中,他曾指着摇摆玩具说:"你看它在摆晃,也会撞来撞去哦。"当我把这解析为"爸爸和妈妈把他们的'thingummies'(指性器官)撞在一起",他马上就接受了。还有一个例子:两岁零九个月的莉塔告诉我,她总是被洋娃娃弄得睡不好觉,洋娃娃们总是对地铁驾驶员汉斯(一个有轮子的男娃娃)说:"把地铁开上开下,不要停"。还有一次,她把一块三角形积木放在一边说:"这是个小妇人。"然后她拿起"小锤子"(另一块长条形积木)敲打积木盒子。当她敲到纸糊的地方时,积木盒子被敲出了一个洞。她说:"锤子敲得太重了,小妇人很害怕。"这个开地铁、敲锤子的男娃娃,代表她快两岁的时候看到的父母性交的场景。我解析道:"你爸爸如同小锤子一样使劲儿地敲打你妈妈的身体里面,你非常害怕。"这样的表达,符合了她的思维方式和语言习惯。

在阐述我的分析方法时,我必须得提及一下孩子们自由取玩的那些小玩具。在这里,我得简单解释两句,在分析技巧中,为什么这些玩具扮演着如此重要的角色。因为这些玩具体型小、数量多、类型丰富，而且它们还很简单，更有各种各样的玩法，这就给了孩子一个很宽的游戏表征范围。所以这些玩具很适合用来表达幻想与经历，且有多种表达方式，内容也丰富详尽。在狭小的游戏空间里，儿童多样的"游戏思维"和相关的心理情绪（在一定程度上可以根据游戏的主题进行猜测，而且会清晰地在游戏中呈现出来）会被一点点展现出来，这样，我们就可以综观他们心理过程的一般联系与动态变化。因为我们可以通过空间关系窥探时间关系，所以我们也可以知道孩子多样化幻想和经历的时间顺序。

前面我的叙述可能会让读者误会，以为在分析时，我们只需要把玩具往孩子面前一放，孩子就会马上轻松自如地开始玩起来。其实并不是这样的。我一直在强调，游戏中的抑制是一种十分常见的神经官能症症状，我们在治疗的过程多多少少会碰到，但恰恰是在这些案例中，我们用于接近病人的其他方式都失败之后，玩具便成了打开分析大门的最佳钥匙。在游戏中，无论孩子怎么抑制，他们中的绝大多数都不会完完全全忽略这些玩具，至少会看一看摸一摸，或者对玩具做点什么。即便有的孩子像楚德那样立即停止了玩耍，我们也能够观察到他们选择了哪种游戏，什么时候产生了阻抗，阻抗产生时的做了什么，游戏时又会冒出怎样的只言片语。通过这些，我们已经可以捕获到他们潜意识的蛛丝马迹，从而构建起分析工作的基础。大家应该已经可以看到，在解析的帮助下，孩子可以玩得越来越自由，他行为的表征内容也越来越丰富和明确，孩子在游戏中的自我抑制也会逐渐减少。

但是，玩具并不是游戏分析中唯一的素材。诊疗室里还必须有很多直观的素材，而自来水的洗手池便是其中之一。虽然在分析的早期，我们一般用不到它，但是等到分析晚期，它的重要性便会凸显出来。我曾经的一个小病人，在整个治疗过程中，他都在洗手池旁玩耍，我给他拿来海绵、玻璃杯、几只小容器以及几个勺子和一些纸。这些水的游戏让我们洞晓了孩子基本的性前期冲动。它作为我们描绘儿童性理论的工具，让我们了解到虐待幻想与反向作用（reaction-formation）的关系，也向我们展示了性前期冲动和性冲动的直接联系。

而在某些案例中，绘画和剪纸成为游戏的重要内容。有些时候，孩子们特别是女孩，喜欢打扮、装饰自己和洋娃娃们，他们会用绸带或者其他装饰品做衣服和配饰。在诊疗的时候，孩子们有时候会自己带着玩具来，就算没有，他们也很容易拿到纸、彩色铅笔、裁纸刀、剪刀、针线以及一些木头和绳子。实际上，他们可以玩的东西实在太多了。对每一个玩具来说，孩子们有各种各样的玩法，他们可以从一样玩法换到另一样玩法，而我们可以从这些玩法中得到很多启示。治疗室里所有的日用品、家具，包括座椅、靠垫等等，这些都可以成为孩子游戏的道具。事实上，为了满足分析需要，治疗室里的家具都是经过特别筛选的。孩子们从这些普通的玩具中产生出富有想象力的游戏以及天马行空的幻想，这些游戏和幻想对分析非常有价值。孩子们通过玩具扮演的游戏，将其他阶段的自己饰演出来，特别是早期的阶段。在这些游戏中，分析师常常需要分饰多角。一般在这个时候，我都会让孩子尽可能地用自己的语言跟我详细地描述这些角色的意义。

在游戏中，有些孩子更喜欢直接的扮演游戏，而另一些孩子则更喜欢用玩具来表达这种间接的方式。我们常见的典型假扮游戏有：扮演妈妈与孩子、上学读书、造房子与装饰房子（道具是诊疗室里的桌椅板凳和靠垫）、出国、坐火车去旅行、去看戏以及扮演医生、白领、商贩，等等。从分析的角度来说，这些假扮游戏的价值是它们直接的表征模式，以及因此带来的大量、丰富的语言联想。如同我在第一章中提到的那样，成功结案的必要条件之一，是在分析中，要让孩子（无论他的年龄多大）尽可能地充分运用语言的工具进行表达。

我认为，没有一种语言可以准确地描绘出孩子游戏分析每一刻的丰富性和复杂性，但我希望读者们能从我的阐述中了解到，游戏分析的方法已经卓见成效，而且这些成效是正面的，也是可靠的。

第三章
六岁女童的强迫性神经官能症案例

在第二章节中，我主要阐述了早期分析技巧的根本原则。在本章节中，我将以案例为基础，将早期分析技巧和潜伏期分析技巧进行对比。通过这个案例，我还将探讨一些和根本分析原则相关的理论问题，并阐述儿童强迫性神经官能症的分析技巧，而这些技巧正是我从这个特别棘手却又非常有趣的案例中得来的。

厄娜是个六岁的小女孩，她的症状比较严重。她患有失眠，部分是因为焦虑（特别是对被强盗抢劫的恐惧）造成的，部分是因为她一系列的强迫性行为造成的。这一系列强迫性行为包括：趴在床上用头猛撞枕头，坐着或躺着的时候身体来回摇晃，强迫性地吮吸手指，以及过度地强迫性自慰。这些强迫性行为不仅让她晚上无法安睡，白天还继续影响着她。有些时候，她甚至在陌生人面前自慰，比如，她经常在幼儿园里不断地自慰。她还有严重的抑郁，她会说："我不喜欢生命中的有些东西。"有时候，她和母亲的关系过于亲密，但有时候，她又对母亲充满敌意。她彻底占据了母亲，不给母亲任何自由的空间，不断地用爱和恨折磨她。她母亲也说："她完全占据了我。"客观来讲，这孩子可以说是难以管教了。可怜的厄娜，痛苦的脸上写满了强迫性的忧虑以及无法被理解的早熟特质。除此之外，厄娜还给人一种奇怪的性早熟的印象。在分析的过程中，很快我就发现了她有非常严重的学习抑制。在开始分析后的两个月，她被送去学校读书，但是很明显，她既没有能力学习，也不能和同学们正常相处。在治疗初期，她说感觉自己生病了，希望我可以帮助她，这一点对我分析她非常有帮助。

一开始游戏的时候，厄娜先从小桌上的一堆玩具中拿起一辆小马车，接着她说要来接我，于是开着马车向我驶来。但是在来的路上，她把一个玩具女人放进马车中，接着又把一个玩具男人放进去。这两个玩具小人在马车上一边爱抚一边亲吻，导致行驶中的马车拐来拐去。然后，他们和另外一架马车上的玩具人撞在了一起，另外一驾马车从他们身上碾过去，将他们碾死了，还把他们烤熟后吃掉了。接下来，剧情开始反转，另一驾马车上袭击他们的那个玩具坏人被打了下来，但玩具女人反而去帮助和安抚这个坏人。她和先前的玩具男人离了婚，嫁给了这个玩具坏人。而这个第三者的角色一直在变化，比如，女人和他的前夫在一间房子里反抗偷溜进来的小偷，而这个小偷就是这个第三者；后来房子着火了，炸了，男人和女人都被炸飞了，小偷成了唯一的幸存者。又比如，这个第三者又可以是登门拜访的兄弟，但是当他拥抱这个女人的时候，也咬掉了她的鼻子。其实，这个第三者，是厄娜自己。她在上述种种游戏中表达的，是想和母亲一起将她的父亲从现有的位置上赶走的愿望。而另一方面，在很多其他游戏中,她又直接表达了她的俄狄浦斯愿望,那就是为了得到父亲,她想要铲除母亲。她让一个玩具人当老师,教孩子小提琴,玩具老师讲课的方式是用头撞小提琴或者是倒立着念书。然后她让玩具老师把课本和小提琴扔掉,开始和女学生跳舞,接着两个人开始拥吻。这时,厄娜突然问我,允不允许老师和学生结婚。后来又有一次,由玩具男人和玩具女人扮演的老师和他的情人正在给孩子们上礼仪课,教孩子们鞠躬、行礼等内容。一开始,孩子们都非常听话,而且很有礼貌(就像厄娜竭尽全力表现的那样),突然,学生们开始袭击老师和他的情人,把他们踩在脚下,杀死并烤了他们。学生们变成了魔鬼,幸灾乐祸地看着备受折磨的老师和他的情人。突然,老师和情人来到了天堂,刚才的魔鬼学生们转而变成了天使,他们对自己先前的魔鬼身份毫不知情,用厄娜的话说——"他们本来就不是魔鬼"。这时,天父也就是刚才的老师,又开始深情地拥吻他的女人,天使们则纷纷朝拜,一切又变得无比和谐。当然,这份和谐并不能持续下去,很快就会被这样或那样的故事打乱。

厄娜在和我玩游戏的时候,经常让我扮演孩子,她扮演母亲。她说我最大的缺点就是吸吮大拇指,她让我做的第一件事就是我要把一辆玩具机车放进嘴里。她一直很喜欢玩具机车上的小灯,是镀金的,她经常说,"这些小灯真美,红通通的,烧得金光灿烂。"说完后让我立刻把玩具机车放进嘴里吮吸。对厄娜来说,这些机车代表了母亲的乳房和父亲的阴茎。而在这些游戏结束后,厄娜只剩下对母亲的暴怒、嫉妒和侵犯,但紧接着她又表现出悔恨,试图去安抚母亲。我们俩在玩积木的时候,她给自己分配的积木总是比给我分配的多,紧接着作为补偿,她又会拿一小部分给我,但无论怎样,最后她的总是比我的多。她让我用分给我的那些积木搭房子,但目的仅仅是想要证明她的积木房子比我的更加漂亮，这样她就有理由把我的房子推倒，而且装作是不小心的。有时候，她让玩具小人当裁判，判定她的房子比我的造得好。从这个游戏的细节中，我们明显地发现，通过我和她各自用积木搭房子的游戏，表达了她跟母亲长期的竞争关系，而在后来的分析中，她甚至用了更直接的方式将这一点表达出来。

除了这些游戏，她还开始玩剪纸，剪各种花样的纸。她在剪纸的时候告诉我，她正在进行"碎肉"，血从纸里流了出来，然后她打了个寒战，说她突然有点不舒服。一次，她提到了"眼睛的沙拉"，还有一次，她说她在给我的鼻子剪"刘海"。她一在表示，她想把我的鼻子咬掉，这在她第一次诊疗的时候也提到过（事实上，她的确多次尝试这样做）。通过这种方式，她也表示了她对"第三者"身份的认同，也就是那个闯进房子并烧毁房子的玩具人小偷，以及那个咬掉女人鼻子的男人。和其他儿童分析一样，剪纸行为往往代表多种含义。它不仅是施虐和食人冲动（cannibalistic impulses）的发泄口，因为它是一项创造性活动，所以同时又具有反向倾向（reaction tendency）。比如，那些剪得十分漂亮的桌布剪纸，代表的可能是她父母的性器官，也可能是她曾在幻想中被她摧毁、又被她复原的母亲的身体。

后来，厄娜又喜欢上了玩水。她在水盆里放了一张小纸片，小纸片漂浮在水上，并且代表船长，船长的船已经沉没了。厄娜说，船长之所以还活着，原因是有个"长长的金色的"东西让他浮在水上。然后，她把船长的头撕下来，宣布道："他没有头了，他也要沉下去了。"这个水的游戏吸引我们去深入分析她的口腔施虐（oral-sadistic）、尿道施虐（urethral-sadistic）以及肛门施虐（anal-sadistic）幻想。例如，有一次，她扮演了一个洗衣工，让我扮演一个孩子，她用一些纸片代表我的脏床单，还让我一次又一次地弄脏内衣裤。（这里提一下，纸片可以代表脏衣服，也可以代表小孩和粪便。从厄娜嚼食纸片可以明显看出，她有嗜粪与食人的冲动。）"洗衣工"厄娜抓住一切机会惩罚和羞辱这个孩子，在某种程度上，她扮演了一个残忍的母亲角色。但有时候，她又让自己扮演被虐待的孩子，以满足自己的受虐欲望（masochistic wishes）。她经常假设这样一个场景，就是母亲让父亲去惩罚孩子，去打孩子的屁股。这种惩罚方式是洗衣工厄娜给父亲推荐的，目的是治愈孩子喜欢污物的臭毛病。有一次，父亲不见了，取而代之的是魔术师。魔术师用一根魔术棒先敲孩子的肛门，然后又去敲孩子的头，敲的过程中有淡黄色的液体从魔术棒里流出来。而在另一个比较短的幻想里，孩子从某个地方获得了一些药粉，将这些药粉混在一起之后，颜色变成了"红红白白"的。通过这些药粉的治疗，孩子突然变得干净了，也能够说话了，并且变得和她妈妈一样聪明。

在这个幻想中，魔术师代表的是阴茎，用棍子敲打代表着性交，液体跟药粉代表着尿液、粪便、精子以及血。据厄娜的幻想，母亲在性交的过程中将这些东西通过嘴、肛门以及性器官，通通放进了她的身体里。

有一次，厄娜不再扮演洗衣女工了，突然扮演成一名正在售卖鱼的妇女。在游戏的中，她用一些纸包在水龙头上，然后把水龙头打开（她称水龙头为"打奶油机"），水流下来。当纸被水打湿，掉在水池里后，厄娜就把它撕碎，然后把它们当作鱼来售卖。当厄娜就着水龙头喝水以及嚼食想象中的鱼的时候，我们可以看到她有一种强制性的贪婪，这明确地体现了她在原始场景和原始幻想中感觉到的口腔嫉妒（oral envy）。这种嫉妒对她的性格发展造成了深刻的影响，也是她神经官能症的中心特质。在她的联想中，鱼代表粪便与孩子，也代表父亲的阴茎,在分析中,这一点表现得越来越清晰。厄娜售卖各式各样的鱼,其中有一种叫"Kokelfish",有时候,她会突然叫它们"Kakelfish"。当她在切这些鱼的时候,突然会想去大便,从这里我们可以看出,鱼代表粪便,切鱼的过程则代表的是排便的行为。厄娜让我扮演顾客,去买她的鱼,不过她常常通过各种方法占我的便宜。比如,她收了我的一大笔钱,却一条鱼也不给我。偏偏我还拿她没有办法,因为有警察保护着她。他们一起"wurled"了这笔钱,然后又将本该属于我的鱼均分了。在这里,警察代表她的父亲。整个幻想可以这么解释,她与父亲发生性关系,并跟他结成联盟一起对付她的母亲。在游戏中我的任务是,当她跟警察一起抓鱼的时候,我要悄悄地偷走一些鱼。事实上,她想要让我假装做的事,即是她目睹父母性交的时候,她想要对她母亲做的事。这些施虐冲动和幻想,激起了她对母亲的强烈焦虑。她也一再表示出对"女强盗"的恐惧,原因是这个"女强盗"要将"她身体里的所有东西夺走"。

在厄娜的分析中也有戏院与各种表演的游戏,这些游戏象征着父母的性交。在一些游戏中,厄娜让她母亲扮演星光熠熠的女演员或舞蹈家,自己也非常欣羡母亲——这种带着嫉妒的欣赏,正是她对母亲的态度。在她将自己扮演成母亲时,她常常扮演皇后的角色,在她面前,所有人都要鞠躬行礼。在所有的表征中,地位最低的是孩子。厄娜在母亲这个角色中做的所有事情,包括温柔地对待丈夫、将自己打扮得漂漂亮亮以及让自己倍受羡慕等等,其主要目的只有一个,那就是激起孩子的嫉妒,并伤害她的感情。比如有一次,她扮演皇后,我扮演国王,我们要举办一场盛大的结婚典礼。她躺在沙发上,让我也躺在她身边。在我拒绝了她的要求之后,她把我安排在她旁边的小椅子上,然后用拳头敲打沙发。她称这个为"搅和",意思是交配。

这之后,她立即宣布,有个孩子从她的肚子里爬出来了,并且用了一个非常写实的手法将这一幕表现出来——一边扭动身体一边痛苦地呻吟。她让自己想象出来的这个孩子和父母共住一屋,成为父母性交的旁观者。如果父母的性交被孩子干扰到,孩子就会挨打,母亲还会不停地跟父亲抱怨此事。如果母亲把孩子放回婴儿床,那么唯一的目的就是把他弄走,以便和父亲继续翻云覆雨。父母不断地虐待和折磨孩子。他们自己吃着奶油或者牛奶制成的大餐,却喂孩子吃难吃到想吐的麦粉布丁。他们的食物是用"Dr Whippo"或"Dr Whippour"这个品牌的材料制作的,是"whipping"(打发奶油)和"pouring out"(倒出来)的合体。这种被父母独自享用的特殊食品,被以各种方式表现出来,它代表了父母性交时物质的交换。在厄娜的幻想中,母亲的身体吃掉了父亲的阴茎和精子,而父亲的身体则吃掉了母亲的乳房和乳汁,这是她憎恶父母二人的根源。

在另一个假扮的游戏中,主角是一个牧师,他打开水龙头,让他的女伴——一个舞蹈演员,从水龙头里喝水。而一个被称作"灰姑娘"的小孩只被允许在一旁观看,不允许发出一丁点声音。这时厄娜突然变得异常暴怒,这既反映了她与幻想故事共生的憎恨之情,也反映了她毫无能力处理这些情绪。这些情绪把她和母亲的关系都扭曲了,导致母亲对她的所有教育手段、管教行为以及所有她自己遇到的挫败,她都认为是母亲对她的施虐、羞辱与虐待。

当然,在某些游戏中,厄娜也有扮演温柔的母亲的时候,非常爱襁褓中的婴儿。只要这个婴儿还是个婴孩,厄娜就会精心、温柔地照顾他,给他洗澡、洗衣服,就算他的屎尿把自己弄得很脏,厄娜也不会责怪他。而对更大一点的孩子,她却非常残忍,把他交给魔鬼,让他备受各种折磨,最后被杀死了。然而这个游戏中的孩子,其实是由母亲变换而来的，这一点在后面的幻想中被非常清晰地呈现出来。有时候，厄娜也会扮演一个把自己弄得脏兮兮的小孩，然后让我扮演她的母亲，大声地斥责她，但她对我的斥责充满了藐视与反抗，之后她把自己弄得更脏了。为了更加激怒母亲，她还吐了我给她吃的难吃的食物。这时，母亲把父亲叫了进来，但是父亲和孩子站在一头。后来母亲生病了，病的名字叫"神对她说"，接着孩子也生病了，病名叫"母亲的不安"，最后孩子病死了。父亲为了惩罚母亲，把她杀了。后来，孩子又复活了，还嫁给了父亲，父亲则对这一段以牺牲母亲为代价换来的婚姻赞赏有加。再后来，母亲也复活了，但作为惩罚，父亲用魔法棒把她变成了一个孩子，于是她就像孩子曾经那样，不断地经受虐待与羞辱。在大量关于母亲——孩子的幻想中，厄娜不断地重复着幻想中经历的一切。另一方面，她也表达了一个愿望，那就是在母亲和孩子关系反转的情况下，她也想对母亲施以施虐和羞辱。

肛门施虐幻想主导着厄娜的精神生活。在后期的分析中，她又在玩水的游戏中开始幻想，幻想在衣服上"烤"粪便，然后拿来烹饪和食用。她假装坐在厕所里，吃自己拉出来的东西，还跟我交换着吃。不断屙屎撒尿、把自己弄脏的幻想在分析的过程中越来越清晰。有一次，她幻想整个房间装满了她母亲不断排泄出来的污物。于是警察把她的母亲抓去关进了监狱，在监狱里，母亲挨饿受冻。而她自己则成为一名"污物检阅员"，也叫检查污物的人，时刻跟在母亲后面做清扫的工作。她的父亲非常欣赏和认可她的工作，认为她比母亲还要重要，于是娶了她。她便开始给父亲做饭，当然，他做的饭食和饮料还是屎和尿，只是这一次是好的屎尿，而不是有害的那种。这是厄娜大量过度肛门施虐幻想的其中之一，这些幻想在分析的过程中逐渐变得清晰。

第三章
六岁女童的强迫性神经官能症案例

厄娜是家里的独生女，但她一直沉浸在弟弟妹妹即将到来的幻想之中。根据我的观察，这些幻想涉及了方方面面，所以我们要把它们置于这个背景下好好考量一番。通过厄娜和其他孩子的类似的案例，我们可以发现，独生子女所承受的焦虑比其他有兄弟姐妹的孩子要大得多，因为他们好像一直在等待弟弟妹妹的出生，而且在他们的潜意识里，存在着对这个假想的还未出生的弟弟妹妹的攻击冲动，所以他们一直备受由此而来的罪疚感的煎熬，而且在现实中，他们根本没有机会和弟弟妹妹发展起良好的关系。所以说独生子女更不容易融入社会。有很长一段时间，在治疗开始和结束的时候，厄娜经常会有愤怒和焦虑发作的迹象，这是因为在这个时候，她会撞见在她之前或者之后前来治疗的孩子，而这些孩子对她来说，正好代表了她幻想中的弟弟妹妹。另一方面，虽然她并不能和其他小孩相处融洽，但有时候，她也会非常想要融入他们。我发现，有时候她也会非常渴望有弟弟妹妹，这些渴望则是因为以下几点原因：（一）她把渴望中的弟弟妹妹当成自己的孩子。然而这个愿望不久就会被严重的罪疚感打破，因为这意味着要从母亲的身体里偷走孩子；（二）弟弟妹妹的存在能够证明一个事实，那就是她幻想中对母亲肚子里孩子的攻击既没有伤害母亲，也没有伤害孩子，更没有伤害到她自己的身体；（三）弟弟妹妹给她带来了性方面的满足感，而这一点在父母那里，她是无法获得的；（四）厄娜在幻想中，可以和弟弟妹妹结盟，一起杀死母亲并获得父亲的阴茎。弟弟妹妹和她的盟友，将跟她站在同一战线一起对付恐怖的父母。

但是厄娜的这些幻想立马会被对想象中弟弟妹妹的憎恨所打破，因为弟弟妹妹终究是她父母的替代物。另外还会让她产生严重的罪疚感，因为在幻想中，她和弟弟妹妹一起对付了她的父母。所以这些幻想常常以抑郁的发作而告终。

从某种程度来说，这些幻想也是导致厄娜不能和其他孩子融洽相处的原因之一。她总是躲得远远的，因为她把其他孩子假想成自己的弟弟妹妹。所以，一方面她觉得其他孩子是和自己一起攻击父母的同盟，另一方面，因为自己对弟弟妹妹的攻击冲动，她害怕他们，把他们当成敌人。

在厄娜的案例中，我还发现另一个需要考虑的重要因素。在本书第一章中，我提醒过大家，要注意儿童和现实的关系。我曾说过，有的孩子无法适应现实世界，这一点在他们的游戏中会慢慢反映出来，所以通过分析让孩子逐渐融入完整的现实世界是非常有必要的。对于厄娜来说，我虽然做了很多分析工作，但还是没有获得关于她真实生活细节的资料。我虽然有丰富的她对母亲过度施虐冲动的素材，却从来没有听到过她对真实母亲及其行为的半句怨言与批评。即便厄娜也承认了，她的幻想所指的是她真实的母亲（在分析早期，她曾否认过这一点），而且她浮夸且让人反感的模仿母亲的行为越来越明显，但我依然很难在她的幻想和现实之间建立起联系。我将她的现实生活纳入分析的努力始终毫无进展，直到后来，我终于找到了她把自己从现实中剥离的深层原因后，分析才有明显好转。厄娜和现实的关系大部分是假装的，这远远超出了我从她的行为中获得的信息。事实上，她在现实中千方百计地保留了一个梦境，并保护它不被现实生活打破。比如，她幻想自己掌控着玩具马车和车夫，它们随叫随到，可以送她去她想去的任何地方；她幻想所有玩具女人都是她的仆从，等等。即便是在幻想中，她也常常会发怒或抑郁，然后总是去上厕所，以便她排便的时候可以更加放肆地幻想。等她从厕所出来后，她会跑向沙发，然后开始入神地吮吸大拇指、自慰或者挖鼻孔。不过我也成功地从她的话中知道了这些和排便、吮吸手指、自慰以及挖鼻孔相关的幻想。她通过这些惬意的满足和与之相关的幻想,得以强制性地停留在她游戏的梦境之中。她在游戏的时候遭遇的抑郁、生气和焦虑,其实是因为她的幻想受到了现实入侵的干扰。她还记得,早晨当别人靠近她的床边,而她正在吮吸手指或者自慰的时候,她会有多么生气。原因不仅因为别人发现了她正在做的事,而且还因为她想回避这个现实世界。在分析的过程中,她出现而后转为幻想部分的谎言癖(pseudologia),是因为她想根据自己的欲望,重新建造这个她无法忍受的现实世界。我所看到的她对父母,尤其是对母亲的过度恐惧,这是她强烈回避现实和后来疯狂夸大幻想的原因。而为了消解这种恐惧感,厄娜把自己想象成凌驾于她母亲之上的强大而严厉的情妇,这便使得施虐症受到了高度强化。

厄娜幻想自己被母亲残酷地迫害,这让她偏执的特质更加明显。我之前提到过的,她把母亲管教与养育她的每一件事,包括穿衣吃饭等这种细节,都认为是母亲迫害她的行为。还不止这些,她母亲做的所有事情,包括对待她父亲的方式,以及她的娱乐项目等等,都被厄娜认为是对她的迫害。而且她觉得母亲一直在监视自己。她对母亲过度固着的原因之一,是她会强迫性地对母亲的持续观察。从分析中我发现,厄娜认为自己必须对母亲的所有病痛负责,而且她必须因为自己的攻击幻想而受到相应的惩罚。在游戏和幻想中,她一直在严厉的施加惩罚的母亲与满怀恨意的小孩之间来回切换,这充分说明了她的超我非常严厉。就和成人的偏执之症一样,这些幻想其实是妄想,这一点需要进行深入分析后才能够知晓。通过对这个案例的分析,我得出以下结论:从厄娜案例中表现出来的焦虑、幻想以及她与现实的关系这些特别的属性可以看出,这是个典型的具有强烈偏执特质的案例。在这里，我不得不谈谈厄娜在幼童时期就十分强烈的同性恋倾向。当我们分析了厄娜对父亲的恨意（由俄狄浦斯情境产生）之后，这种倾向稍有好转，但还是非常强烈，让人感觉很难再进一步消解。事实上，在帮助她克服了强烈的阻抗之后，我们才能够清晰地看到她迫害妄想的真实本质与强度，它们和同性恋倾向的关系也才会越来越清晰。肛门爱欲（anal lovedesire）也逐渐清晰地以正面的方式呈现出来，而迫害妄想则跟其交替出现。在游戏中，厄娜再次扮演了一个女商贩，她售卖的物品则是粪便，这一点可以通过游戏刚开始她就想要排便等方面看出。我扮演她的顾客，必须表现出在那么多商贩中特别喜欢她，并认为她的商品是最好的。然后她也开始扮演主顾，并且爱上了我，通过这个游戏，我们可以看出她跟母亲之间的肛门爱欲关系。在肛门幻想之后，她又会时不时地抑郁和发怒，主要是针对我，更确切地说，主要是针对她的母亲。厄娜还产生了一些新的幻想，是关于"黄黑相间"的跳蚤的，她自己也立刻明白了，所谓的跳蚤其实是一些粪便，是危险的毒粪便。她说，这只跳蚤从我的肛门里跳出来了，然后千方百计跳进了她的肛门里，并伤害了她。

在厄娜的案例中，我们可以毋庸置疑地确认一点：对同性母亲由爱转恨和投射机制的显著作用，正是导致厄娜形成迫害妄想的原因。在她的同性依恋之下更深层的地方，埋伏着对母亲强大的恨意，这些恨意来自早期的俄狄浦斯情境和她的口腔施虐。对母亲的恨使得厄娜的焦虑更加严重，反过来，它也决定了迫害妄想的细节。在后来的治疗中，我们又碰到过一些不同的施虐幻想症状，它们的强度比对厄娜的分析中碰到的施虐症的更强。在工作中，这点是最为棘手的，因为这些施虐幻想常常伴随着强烈焦虑，严重地阻碍了厄娜跟我合作的意愿。她对性器的口腔嫉妒和她认定父母在性交过程中获得的口腔满足，是她产生恨意的根源。她的恨意针对的是在性交中结合在一起的父母，她会将这种恨意呈现在无边无际的幻想中。通过幻想，她用排泄物和其他东西对父母，特别是母亲发起攻击；她对于我的粪便（她认为她的身体里面塞进了我的粪便）或者跳蚤的恐惧，正是来自她用危险的毒粪便攻击母亲身体的幻想。

在对厄娜发展早期的施虐幻想和冲动进行深入分析之后，她对母亲的同性固着得到了减弱，异性冲动得到了增强。截止到目前，她对母亲是恨还是爱的态度成为决定她幻想最重要的因素。父亲单纯的只不过是一个性交工具，他的重要性是从母亲与女儿的关系中衍生出来的。在厄娜的想象中，她母亲和父亲的所有关系以及对父亲的每一个爱的动作，都是对她的剥夺，都是为了让她嫉妒，让她得不到父亲的爱。同样的，在她将父亲从母亲那里夺走并嫁给他的幻想中，所有的压力都来自她憎恨母亲以及想伤害她的愿望。在这些游戏中，即便厄娜表现出来对丈夫满满的爱意，到最后都会被证明这些温柔全是假装的，目的是伤害她竞争对手的感情，把父亲夺回到自己身边。不过，当对她的分析有重大成效的时候，她和父亲的关系也会变好，并且开始对父亲怀有积极的情愫。当爱与恨不再完全主导整个分析情境，直接俄狄浦斯关系（direct Oedipus relationship）也就建立了。同时，厄娜对母亲的固着也减弱了，与母亲的矛盾关系也得到了缓解。厄娜对父母态度的转变，也是由于她幻想生活与本能行为的重大转变带来的。她的施虐症减轻了，迫害妄想在数量和强度上都有所减轻。她与现实的关系也在逐渐改变，我们至少可以看到，在她的幻想中，加进了很多现实要素。

在这个分析阶段，每当厄娜结束了她的迫害故事游戏之后，她总是一脸吃惊地问我："妈妈不会'真的'这么对我吧？她'真的'非常爱我的。"但是随着她与现实之间的联系越来越密切,她在潜意识中对母亲的恨逐渐浮现出来,于是便开始更加坦诚地直接批判母亲,与此同时,她和母亲的关系也有所缓解。这是因为潜意识中的恨上升到了意识的层面。当她与母亲关系有了改善之后,对于自己想象出来的孩子,她出现了真正的母爱般的柔情。有一次,当她残酷地对待了一个孩子之后,她动情地问自己:"我'真的'要这样对待我的孩子吗?"在对她的迫害妄想进行分析之后,她的焦虑减轻了,她的异性恋态度得到了强化,和母亲的关系也得到了改善,更让她充满了真正的母爱。在这里我要说一句,我认为儿童分析成功的标准之一就是将这些态度进行令人满意的规范,因为这决定了孩子将来对爱的客体的选择,也为他们的整个成人经历奠定了基础。

其实,在厄娜很小的时候,就已经患上神经官能症了。在她没满一岁的时候,她的神经官能症症状和不寻常的早熟心智行为就已经很明显了。从那个时候开始,她的问题越来越多,到了两三岁的时候,她的性格已经不太正常了,养育问题成了最大的、无法解决的难题,并且强迫性神经官能症症状越发明显了。但直到四岁左右的时候,大人才发现了她反常的自慰与吮吸拇指的习惯。我们可以看出,六岁的厄娜的神经官能症是慢性发作的。她三岁时候照片上的阴郁的神经质和我们看到的六岁时的几乎一模一样。

我想要强调,这是个比较特殊的严重的案例。这些强迫症症状几乎剥夺了孩子全部的睡眠,她性格的扭曲发展、抑郁和其他病状,这些仅仅是她背后整个不正常的、放纵的、不受约束的真实生活的微弱反映罢了。像这种历经数年、循序渐进式的强迫性神经官能症的未来前途不一定是阴暗的。我们可以大胆断言,这类案例的治疗只能通过及时的精神分析。

下面我将对这个案例的结构进行详细的分析。厄娜的如厕训练在她一岁的时候就完成了，完成得又早又顺利，几乎没有碰到什么障碍。这个早熟孩子的野心驱动着她迅速掌握了清洁的能力，根本不需要对她进行严厉的训斥。但和外在显著的成功相比，她的内在其实是完全失败的。通过厄娜强大的肛门施虐幻想，我们可以发现她固着在肛门期的程度，以及由这种固着引发的憎恨与矛盾心态。失败的原因之一，是她本身带有的强烈的口腔和肛门施虐倾向；但还有一个重要的原因，这也是弗洛伊德曾经提到过的，即与力比多相比，自我的发展太过迅速了，从某种程度上来说，这是一种易患强迫性神经症的体质。另外，在分析中，我们还发现，在厄娜的成长过程中，很关键的断奶问题只是表面上完成了，事实上她并没有真正断奶。而且还有第三个原因：在她六岁零九个月的时候，她的母亲在给她日常护理的时候注意到，每当对她的生殖器和肛门进行清洁的时候，她都会有非常明显的快感。由于她的性感带过度兴奋的状况非常明显，因此她的母亲在帮她清洗这些部位的时候总是小心翼翼。而当孩子越来越大、变得越来越干净时，母亲对清洁的事自然不需要太过费心了。但是孩子已把之前的这种精细护理视为一种诱惑，而后母亲的不上心让她感受到了挫败的感觉。这种被诱惑的感觉背后，是想要再被诱惑的欲望，它充满了厄娜的整个生活。在所有人当中，无论是保姆还是其他养育她的人，甚至在分析中，她都试图重建被诱惑的情境，但是她时而又会因为被诱惑而责备他人。通过对特定的移情情境的分析，我们可以追溯到早期她还是个襁褓中婴儿的时候。

导致厄娜神经官能症的原因有三个，很明显，其中最重要的原因则是厄娜本身的体质问题。

现在我们继续来探讨一下，她原始场景的经历和本身体质因素是怎么联系在一起，又是怎么使得强迫性神经官能症发展的。在她两岁半以及三岁半的暑假期间，她和父母同睡一个房间。在这期间，她便目睹了父母的性交场景。这不仅仅是从对她的分析中观察到的，而且也从其他的外部证据中得到证实。在她第一次看到父母性交的那个夏天，她开始有了一些显著的不良变化。分析显示，她神经官能症全面爆发的导火索便是目睹了父母的性过程。父母性交的场景不仅使得她的挫败感以及对父母的嫉妒更加严重了，而且还极大地引发了她的施虐幻想和施虐冲动，这些幻想和冲动针对的是父母在性交中得到的满足。可以将厄娜的强迫性解释如下：她吮吸大拇指的强迫症状，来源于她吮吸、啃咬、吞食父亲阴茎和母亲乳房的幻想。阴茎代表的是整个父亲，乳房代表的是整个母亲。在这里我也要简单提一下，分析同时还揭示了她强烈的抑郁特质。我之前曾举例说明过，在潜意识中头代表的是阴茎，因此在厄娜的案例中也是这样。她用头猛撞枕头，代表着父亲的阴茎在性交中不断地抽动。她跟我说，用头撞枕头这个的动作可以让她减少对盗匪的恐惧，她就是通过把自己和恐惧的客体进行认同，从而将自己从恐惧中解救出来。

厄娜强迫性自慰症状的结构特别复杂。她将其分成很多形式：比如把两条腿叠在一起叫作"排列"；摇摆的动作叫作"雕刻"；拉阴蒂叫作"橱柜游戏"。在"橱柜游戏"中，她希望可以"拉出很长的东西"。此外，为了给阴道增加压力，她还将床单的一角放在两腿间，来回拉扯。在与之相伴的幻想中，她会在不同的自慰形式中扮演不一样的角色，她有时候扮演主动的父亲形象，有时候扮演被动的母亲形象，有时候则两者都扮演。厄娜的自慰幻想具有非常强烈的施虐-受虐特质（sado-masochistic），并和原始场景以及原始幻想呈现出明确的关联。她的施虐特质针对的是性交中的父母，随后再通过具有受虐特质的幻想来进行回应。

在厄娜的整个连续的分析过程中,她通过各种各样的方式进行自慰。因为我们已经建立起了正面的移情,有时候,我也可以诱导她描述她的自慰幻想。从这个方法中,我找到了她强迫性自慰的原因,从而帮助她克服了这个困扰。在她刚出生的下半年,便开始了摇摆的自慰动作,这个动作来自她被动自慰的愿望,并能够追溯到她婴儿期和如厕有关的行为。在某一段时间的分析中,她通过游戏描述出父母性交时候的多种姿势,然后对其中的挫败感感到非常愤怒。在游戏中,她还常常制造一个场境,她总是把自己脱得光光的,半躺或者坐着摇晃身体,最后甚至还公然让我触摸她的性器官或者闻一下它的味道。在她六岁的时候,有一次在洗澡时她的行为让她的母亲受到惊吓,她让母亲抬起她的一条腿,拍拍或者触摸她的性器官,同时摆好小孩涂抹爽身粉的姿势,这个姿势她已经很长时间不曾做过了。而当我解析了她的摇摆动作之后,她的这个症状便彻底消失了。

在厄娜的所有抑制中,最顽固的则属她的学习方面。尽管她竭尽所能想要改变,但这个问题还是非常严重,正常孩子几个月就可以学会的知识,她则需要两年的时间才能学会。在分析的后期,她的学习困难问题变得更加严重。这个问题虽然在结束治疗的时候有所缓解,但还是没有彻底治愈。

我在前面的内容中提过,在分析之后,厄娜与父母关系得到了很好的改善,力比多水平也有所变化。我还强调了分析是如何帮助她适应社会现实的。那些曾经或多或少造成了她失眠的强迫症状(强迫性自慰、吮吸拇指、摇晃),现在也没有了。随着这些症状的治愈及焦虑水平的降低,她终于恢复了正常的睡眠,抑郁也再也没有发作过了。

厄娜的症状虽然有很大的好转，可我并不认为分析可以彻底结束了。厄娜一共进行了两年半、总共575个小时的治疗，然后她的治疗被某些外部原因中断了。这个案例的严重性不仅体现在孩子的症状上，还体现在她扭曲的性格发展和完全反常的人格上，这就需要我们更进一步的分析，以帮助她克服遇到的困难。她的情况依然还不是特别稳定，一旦遭遇压力还是有复发的可能，只不过就算复发也不会有以前那么严重。在此种情况下，当遭遇严重压力或者随着青春期的来临，她很有可能会患上新的病症或者遇到其他困难。

在这里，我们讲到了一个重要的原则性问题，即什么时候我们可以判断孩子可以彻底结束分析了。对于潜伏期儿童来说，就算治疗结果非常好（比如对周遭环境感到非常满意），我们都不能把其当成可以结案的证据。我的观点是：经过分析，就算潜伏期儿童有了非常良好的发展，无论它有多良好，也无法确保病人未来的发展可以完全顺利。我认为，潜伏期向青春期的过渡、青春期向成熟期的过渡是检测儿童分析是不是足够的标准，这个问题我将在第七章的内容中进行深入的探讨。根据我的经验，我将在此陈述一个事实，即分析越是深入消除内心深处的焦虑，就越能保证孩子未来发展的稳定性。我们需要找出一个判断标准，用于判断分析是否足够深入，而这个标准就隐藏在孩子潜意识幻想的特征中，更确切一点，隐藏在孩子潜意识幻想带来的转变之中。

再回到厄娜的案例。我之前已经提及，在分析结束的时候，她的迫害妄想在数量与强度上已经大有好转。但我认为，她的施虐特质与焦虑本能也应该作相应的消除，从而降低青春期和长大成人后旧病复发的可能性。但鉴于当时分析已经中断，只好等到以后再继续完成这个治疗。

在厄娜的分析过程中,我还发现了一些基本问题,下面我将对其进行详细的讲解。我发现,经过对性问题的深入分析,以及给了她在幻想与游戏中的充分自由后,她的性兴奋与对性的关注不仅没有增加,反而有所减少。厄娜不同于其他孩子的性早熟症状是非常明显的。无论是她幻想的类型,还是她的举手投足间,都透露出她是一个沉浸于青春期肉欲的女孩。这一点通过她对成年男子和小男孩的挑逗行为就可以看出。随着分析的进行,她的这个症状有所好转,到分析结束的时候,她已经变得更像个孩子了。而且在对她的自慰幻想进行分析以后,她的强迫性自慰的行为也再也没有出现过了。除此之外,我还想强调一个分析原则,那就是一定要挖掘出孩子藏在潜意识中的对父母(尤其是对他们的性生活)的疑虑和批判,竭尽所能将其引出到意识层面来。这样孩子对周遭环境的态度以及他们与现实的关系会得到很大的改善,因为他们会发现潜意识中的不满和负面判断跟现实是相抵触的,于是便会放弃之前的恶意。我再强调一遍,在意识层面对父母进行批评的行为,是孩子和现实之间的关系得到改善的体现,从厄娜的案例中就可以看到这一点。

下面我再来讨论一下技巧问题。我曾多次提到过,在分析期间,厄娜常常会突然大发脾气。她的愤怒发作和施虐冲动经常会对我造成威胁。而分析能够帮助她把强迫性神经症的强烈情感释放出来,这是一个常见的事实;跟成人相比,在孩子身上,这种释放常常通过更加直接和不可控的方式表现出来。在分析的一开始,我就和厄娜明确约定,她可以用各种方式来发泄情感,但是不可以对我的身体进行攻击。她可以摔坏、剪断玩具,把小椅子踢倒,把靠垫扔得乱七八糟,在沙发上踩来跳去,把水打翻,在纸上乱涂乱画,把玩具和水槽弄脏,或者突然开始辱骂等。对于她的这些行为,我不会进行丝毫阻止。与此同时，我会对她的愤怒进行分析，这常常可以减轻甚至彻底消除她的愤怒。在治疗期间，如果遇到孩子的情绪爆发，我们可以考虑以下三个技巧因素：一、我们必须让孩子控制部分情绪，但只有在现实中需要的时候，我们才可以这样要求孩子；二、如果在现实中没有这个需要，则可以让孩子随便发泄情绪；三、通过持续解析，并从当前的情境追溯到原始的情境，孩子的情绪便能够得到缓释甚至消除。

当然，在什么程度上运用这些方法还是有很大差别的。比如，对于厄娜我设计了下面的计划：有一个阶段，当我告诉她本次诊疗结束的时候，她经常会非常生气，于是，我就打开诊室的门，用这个方式来遏制她的发怒，因为我知道，如果来接她的人看到她正在发脾气，她会感到难堪。不得不说，这个阶段，我的诊室杂乱不堪，就像战场一样。而到了分析后期，她会快速丢下靠垫，然后满意地离开；到最后，她已经完全可以平静地离开诊室了。另一个是三岁零九个月彼得的案例，有一段时期，他也会暴怒，并伴有暴力倾向。而到了分析后期，他会很自然地指着一个玩具说："我可以轻易地想象我把它弄坏了。"

但是我们一定要知道，分析师对孩子可以控制部分情绪的要求，并不是一种教育方法。理解这一点十分重要。这些要求是一种理性的、不可避免的需要。有时候，就算孩子执行不了，他们也要理解这个要求的必要性。同样，如果孩子在游戏中分配给我的任务会让我觉得尴尬或者不舒服，我也会拒绝执行。当然，即使是在这样的情况下，我还是会尽可能地配合孩子的要求。另外，在孩子情绪爆发的时候，分析师要尽可能地不让自己的情绪显露出来。

在这里，我将利用从厄娜的案例中得到的素材来阐述我的理论观点，我也将会在本书第二部分对这个观点做更详细的说明。厄娜经常吮吸机车上的镀金小灯，认为它们"真美，红通通的，烧得金光灿烂"。在这里，镀金小灯指代的是父亲的阴茎（参考让船长漂浮在水面上的"长长的金色的东西"），同时也指代母亲的乳房。在吮吸镀金小灯这件事上，她充满了强烈的罪疚感，因为当她让我扮演孩子时，她曾说我最大的缺点是"吮吸"。吮吸，还代表咬掉和吞食了父亲的阴茎和母亲的乳房，这便是她充满罪疚感的原因。我在论文中提及过，厄娜断奶的过程，加上她想要吞食父亲阴茎的想法，以及对母亲的嫉妒与憎恨，造成了俄狄浦斯冲突的发生。对母亲的嫉妒则产生自孩子最早的性理论，即他们认为，在性交中，母亲吞进了父亲的阴茎，并把它留在了身体内。这种嫉妒心理构成了厄娜神经官能症的中心问题。在厄娜的分析初期，她让"第三者"攻击玩具男人和女人的小屋，这其实是她自己攻击冲动的反映，攻击的是母亲以及留在她身体里父亲的阴茎。这种攻击冲动是被厄娜的口腔嫉妒激发的，这点在游戏中也有所表现：她让船（意指母亲）沉了，撕裂了船长（意指父亲）的头和让船长漂浮起来的"长长的金色的东西"，这代表在性交中，父亲被象征性地阉割了。这些攻击幻想的细节，反映了她非常严重的对母亲身体施虐的攻击。比如，她希望把排泄物变换成危险的爆炸性物质，以便可以内部破坏母亲的身体。她幻想烧毁和破坏房屋，让屋里的人都死掉。剪纸游戏（做"肉泥"和"眼睛沙拉"）则表示了对性交中父母的完全摧毁。厄娜咬下我鼻子、给鼻子剪"刘海"的愿望，同样也反映了她要摧毁留在我身体里面父亲的阴茎的想法，在其他案例的素材中，这一点也得到了的证实。

在厄娜的幻想中，"卖鱼的妇女"（她的母亲）和孩子（她自己）之间围绕着一群各种各样的鱼展开了一场残酷的斗争。这些鱼代表她对母亲身体的攻击，也代表她想要夺取和摧毁母亲身体里的其他东西（粪便和孩子）。正如我们看见的，当她进一步幻想她和警察吞了那笔钱或者鱼的时候，我必须得在一旁看看，并尽我所能地能将鱼据为己有。父母的性交场景激起了她的偷盗欲望，她想偷盗的是父亲的阴茎与母亲身体里的东西。厄娜对自己的偷盗欲望和彻底摧毁母亲身体的反抗，表现在她和卖鱼妇女争斗之后的恐惧中，这个卖鱼妇女想要抢夺她身体里的所有东西。我描述的这种恐惧，是女孩对早期危险情境的恐惧，类似于男孩的阉割焦虑。在此我想说明厄娜的早期焦虑情境和她深度学习抑制之间的关系，这种关系在其他分析中也有所发现。我曾提及过，在厄娜的案例中，当对她的施虐特质和最早期的俄狄浦斯情境做了深入的分析之后，她的学习抑制得到了改善。她强烈的施虐属性和对知识的强烈渴求交织在一起，出于防卫，她便彻底抑制了那些和知识渴求相关的活动。在她的潜意识中，算数和写作象征着对母亲身体和父亲阴茎残酷的施虐攻击。这些活动意味着母亲的身体及其身体里的孩子被撕裂、切断和烧毁了，也意味着父亲被阉割。阅读也是一样，书是母亲身体的象征，阅读即是对母亲体内东西和孩子的暴力剥夺。

最后，我想借厄娜的案例提出一个观点，这个观点的有效性在进一步的临床经验中也得到了验证。从我的经验看，在强烈偏执妄想主导的案例中，厄娜的幻想特质以及她和现实之间的关系是非常典型的。导致她发展出偏执妄想和同性恋倾向的决定因素，正是引发妄想症的基本要素。在本书第二部分（第九章）的内容中，我们将进一步讨论这个问题。在这里，我只想简单地指出，在很多儿童分析的案例中，我都发现了强烈的偏执特征，这些发现让我相信，在个体生命的早期揭示并清除这些偏执特征，将是儿童分析中非常重要且有前途的一项工作。

第四章
潜伏期儿童的分析技巧

潜伏期儿童的精神分析常常要困难得多。对于幼童来说，他们丰富的想象力和强烈的焦虑，让我们非常容易走近和接触他们的潜意识世界。而和幼童相比，潜伏期儿童有属于他们这个年龄段儿童的特征，即想象力相对有限，而且有非常强的压抑倾向。而和成人相比，他们的自我还没有彻底开发，故而洞察不了自己的疾病，自然也不会有治疗的想法，所以他们不仅缺乏开始分析的诱因，还缺乏继续分析的动力。更严重的是，这个阶段的儿童对别人往往充满戒备和缺乏信任。导致这种态度的原因之一是，对自慰的抗拒挣扎严重地占据着他们的心灵，让他们对所有带有搜寻、审问、触及他们自慰冲动的事都非常反感，而只想靠自己的绵薄之力将这种冲动保持在可控范围之内。

潜伏期儿童特殊的特征导致我们无法轻易找到明显的分析通道，

因为这个年龄段的孩子不像幼童那样可以轻易玩起来，也不像成人那样可以用语言来表达自己。不过即便如此，只要我们从这些孩子的本质属性出发，接近他们的潜意识，那么迅速建立起分析情境也不是没有可能。对于幼童来说，本能经验和幻想的影响既迅速又强烈，他们会把这些经验和幻想直接呈现在我们面前，所以在分析初期就对幼童的性交表征和施虐幻想进行解析，是一种适宜的分析方法，这也是我在早期分析中发现的。而潜伏期的儿童则将这些经验和幻想中的性特征完全抹掉了（desexualized），所以处理方式和幼童的完全不一样。

葛莉特七岁，是一个非常内向、保守、心灵被束缚、很难与人亲近的孩子，有着明显的精神分裂特质。但是她可以画画，能通过简单的线条画出房子和树。她常常强迫性地画了一遍又一遍，画完一个又画另一个。通过她画中房子和树的颜色及尺寸的不断变化，以及她画画的顺序，我明白了，她画的房子代表的是她自己和母亲，而树代表的是她的父亲和弟弟，而且可以推断出他们彼此之间的关系。于是我便开始对她解析，她比较关心爸爸妈妈之间、她和弟弟之间以及大人和小孩之间的性差异。她对我的说法表示认同，并立即改变了作画方式以回应我的解析。而在这之前，她的画画方式一直是同一种，从未改变过。（借助于绘画进行分析的情况持续了好几个月。）

另外还有一个案例，英格是一个七岁的女孩。在对她进行了几次诊疗之后，我仍然没有找到接近她的方法。我试着和她谈论她的学校生活以及她的亲戚，但都不太顺利，她依然不信任我，对我仍旧非常冷漠。后来我发现，只有在读起她学校里教过的一首诗的时候，她才会活泼起来。她认为，用精炼的句子把冗长的篇章表达出来是件非常棒的事情。在之前，她曾说过有几只鸟飞进了花园后便没有再飞出来。更早的时候，她说她和她的女性朋友玩某个游戏，可以玩得和男孩一样好。我对她解释说,她一直很想知道孩子(小鸟)是从哪里来的,也想知道男孩跟女孩之间有什么区别(句子的长短以及男孩女孩之间的技能比较)。正如葛莉特一样,我发现在英格身上,解析产生了同样的效果。当建立起来联系后,她带来的素材越来越丰富,这时候便可以开始进行分析了。

在上面两个案例以及其他一些案例中,被压抑的求知欲是中心问题。在潜伏期儿童的分析过程中,如果我们可以以此为钥匙打开解析的大门,那么我们就可以对抗孩子心中的罪疚感和焦虑,并建立起分析情境。当然,我们的解析并非指的是智力层面的解释,而是对以疑虑和恐惧、潜意识知识和性理论形式出现的素材进行的解析。

当压抑得到缓解之后,解析的效果便显示出来了,它主要体现在以下几个方面:一、建立起分析情境;二、孩子可以更自由地进行想象;三、孩子不仅能从分析中感受到放松,也能够部分理解分析的目的,这有点类似于成人知晓了自己的疾病。这样,解析便可以逐渐克服本章开篇提到的潜伏期儿童分析的困难——这些困难横跨于分析的初始与中间阶段。

潜伏期的孩子随着自我的发展,他们在幻想方面会遭受严重的压抑,和幼童相比,他们的游戏往往更贴近现实,幻想的成分也大大减少。比如,在和水相关的游戏中,在潜伏期儿童身上,我们并没有发现幼童身上常见的口腔欲望和大小便失禁的直接表征;他们的行为常常具有被动倾向,并常以烹饪、清理等理性的方式呈现。我认为,对于这个潜伏期的孩子来说,游戏中的理性因素是非常重要的,这不仅因为他们的幻想常常被深度压抑了,还因为他们会强迫性地过度强调现实,这是由潜伏期儿童的特殊发展情况造成的。

在处理这个时期的典型案例时,我们经常发现,这些孩子的自我比成人的自我弱很多，但是他们非常努力地强化自我的位置，将所有能量放在压抑倾向的上面，并为这种努力找到现实的支持。正是由于这个原因，我们不能依靠自我的帮助来开展分析工作，因为分析本身是反自我的；我们应该迅速跟潜意识达成妥协，从而逐渐建立起和自我的合作。

在分析的一开始，幼童常常会被玩具吸引，潜伏期的孩子却不一样，他们会快速开始角色扮演的游戏。和这些五到十岁的孩子一起玩扮演游戏，我们可以玩上几个星期甚至几个月。只有通过分析理清了这些游戏的细节和相关联系时，才会开始另一个主题的游戏。而新的游戏常常还是涉及同样情结导向的幻想，只不过换了一种新的形式表现出来，但它会呈现出新的细节，让我们看到更深层次的联系。比如，英格是一个七岁的女孩，她的性格和行为让她看起来是个正常的孩子，但是在分析中，她的一些问题就会被暴露出来。我们俩很长一段时间都在玩办公室游戏，在游戏中，她扮演的是发布命令的经理，我是她的下属。她通过口述信稿的方式让我进行记录，同时，她也自己写信，但她恰恰有严重的学习和书写抑制。通过这个游戏，我们也可以很清晰地看到她想要变成男性的欲望。突然有一天，她不再玩这个游戏了，开始和我玩学校的角色扮演游戏。在这个游戏中，我注意到，她不仅觉得功课很难、让她不快乐，还特别不喜欢校园生活本身。我们玩了很长时间的学校游戏，她扮演女老师，我扮演小学生。她常常让我犯错，从这上面，我发现了她在学校生活失败的重要线索。英格是家里最小的孩子，她无法忍受哥哥姐姐很优秀（尽管事实完全相反）、自己很糟糕这件事，她害怕去学校后一切还是没有改变。我从她扮演女老师教授课程的细节中发现，她对知识的渴望不仅没有得到满足，而且还被压抑了。这就是为什么她无法忍受哥哥姐姐很优秀，以及觉得学校的功课索然无味的原因。

从英格当经理的游戏中，我们看到了她对父亲的高度认同，然后，从她当老师、我当学生这个母女角色置换的游戏中，又看到了她对母亲的认同。在另一个游戏中，她扮演一个玩具店店员，而我则扮演家长，我得给我的孩子们买各种各样的玩具，而这些玩具其实都是她觉得母亲应当给她买的。她卖给我的东西，比如铅笔和水笔等，都是些具有阴茎意象的物品，她认为收到我送的礼物的孩子会因此变得聪慧灵敏。这个游戏大致表达了她的愿望（同性恋取向和阉割情结再次凸显出来），即她想从母亲那里拿到父亲的阴茎，通过阴茎把父亲挤走，然后赢得母亲的爱。随着游戏的进行，她让我给孩子买食物的想法，明显反映了她深层口腔欲望的对象是父亲的阴茎和母亲的乳房。她遇到的困难和学习障碍的根本原因，正是她的口腔挫折。

由于对母亲乳房的口腔施虐投射产生的罪疚感，在英格很小的时候，她就觉得口腔挫折是一种惩罚手段。由俄狄浦斯情境产生的对母亲的攻击冲动，以及她想要夺取母亲身体里孩子的愿望，让她早期的罪疚感更严重了，于是引发了她对母亲的高度恐惧，虽然她掩盖了这种恐惧。这也是她不认同自己的女性状态而是认同父亲的原因。但是，由于她想偷走父亲的阴茎而对父亲产生了过度恐惧，她同样也接受不了同性恋状态。作为家里最小的孩子，由于求知的无能（早期对求知欲的挫败感导致），导致她对自己的行为也产生了无能的感觉。所以，在学校里，她既应付不了男性色彩强烈的活动，也在女性位置（feminine position）上得不到升华，因为她无法保持自己的女性位置（包括在幻想中怀孕生子）。而且，由于焦虑和罪疚感，她还建立不了正常的母女关系（或者跟学校女老师的关系），因为她在潜意识中将汲取知识和口腔施虐的满足进行了等同，而这涉及对母亲乳房和父亲阴茎的伤害。

英格虽然在现实中处处碰壁,但是在想象里,她却自如地在各种角色中游走。我在上述描述中曾提到的,她扮演办公室经理的游戏,其实是借父亲的角色将自己的成功表现出来;而作为学校的女教师,她管教着很多学生;同时她还做角色变换,把自己从年龄最小最无能的孩子变成年纪最大最聪明的孩子;在售卖玩具和食物的游戏中,从双重角色变换可以看出,她反转了口腔挫败的情境。

在英格的案例中,我进一步跟大家展示了:想要理清潜在的心理联系,我们不仅要洞察某个游戏的所有细节,还要知道孩子变换游戏的原因。我发现,游戏的变换可以让我们洞察到从一种心理位置变换成另一种心理位置的原因,或者心理位置波动的原因,从而洞察到心灵力量相互作用的动力。

下面我要讲述一个多重技巧混合使用的案例。有个男孩名叫肯尼斯,九岁半大,但相对他的年龄来说,他仿佛是个没有长大的孩子。他胆怯、羞涩而且非常拘束,除此之外,他还有严重的焦虑。从小他就思虑过多,甚至到了接近病态的地步。他的学习成绩不好,学识程度只相当于七岁的孩子。他在家的攻击性很强,态度非常轻蔑,并且无法管教。他不对性方面的兴趣加以抑制,却也未能升华。他喜欢淫词浪语,经常暴露自己,还喜欢自慰,而且自慰的时候,不会像同年龄孩子一样会有羞耻心。

在这里,我先简单地介绍一下肯尼斯的情况:在他很小的时候,他的保姆曾性侵过他。他的母亲是在后来才知道这件事的,这时他对这件事还有些许记忆。他的母亲说,保姆玛丽也算是全心全意地对待肯尼斯,但是在整洁的问题上却非常严厉。肯尼斯说自己大概从五岁的时候开始被性侵了,但通过我们分析可以确定,其实在他更小的时

第四章
潜伏期儿童的分析技巧

候就已经被性侵了。他说,保姆玛丽经常和他一起洗澡,还让他摩擦她的性器官。显然,在回忆此事时他并无抑制,甚至还带着一丝愉悦。除此之外,关于保姆玛丽,肯尼斯说的都是好话,他保姆玛丽非常爱他,并且在很长一段时间里,他都不承认她的严厉。在分析刚开始的时候,他讲述了一个他从五岁起就重复多年的梦境:在梦中,他抚摸着一个陌生女人的性器官,还帮她进行自慰。

从第一次分析开始,肯尼斯就非常怕我。在治疗刚开始没多久的时候,他做了一个焦虑的梦:在梦中,我的位置上突然来了一个男人,而我则没穿衣服,于是他看到了我巨大的阴茎,之后便被吓坏了。通过对这个梦境进行解析,我们获得了丰富的关于他性理论的素材,分析显示,"带阴茎的母亲"这一心理意象其实指代的是玛丽。很明显,他十分惧怕玛丽,因为玛丽会把他打得很惨,只不过是他不肯承认这个事实罢了,直到后面有一个梦改变了他的态度。

虽然在很多方面,肯尼斯看起来比同龄人还要幼稚和不懂事,但是,很快他就知晓了分析的目的和必要性。有时候,他会自己躺在沙发上,像个大孩子一样做自由联想。事实上,大部分时间,我们都是这么分析的。但后来,他在语言素材中增加了行为素材。比如,他拿起桌子上的铅笔,用来代表人。还有一次,他带了一些衣架,把衣架做成人的样子,相互打来打去。他还把衣架当成炮弹,或者用它们搭房子。以上所有这些,他都是躺在沙发上完成的。后来,他在窗台上看到了一盒积木,于是把小桌子移到沙发边上,借用积木进行表征式联想。

后来,肯尼斯做了第二个梦,正是这个梦将分析向前推进了一步,我将竭尽所能地借此梦境描述我运用的分析技巧。他做的梦是这样的:他正在浴室里撒尿,突然有个人闯了进来对着他的耳朵开了一枪，把他的耳朵打了下来。当他跟我描述这个梦的时候，他正在搭着各种积木。他一边搭着一边跟我解释他正在玩的游戏——四块积木里，一块代表他自己，一块代表他的父亲，剩下两块分别代表他的哥哥和保姆玛丽。他们四个分别睡在不同的房间里（房间也是由积木搭建的）。后来，玛丽起床拿着一根棍子（另一块积木）朝他走过来。因为他做了错事（后来知道他做的错事是自慰和尿床），所以玛丽要打他。而当玛丽用棍子打他的时候，他便开始帮她自慰，于是她马上就停止了打他。当她又开始打他时，他便又帮她自慰，她就又不再打他了。这个过程一遍又一遍地重复，直到最后，玛丽威胁说要用棍子打死他，他的哥哥前来营救他。

最后，当肯尼斯终于从这些游戏和联想中明白，原来他真的害怕玛丽时，他感到非常惊讶。与此同时，他对父母的恐惧之情也呈现出来了。从他的联想中可以明确地看到，他对玛丽的惧怕背后其实是他对坏母亲的惧怕，也有对作为阉割者的父亲的恐惧。在他的梦境中，闯进浴室朝他开枪、打掉他耳朵的人代表的是他的父亲，而浴室正是他常常帮保姆进行自慰的地方。

在肯尼斯的幻想中，他的父母一直处于性交中，他对父母联合起来对付他的恐惧，是分析中十分重要的部分。在仔细观察了很久之后，我发现，肯尼斯对"有阴茎的女人"的恐惧来自他在发展早期就形成的性理论，即父母在性交时，母亲把父亲的阴茎吞进自己的身体，所以"有阴茎的女人"其实代表了的是父亲和母亲两个人，他们合二为一了。关于这些观察，我在《俄狄浦斯冲突的早期情结》（1928）中提过，也将在本书的第二部分（第八章）中进行详细的阐述。借用这个素材，我的观点是：在肯尼斯的梦中，最先打他的是个男人，然后是玛丽。从他的联想中我们发现，那个"有阴茎的女人"

其实就是玛丽，同时也是合二为一的父母。在梦的前半段，父亲是以一个男人的形象出现的，而在梦的后半段，只剩下了阴茎和玛丽用来打他的棍子。

在此我想说的是，在较大儿童身上运用的游戏技巧，其实类似于早期分析技巧。通过行动（游戏）而不是语言的方式，肯尼斯逐渐记起了他早期生活中的某些重要片段。在分析的过程中，他经常感到严重焦虑，以至于只能用联想跟我交流，并用搭积木的游戏进行补充。事实上，在分析的过程中常常遇到这种场景，当焦虑来袭时，语言往往会很匮乏，这个时候能做的只能是玩游戏。而当通过解析他的焦虑得到缓解后，他便又能自如地讲话了。

而在对强迫性神经症患者维尔纳的分析案例中，我在分析技巧上进行了修正。维尔纳是个九岁的孩子，但是他在很多方面的行为都和成人里的强迫症患者非常相像。他的典型症状是接近于病态的沉思状态和严重焦虑，这种焦虑主要表现为极度易怒和暴怒发作。他的大部分分析是通过玩具和绘画进行的，所以我必须得和他一起坐在玩具桌边玩玩具，和其他孩子相比，在他身上，我要花费更多的时间和精力。有时候，他还会指挥我独自操作这些玩具。比如，他坐在一旁指挥我，让我独自搭积木、把车子开来开去等等。他告诉我的原因是，有时候，他的手会抖得很厉害，导致他不能把玩具放到该放的地方，否则可能会把它们弄翻或者弄坏。而颤抖是焦虑发作的表现之一。为了让他尽可能地减少焦虑发作，我在大部分时间都会按照他的要求操作玩具，并且会对游戏中和焦虑相关的那部分操作进行解析。他不仅惧怕自己的攻击性，并且觉得自己爱无能，这导致他无法修复和父母及兄弟姐妹之间的关系，而他的父母和兄弟姐妹正是他在幻想中攻击的对象。所以，他害怕不小心弄倒他搭起来的积木以及其他玩具。对自己人际关系的建设和重建能力缺乏信心,是他学习和游戏抑制的重要原因之一。

当维尔纳的焦虑在一定程度上得到缓解之后,他便可以自己独立玩玩具而不需要借助我的帮助了。他对着他画的很多图做了大量丰富的联想。在分析的后期,他提供的分析素材主要是通过自由联想的方式获得的。他和肯尼斯一样,也喜欢躺在沙发上,跟我描述他的联想——一连串关于仪器和机械装置等的冒险故事。虽然冒险故事中的某些素材可能在他之前的画作中出现过,但从这些故事中,我们又能够获得一些更为丰富的细节。

我已在前面提到过,维尔纳深度且严重的焦虑,不仅体现在暴怒和攻击性上,还体现在轻蔑、反抗、找茬的态度中。他根本没有意识到自己生病了,更没有意识到自己有需要分析的必要。所以在很长的一段时间里,他总是对我的分析非常抗拒,并且用一种傲慢、生气的态度对我。在家里,他的父母根本没办法管教他,若不是我快速并成功地消解了他的焦虑,将他对分析的阻抗完全限制在治疗的时间里,他的家人还是劝说不了他继续治疗。

下面我们来看一个特殊的案例,在这个案例中,分析技巧运用起来非常困难。埃贡是个九岁半的小男孩,从外表看,他没有什么大的明显问题,但是他的整体发展让人有点担心。在他身上,感觉不到一丝亲情,哪怕是和自己最亲近的人,他也表现得非常冷漠,除非是必要的话,否则坚决不开口,他也没有朋友。他对任何事物都提不起兴趣,也没有什么东西可以让他开心。唯一一点,他还算是比较喜欢读书,但分析显示,这只不过是他强迫症的体现。当问到他的喜好时,他常常用一句话回应你:"我不在乎。"他脸上经常挂着的紧张表情以及僵硬的动作非常惹人注目。他只活在自己的世界里,从不关心现实，所以即便周围发生了什么，他也不会知道。走在路上遇到朋友时他也认不出来。通过分析，我们发现他有强烈的神经质特质，并且还在不断加重，很有可能在青春期时导致精神分裂。

以下是这个男孩的简单情况：在他四岁左右的时候，他的父亲经常警告他，不允许他自慰，如果自慰了，需要向父亲坦白。在之后的时间里，他的性格因为这些警告发生了显著的变化。埃贡开始撒谎，并经常暴怒。逐渐地，他的攻击性慢慢变弱了，转而变成了冷漠的抗拒，并渐渐与外部世界产生了隔离。

一连好几个星期，我都让埃贡躺在沙发上（他并不拒绝，而且和游戏相比，他更喜欢躺着），尝试着用各种各样的方法进行治疗，但是最后，我所有的努力都白费了。很明显，埃贡的语言障碍是根深蒂固的，所以我的首要任务就是用分析的方法撬开他的嘴。当我发现，到目前为止我从他那里获得的素材，仅仅是他玩弄手指时迸出的可怜巴巴的一言半语时（每次治疗时他都说不上一两句话），我明白了，只有游戏的方式才能让分析有所突破。于是我再一次问埃贡是否对我的小玩具感兴趣，他还是那句话："我不在乎。"话虽如此，但他还是看了看我桌上的玩具，从所有玩具中选择了小马车玩了起来。他让马车沿着桌边跑，跑着跑着让它掉到我这边的地上。从他的眼神中我看出，我不得不把马上捡起来还给他。他反抗的对象是作为窥视者的父亲，为了从这个窥视者的角色中抽离，我和他连续玩了好几个星期单调的马车游戏。在玩游戏的时候，我们什么话都不说，中间我也没有进行任何解析，目的是为了用这种方式获得他的好感，并和他建立起良好关系。这一段时间的游戏虽然单调，内容也没什么变化（附带说一下我也非常厌倦），但是我仍然从中观察到了很多细微之处。通过分析显示可以看出，让马车跑动象征着手淫和性交，让马车相撞意味着性交，将大小马车进行比较，象征他和父亲或者父亲的阴茎相竞争。

在我们一起玩马车游戏几个星期之后，我开始向埃贡解释已有的素材中已经彰显出的部分意义，而这次的分析获得了两个方面的良好效果。一方面是在家里，他的行为变得更加轻松，他的父母对这个变化感到很惊讶；另一方面是在分析时，他逐渐显示出了良好的解析效果。他开始往单调的游戏里添加新的素材，即便开始的时候并不明显，只有在仔细观察后才能发现，但随着时间的推移，这些变化越来越明显，到最后，整个游戏都有了天翻地覆的变化。一开始，埃贡仅仅是推着卡车跑，后来他开始自己创建游戏，他把卡车一辆叠一辆堆得很高，还跟我比赛，看谁堆得更高。在这个过程中，他的技巧越来越好，这时他开始玩积木。尽管他隐藏得很好，但我们还是很快就发现了，他用积木堆成男人和女人或者他们的性器官的样子。后来他不玩堆积木了，改成用一种独特的方式画画。他画画的时候眼睛不看着纸，而是用两手搓动铅笔画出线条，然后从这些潦草的线条中解读形状。这些形状都代表头，从这些头中埃贡可以非常明确地分出男人和女人。在这些头的细节和彼此的关系中，出现在之前的游戏中的素材再次出现了——他对两性的区别和父母性交的不理解，心中跟这个主题有关的疑惑，以及他作为父母性交中的第三者的幻想等。但是当他把这些头从纸上抠出来剪成碎片，他的恨意和破坏冲动就非常明显了，它们既代表了母亲身里的孩子，也代表了父母本身。现在我们可以意识到，埃贡越堆越高的卡车代表的是母亲怀孕的身体，他羡慕母亲，并想把她肚子里的东西偷走。他和母亲是一种强烈的竞争关系，他希望从母亲那里偷走父亲的阴茎和她的孩子，但是这个愿望让他非常惧怕母亲。他的剪纸技巧越来越精湛，后期的剪纸也对这些表征进行了补充。和搭积木一样，他剪纸剪出的形状都代表人。这些小人的尺寸和性别，互相联系的方式，身体部件缺失与否，以及他剪出它们的时间和方式，所有这些细节都让我们深入了解他的反转俄狄浦斯情结（inverted Oedipus relationship）和直接俄狄浦斯情结（direct Oedipus relationship）。他和母亲的竞争关系越来越明显，这种竞争关系主要是由于他严重的消极同性恋倾向和其带来的焦虑造成的，这不仅和他母亲有关，和父亲也有一定的关系。他通过剪纸剪出一个小小的自卑人儿的模样，表达了他对母亲怀孕带来的对弟弟妹妹的恨意和破坏冲动。还有，他玩游戏的顺序也非常重要。在剪纸游戏之后，他开始玩搭建游戏，这是重建的意思；同样由于反向作用（reactive tendency），他会把剪出来的形象过度修饰一番。然而，所有的这些心理表征中，那些被压抑的问题和早期强烈的关于两性和性交的求知欲，总是反复出现，这也是为什么埃贡会产生语言障碍、性格封闭以及兴趣缺乏的重要原因之一。

在埃贡四岁甚至更小的时候，他在游戏方面的抑制就已经有显现了。在他还不到三岁的时候，就已经会玩搭建游戏了，不过剪纸游戏是在很久之后才学会的，而且他只会剪头的形象，并且没有持续多久。对于画画，他则一窍不通。从他四岁以后，他就对这些游戏完全失去了兴趣。现在他所有的表现，都是深度压抑之后的升华，一部分通过旧兴趣的形式表现出来，另一部分则表现在新创建的游戏中。他表现得像个三四岁的孩子，以稚气和非常原始的方式玩着这些游戏。在这里，我必须提一句，当埃贡的这些状况在发生改变的同时，他的整个性格也越来越好了。

在很长一段时间内，埃贡渐渐可以更自如、更完整地回答我在游戏中向他提出的问题了，他的语言抑制有了轻微的好转，但也仅限于轻微。因为过了这么长的时间，我还是无法让他像其他孩子一样进行自由联想。直到治疗后期（整个治疗历时425个小时），我们才充分认识和探查到造成他语言抑制的偏执因素，并将这些因素移除。当他的焦虑有了一定程度的缓解之后，他开始通过他的方式用文字写下他的单一联想。而在后来，他则靠近我的耳朵边，用非常轻声的声音问我问题，也让我轻声回答。我更加清晰地发现，他害怕屋里有人听到我们之间的谈话，而且屋子里的某些地方是他无论如何也不愿意走近的。比如，如果他的球滚到了沙发或者柜子底下，抑或别的黑暗地方，他是不会去把球捡回来的，必须得我把球捡回来给他。而且，当他焦虑发作或者焦虑加重的时候，他会重新出现刚开始分析时他那特有的僵硬姿势和固定表情。我们发现，他怀疑有迫害者正在暗中观察着他，这些迫害者无处不在，甚至天花板上也有。这种被迫害的想法，可以最终追溯到他对母亲和自己体内很多阴茎的恐惧。而这种把阴茎当作迫害者的偏执恐惧，因为父亲的态度还更加严重了，父亲对埃贡在自慰方面的监视和盘问，也让埃贡认为母亲是父亲的同盟（"长阴茎的女人"），从而渐渐疏远母亲。随着分析的进行，他越来越相信母亲是"好"的，并且对我的信任也越来越深，不仅把我当成他的盟友，还把我当作他的保护者，保护他不会受到无处不在的迫害者的威胁。直到他在这方面的焦虑有所缓减，认为迫害者的数量减少并且没有那么危险了，他才能够自由说话和行动。到了埃贡的分析后期，我所用的治疗方式几乎都是自由联想。

毫无疑问，在埃贡的身上，我借用了在幼童身上使用的游戏技巧，并且打开了他的潜意识大门，最终还把他治好了。不过，我并不能确定对于年龄更大的孩子，这一招是否也有用。

一般来说，对于潜伏期孩子的治疗，我们往往会使用大量的语言联想，但是必须要注意，在大部分案例中，当我们使用这种方法时，一定要与成人治疗有所不同。比如，肯尼斯和比他小很多的厄娜，他们会很快就能意识到心理分析师在帮助他，也意识到他们需要这种帮助，而且，他们非常希望把自己的病治好。对于这样的孩子，在分析初期时我们就可以时不时地询问他们："好了，你现在在想什么？"但是，对于很多不到九、十岁的孩子，问这样的问题却毫无意义。因此，询问孩子的有效方式，取决于他们游戏和联想的方式。

当我们在观察幼童游戏的时候，很快就会发现，他们玩的积木、纸片等周围的所有东西都是有其特殊意义的。当孩子在玩这些游戏的时候，我们问他"这是什么？"，我们会得到很多答案，当然在这之前我们必须做好大量的分析功课，移情也必须已经建立起来。比如，很多孩子常常会告诉我，水里的石头是想要去海滩玩的孩子，或者是正在打架的人。"这是什么"这个问题常常可以非常自然地过渡到"他们在做什么"以及"他们现在在哪里"等这类更进一步的问题。而在年龄稍大一些的孩子身上，我们使用这种方式时一定要经过相应的调整，才能引发他们的联想。而且，我们必须先通过一定的分析来减少他们的不信任和幻想的压抑（在他们身上会特别强烈），并建立起分析情境。

再来看看七岁的英格的案例，有一次，当她在扮演办公室经理写信和分配工作的时候，我问她"信里写的是什么"，她马上告诉我"等你收到的时候就知道了"。但是当我收到信的时候，我发现信上除了一些潦草的涂鸦，其他的什么都没有。等过了会儿，我又对她说："X先生（她游戏里的人物）让我问问你，你的信里写了些什么，因为他一定要知道。他想让你在电话里读给他听。"于是，她便毫无保留地把信里她幻想的所有内容告诉了我，与此同时，还说出了很多启发性的联想。还有一次，她让我扮演一个医生，当我问她她应该生什么病时，她说"生什么病都无所谓"。于是我像医生一样给她做了个全面检查，然后问她："现在，夫人，请你告诉我，你到底哪里不舒服"并且我开始从这个问题延伸到更多的问题，比如：我问她为什么生病了，什么时候生的病等等。由于她连续扮演了好几次病人，我通过这个方法从她那里获得了很多丰富且深入的素材。而当情境反转，我扮病人她扮医生的时候，通过她给我的治疗建议，我又进一步获得了很多信息。

在此，我要总结一下本章节的内容。潜伏期儿童的治疗，最重要的一点是和他们的潜意识幻想建立起联系，而要建立起联系，首先必须对和他们焦虑与罪疚感有关的素材的象征性内容进行解析。但是在这个阶段，儿童幻想的压抑比早期阶段的更加严重，于是我们必须通过那些看起来和幻想完全无关的表征，来抵达孩子的潜意识深处。并且在典型的潜伏期儿童分析中，我们必须做好准备用渐进的方式解决孩子的压抑问题，也要做好即将要面对很多困难的准备。有时，在做了几个星期甚至几个月的分析后，我们获得的仅仅是些新闻报道、教材内容或者课堂笔记之类的无用素材。而且，强迫性的画画、积木搭建、缝纫和制作游戏等这些单调且无法给我们传递联想素材的游戏，是无法让我们接近孩子的幻想生活的。但是，我们不得不用在本章开篇时我提到的葛莉特和埃贡的案例来提醒自己，即便是没有丝毫幻想素材的游戏和对话，也可以为我们打开潜意识之门，但是有一个前提，即我们应该把其当作真正的素材，而不是仅仅把它们视为阻抗的表达。通过关注这些素材发出的细微信号，把这些伴随着表征的象征、罪疚感和焦虑之间的联结作为解析的出发点，我们总能找到打开分析工作大门的钥匙。

但是，在分析中，我们先与孩子的潜意识进行沟通后再和自我建立起有效的联系这种方式，并不意味着在分析中我们就把自我排除在外了。因为自我和本我、超我的关系是非常密切的，而且我们只有通过自我才能抵达潜意识大门，所以这种排除是不可能实现的。还有一点，分析并不会作用于自我（这一点和教育方法不同），它只是为了打开潜意识媒介的大门，而这些媒介在自我的形成中起关键作用。

让我们再回到七岁的葛莉特的案例。我们可以看到，在很长一段时间内，我们对她的分析完全依靠绘画。那时候，她常常强迫性地交替着画大小不一的房子和树。我原本可以像一位富有同情心的老师那样，从这些缺乏想象力的强迫性绘画出发，刺激她的想象力，并将跟她自我的其他活动联系起来。我也可以让她对房子和树进行装饰和美化，或者将房子和树一起放到城镇的街道里，这样就可以在活动中激发她碰巧在艺术或地形学方面潜在的兴趣。或者我也可以让她辨别树木的种类，以此激发她对自然方面的好奇心。如果上面这些方法得以顺利进行并成功了，那么她的自我兴趣就很有可能显现出来，分析师离她的自我也就可以更近一步。但从很多案例的经验来看，刺激孩子的想象力并不能让孩子的压抑心理得到缓解，也找不到分析工作的落脚点。而且，这种方式也是行不通的，因为孩子时刻遭受着无数潜在焦虑的煎熬，所以我们必须竭尽所能快速地建立起分析情境，并开展实际的分析工作。退一步来说，在分析中，即便我们有机会通过自我以抵达潜意识，我们也会发现，花费的时间和收到的效果完全不成正比。因为我们获得的只是素材在数量和重要性上的增长，而这仅仅只是一种表象，实际上获得的还是相同的潜意识素材，只是换了一种更加引人注目的形式而已。比如在葛莉特的案例中，我们当然也可以对她进行刺激，激发她的好奇心，为她创造更加有利的环境，让她对房子的出入口、树木的区别、树的成长方式等产生兴趣，但是这些兴趣方面的扩展，也只不过是早期分析中相同的素材以另一种更直白的形式展现出来罢了。她强迫性绘画出来的大小不一的树木和房子，正代表了她的父母兄弟和她自己。这些不同的人物通过不同的大小、形状、颜色以及顺序被呈现出来。而这些呈现的背后，是她对两性区别和其他相关问题压抑的好奇心。通过这样解析，我们知晓了她的焦虑和罪疚感，并让分析得以进行。

对于获得的素材，如果它们明显而又复杂的表征和微弱表征是一样的，那么从分析的角度来说，无论选取哪一种表征作为解析的出发点都是可行的。因为以我的经验来看，在儿童分析中，解析才是开启和维持分析进程的关键。所以，分析师只要可以充分理解素材和与素材相关的潜在焦虑，无须借助幻想，就完全有可能对那些单调的自由联想进行解析。如果我们按照这个方法操作，那么随着焦虑的减轻和抑制的移除，强烈的自我兴趣与升华便会产生。比如，虽然我并没有对伊尔莎（我们将在下一章详细阐述她的案例）提出相应的建议或鼓励，她也可以从单调的强迫式绘画中开发出很明确的手工天分及绘画技巧。

在我们讨论青春期分析技巧之前，先讨论一个问题，即分析师如何处理自己和患者父母之间的关系。严格来说，它并不属于分析技巧，但是对分析非常重要。在分析工作顺利进行之前，分析师和患者的父母之间必须建立起良好的信任关系。由于父母是孩子的依靠，所以我们不得不把父母也纳入分析的领域，但由于他们并不是患者本人，所以我们只能用一般心理学的方法去影响他们。又因为分析时常常会触及父母自身的情结，所以要想建立好父母和分析师的信任关系，也不是那么轻而易举的。孩子的神经官能症本身会让父母产生罪疚感，当他们向分析师求助的时候，等于承认了自己是导致孩子生病的根源，而且还要扒开家庭生活的外衣，将很多细节透露给分析师，这对家长来说，多多少少确实会让他们觉得难堪。另外，看到孩子和（女性）分析师之间建立起了信任，很多家长尤其是母亲也会生出一丝嫉妒。从某种程度上来说，这种嫉妒主要来自主体和其母亲意象（mother-imago）之间的竞争，而这种竞争在家长和家庭教师与保姆之间也非常明显，即便她们对分析本身没有任何恶意。这些在潜意识层面的各种各样的因素，使父母在对分析师的态度上多少有些矛盾，尤其患者的母亲，即便他们在意识层面非常清楚孩子急需进行治疗，他们还是无法改变这种矛盾心态。所以，即使患者的家长在意识层面完全赞同分析，我们也必须有所防备，不能让他们干扰到分析的进行。当然，他们对分析的干扰取决于他们潜意识层面的态度和他们心态的矛盾程度。这就是我在熟悉精神分析的家长那里受到的阻碍和那些对精神分析毫不知情的家长一样多甚至更多的原因。同样，我认为在分析前也没有必要给家长灌输一大堆深奥的理论知识，因为过多的解释反而会事与愿违，让对他们自己的情结产生适得其反的效果。一般我只会在分析前大概介绍一下分析的作用和效果，并会提醒家长，在分析时，孩子可能会被告知一些与性相关的内容，也会让家长对治疗时临时产生的困难做好准备。在所有治疗中，我都不会向家长透露任何分析细节，我会像保护成人的治疗信息一样保护孩子的秘密。

我认为，我们之所以要和患者的家长建立良好的信任关系，一方面是希望他们可以尽量协助我们的工作，另一方面是，无论从外部还是内部，都不希望他们干扰到我们的工作，比如，他们不应该向孩子提问或以其他方式鼓励孩子谈论分析，也不应该支持孩子抗拒分析。但如果遇到孩子严重焦虑或者暴力抗拒分析的情况，确实需要家长积极配合我们的工作。比如，在鲁思和楚德的案例中，我们就需要他们的看管人可以克服困难，想办法说服他们并带他们来治疗。从我的经验来看，这还是可以实现的，因为一般情况下，即便孩子有非常强烈的阻抗，但是他们还是能够对分析师产生积极移情的，换句话说，孩子对分析师的感情其实是既爱又恨。不过，孩子的家庭提供的协助并不能成为辅助分析工作的关键要素。因为，强烈阻抗这种情况并不会经常发生，即便发生了也不会持久。分析师在开展分析工作时必须避免阻抗的发生，如果避免不了也要尽可能地快速解决。

分析师如果和患者的父母成功建立起了良好的信任关系，确保父母能够在潜意识层面进行配合，那么就可以间接获得孩子在分析时间之外的有用信息，比如所有和分析有关的转变以及症状的出现或者消失等等。但是如果要用其他代价来交换这些信息，那我宁愿不要这些信息，因为它们虽然有用，却也不是缺之不可的。我经常跟患者的父母强调，一定要把管教和分析完全区别开来，不要让孩子觉得父母对他的管教都是我建议的。这样才能在我和病人之间保持分析工作应有的纯粹。

我认为，无论是成人分析还是儿童分析，分析都一定要在分析师的分析室进行，而且必须持续一定的时间，这一点非常重要。并且为了避免分析情境的置换，送孩子来的人不可以等候在分析室外，她必须在指定的时间接送孩子。

一般情况下，除非父母在养育孩子的过程中有重大过错，否则我不会干涉他们养育孩子的方式，因为这些错误常常是由于家长自己的情结造成的，我的建议不但没用可能还会增加家长自身的焦虑和罪疚感。这只会阻碍分析的进行，并在父母对孩子的态度方面产生不利的影响。

这种情况在进行了深入分析后或在分析结束时，会得到很大程度的改善。因为，孩子神经官能症的减轻或者治愈，会对父母产生积极的影响。当父母在管教方面遇到的困难减少了，罪疚感也会随之减轻，对孩子的态度也就会变得更好。随之而来的是，父母更能够接受分析师对于养育孩子的建议，而且是从内心里真正接受这些建议，这一点特别重要。尽管如此，根据我的经验，我认为分析师还是不太可能影响孩子的成长环境。我们只能通过对孩子的分析，让孩子可以更好地适应不良环境以及其带来的压力。当然，孩子的抗压能力是有一定限度的。如果孩子的成长环境非常糟糕，我们的分析治疗有可能不会非常成功，即便成功了未来也会有旧病复发的可能。不过我经常在类似的案例中发现，即便我们没有完全治愈孩子的神经官能症，却可以很大程度地减轻他们在不良环境中的症状，让他们的自我发展状况得到改善。而且可以断言，如果我们改变了孩子心灵最深处的面貌，那么就算是旧病复发也不会有以前那么严重。值得关注的是，有些时候，孩子病症的减轻也会对其外部病态环境产生积极的影响。

有时在成功治愈之后，孩子可以被带到比如寄宿学校等不同环境当中。而这在分析之前，由于神经症的存在和适应性的缺乏，是想都不敢想的。

分析师是需要经常和家长会面还是尽量少会面，这一点视具体案例而定。在某些情况下，我发现少会面是避免和孩子的父母产生摩擦的最好方法。

父母对孩子分析的矛盾心理说明了一个事实，即哪怕治疗成功了也不一定能得到父母的认可，这对于刚刚出道的分析师来说简直是一件非常痛苦的事。虽然我也经常遇到具有很高洞见力的家长，但在大部分案例中，家长往往很容易忘掉孩子最初来时的那些征兆，也很容易忽略孩子身上发生的进步。而且，我们还要记住，父母并不是裁判，不应该站在裁判的位置上评判我们的诊疗结果。在成人分析中，我们判断分析效果的标准是看那些影响病人生活的困难有没有被移除。而在儿童分析中，评判标准主要是看我们是能不能阻止这类困难的再次发生和精神病的再次发作。一般情况下，家长不了解这一点，但是我们自己必须清楚。家长们为孩子的严重症状所困，却又不愿意承认它们的重要性，原因是它们对孩子实际生活的影响力没有神经官能症对成人生活的影响力大。总之，就算家长不认可我们，我们也必须谨记，分析工作的首要目标是确保孩子的健康，而不是父母的感恩。

第五章
青春期儿童的分析技巧

青春期儿童的分析，在很多关键方面和潜伏期儿童分析不同。青春期儿童的特点是，有更加强烈的本能冲动和更加丰富的幻想活动，他们的自我常常有着不同的目标，而且和潜伏期儿童相比，自我和现实的关系也有所不同。另一方面，青春期儿童的分析又和幼童分析有几分相似，因为在青春期儿童身上，本能冲动和潜意识再次占了主导地位，他们也有着更加丰富的幻想生活。而且青春期儿童身上的焦虑和情感的表现，就如同幼时焦虑再度发作一样，比潜伏期儿童来得更为猛烈。

幼童自我的一项重要功能是对焦虑进行回避和修饰，而青春期儿童的自我发展更为完善，于是可以更好地执行这个功能。他们竭尽所能地开发出各种兴趣和活动（如体育运动等），以便可以更好地掌控焦虑，对焦虑过度补偿，或者将它隐藏在面具的下面，既不示人也不示己。他们用反抗的态度来实现这个目标，而这种态度正好是青春期的特质，于是给这个阶段的分析带来很多技术上的困难，除非我们可以快速切入病人的情感世界（他们的情感往往非常强烈，而且主要在反抗移情中表现出来），否则可能会导致分析突然中断。我在诊疗中曾多次发现，这个年龄段的男孩在第一次诊疗的时候，经常希望和我发生激烈的肢体冲突。

比如，十四岁的路德维希是个男孩，第二次诊疗的时间到了，他却没有出现，他的母亲花了很大力气才说服他，让他"再给分析一次机会"。在第三次诊疗的时候，我成功地让他把我当成了牙医（我的打扮让他想起了牙医），因为他说自己并不害怕牙医。但是我对他带来的素材进行解析之后，发现事实恰恰相反。解析显示，他不仅认为牙医（即我）会拔掉他的牙，还会把他的整个身体切成碎片。通过解析把他这方面的焦虑降低之后，我成功地建立起了分析情境。在后来的分析中，他也经常会焦虑发作，但还在我的控制范围之内，我把他对分析的阻抗大体保持在分析情境中，从而确保了分析的继续。

在其他的案例中，我也常常捕捉到潜在焦虑的信号，于是我通常会在治疗的早期就对这些焦虑进行解析，通过解析快速缓解孩子的消极移情。但是在一些案例中，焦虑并不会马上就被发现，或者通过解析潜意识素材我们仍然没有建立起分析情境，那么这些焦虑就会有爆发的可能。青春期儿童的分析素材和幼童的有些相似：幼童沉迷于游戏，青春期和前青春期的男孩则沉迷于幻想人和事。三岁零九个月的彼得，通过摆弄小卡车、小火车和汽车来表达，而十四岁的路德维希则可以用数月的时间来念叨汽车、自行车以及摩托车构造之间的区别；彼得推着小卡车跑，观察它们之间的区别，路德维希则对哪辆车或者哪个驾驶员能够赢得比赛充满兴趣；彼得称赞玩具人驾驶技术很棒，可以表演很多特技，而路德维希则不厌其烦地称赞运动界的明星。

不过，由于青春期儿童的幻想更贴近现实和更强烈的自我兴趣，所以和幼童相比，他们的幻想内容更难辨识。而且，随着他们活动范围的扩大以及与现实联系的增强，幻想的特性也会随之发生改变。他们想在现实生活中展现勇气的冲动以及与人相竞争的欲望变得更加强烈。这也是运动在青春期儿童的真实生活和幻想生活中占据重要位置的原因之一，因为运动可以让他们膜拜那些辉煌的战绩和精湛的技艺，还为他们提供了宽广的竞争舞台，除此之外，运动还是他们克服焦虑的工具。

通过男孩的这些幻想，我们发现了他们和父亲争夺母亲的意愿，也就是性能力的竞争。和幼童一样，他们的幻想往往伴随着各种各样的恨意和攻击性，常常导致焦虑和罪疚感。但是对青春期儿童来说，藏匿这些表现的机制要比幼童好得多。青春期的男孩喜欢把英雄和伟人当作自己的偶像，因为伟人们离自己很远，所以很容易维持对这些伟人的认同。他们把父亲意象分离，一方面持之以恒地对父亲意象（father—imagos）的负面情感进行过度补偿，另一方面将攻击倾向转移到其他对象上。所以，如果我们将他们对某些对象的过度补偿以及对另一些对象（比如老师与亲属）的过度敌视和轻蔑联系在一起，就能够发现对这些大男孩的俄狄浦斯情结和情感世界的分析途径。

在某些案例中，压抑常常导致青少年的人格受到严重限制，结果就是除了某种单一的运动之外，他们不再对别的任何东西产生兴趣。这种单一的兴趣有点像幼童一样，常常重复玩着某种单一的游戏，而对其他游戏视而不见。这其实是幻想受到抑制的表征，一般具有强迫性症状的特点，并不是升华的表现。可能在好几个月的分析中，唯一的谈话内容就是关于足球或骑车的单调故事。但即便缺乏素材，我们还是得通过这些故事洞察到孩子被压抑的幻想内容。如果我们采用类似于梦的解析技巧或者游戏的解析技巧，运用置换（displacement）、凝缩（condensation）以及象征性表征等机制，并且找到微弱的焦虑迹象和整个情感状态之间的联系，我们便可以透过那些单调兴趣的表象，逐渐触及病人内心最深处的情结。这和潜伏期的极端案例有点类似。还记得在七岁的葛莉特的案例中，在分析中，她一直在玩着单调的毫无想象力的绘画游戏，并且连续好几个月都没有改变。另外，埃贡的案例则更为极端。潜伏期的孩子在幻想和表达方式方面受到的限制比较严重，而在这几个孩子身上表现得尤为严重。于是我们得出以下结论：一方面，如果我们发现青春期儿童在兴趣和表达方式上受到严重的限制，那么他们其实处于潜伏期的延伸阶段；另一方面，如果早期阶段的孩子在想象活动方面受到严重限制（比如游戏时的抑制），那么我们可以说这是提前进入了潜伏期。

下面我将用两个案例来说明青春期阶段儿童的正确分析技巧。第一个案例中，比尔是个十五岁的男孩。他一直不停地描述着他的自行车和车上的零件，比如他非常担心由于骑得太快而把车子弄坏了——这为我们分析他的阉割情结和由自慰引起的罪疚感提供了丰富的素材。他跟我说，一次他和朋友骑车出去玩，中途他们俩相互交换了自行车，然后他就一直担心他的自行车会坏掉。我跟他解释，通过自行车和其他的一些事件可以看出，他的害怕也许和他童年时候的某些性行为有关。他同意我的解释，并回忆起曾经他和另一个男孩发生关系的细节。他对这件事的罪疚感以及对生殖器和身体被伤害的恐惧，深深埋藏在他的潜意识之中。

另外一个案例是上面我提到的十四岁的路德维希，他的情况我在上面也简单介绍过。通过对类似素材的分析，我找到了他对弟弟怀有强烈罪疚感的原因。比如，当路德维希说到他的蒸汽机坏了需要修理时，他会马上联想到弟弟的蒸汽机再也修不好了。而他在分析过程中出现的阻抗和希望分析赶紧结束的愿望，原因都是他害怕他和弟弟之间的性关系被发现。他还记得，有时候他会仗着自己年长力气大，于是强迫弟弟和自己发生关系，这在他的潜意识中留下了强烈的罪疚感。他的弟弟患有严重的神经官能症，他觉得自己得对弟弟的发展缺陷负责。

有一次在自由联想的时候，路德维希说自己要和朋友乘蒸汽船去旅行，但是他总感觉这艘船可能会沉。接着他突然从口袋里拿出一张火车季票，问我知不知道它的截止日期。他说他看不懂哪个数字是月份，哪个数字是日期。我们可以看出，火车票的"截止日期"象征着他的死亡日期，而和朋友的旅行则象征着童年时代（和弟弟或者朋友）的相互自慰，这正是导致他负有罪疚感和对死亡恐惧的根源。路德维希继续说，为了不把包装盒子弄脏，他把里面的电池拿了出来。然后他跟我描述了他和弟弟是怎么把一个乒乓球当足球踢的，还说乒乓球没有那么危险，不会打到人的头，也不会打碎窗户的玻璃。接着他想起在小时候的一次事故中，他被一个足球打昏了过去。不过他说自己并没有因此而受伤，但如果是打到了鼻子或者牙齿之类的，还是非常容易受伤的。后来经过证明，他关于这次事故的记忆是屏蔽记忆（screen memory），事实是有个年龄比他大的男孩曾经诱惑过他。乒乓球代表他弟弟相对小而无害的阴茎，足球则代表那个比他大的男孩较大的阴茎。他将自己和诱惑他的那个比他大的男孩的关系认同为他与弟弟的关系，他认为自己对弟弟造成了伤害，于是负有很深的罪疚感。他担心弄脏盒子而把电池拿出来的行为，反映了他因为玷污和伤害弟弟而产生的焦虑，因为他把阴茎放到了弟弟的嘴里强迫他口交，而这是他从那个比他大的男孩那里学来的。他害怕弄脏和伤害弟弟身体的恐惧，正是源自他对弟弟的施虐幻想，而这又激发了更严重的焦虑和罪疚感，指向的是对他父母的施虐自慰幻想。他通过需要修复的蒸汽船作为象征坦白了和弟弟的关系，于是我们不仅可以借此触及他的心灵深处、了解他的焦虑所在，还能了解他之前的其他经历和某些事件。另外，我还要指出，分析素材中丰富的象征形式正是青春期儿童分析的典型特点，因此我们也需要对这些象征作出相应的解析。

下面我们再来探讨一下青春期女孩的分析。女孩常常会因为月经来潮而焦虑。月经二字除了我们所熟悉的的意义之外，它还是一个外显的可见的符号，意味着女孩身体里的器官和孩子特征被完全破坏了。所以和男孩培养出男性气质相比，女孩想要完全培养出女性气质则要花更多的时间，遇到的困难也会更多。而青春期的女孩遇到的困难越多，身上的男性化特征就越明显。另外，在某些案例中，有的女孩发展并不完全，只侧重于智力发展，性和人格的发展则依旧停留在潜伏期，甚至一直持续到青春期后。在分析中我发现，那些性格主动、喜欢和男性竞争的女孩，对她们切入素材和男孩的素材非常相似。然而，男性阉割情结和女性阉割情结在结构上是有差异的。当我们进入女孩们的心灵深处，触及她们的焦虑和罪疚感时，我们发现这些焦虑和罪疚感是由她们对母亲的攻击性引起的，这不仅会影响她们阉割情结的形成，还会导致她们拒绝女性角色。我们发现，正是她们害怕身体被母亲毁坏的恐惧，导致了拒绝接受女性和母亲的角色。而这种想法和小女孩的想法非常相似。

在我们的分析中，还有一种类型的女孩，她们在性方面受到严重的压抑，所以我们对她们的分析常常从潜伏期分析切入。大部分时间，我们都在讨论学校生活，讨论她想要搞好学习以取悦女老师的愿望，讨论她在针线活方面的兴趣等。对于这个类型的女孩，我们必须运用相应的潜伏期分析方法，逐渐缓解她的焦虑，从而释放她在幻想活动方面的压抑。当我们部分或者完全做到这一步时，我们便能够清晰地发现女孩的恐惧和罪疚感。这种恐惧和罪疚感正是她培养女性特征和维持女性角色的阻碍，也是她性压抑的根本原因。而对于第一种类型的女孩，恐惧与罪疚感则更多地造成了她对父亲角色的认同。

当然，即便是女性角色占据主导地位的青春期女孩，她们身上也会有焦虑的存在，而且这种焦虑表现得比成年女性的焦虑更加严重和尖锐。而反抗和消极移情是青春期女孩的特质，所以我们必须迅速建立起分析情境。从分析中发现，这类女孩的女性特质经常被夸大并外显，表面目的是为了把其男性情结带来的焦虑隐藏和伪装起来，而真正的目的则是为了掩饰她们对早期女性取向的恐惧。

下面我将介绍一个案例，这个案例虽然不是前青春期和青春期的典型案例，但它刚好展示了这个阶段女孩的分析技巧，同时也体现了治疗中的困难。

伊尔莎是个十二岁的女孩，人格发展不太健全，患有显著的精神分裂特征。她的智力水平还不如一个八九岁的孩子，而且也没有同龄孩子该有的兴趣爱好。她在想象活动方面有非常明显的抑制，非常不喜欢说话，也不爱参加活动，唯一喜欢做的事是以一种强迫式的毫无想象力的方式绘画，这点我将在下文中详细阐述。她不喜欢有人陪伴、不喜欢散步也不喜欢观察事物，对电影、戏剧等娱乐活动也没有任何兴趣。她唯一的兴趣是食物，如果得不到满足，她就会暴怒和抑郁。她对自己的兄弟姐妹充满了嫉妒，原因并不是他们分走一部分母爱，而是在她的想象中，他们从母亲那里分走了更多的食物。她不仅无法适应社会，对母亲和兄弟姐妹也充满了敌意。她没有什么朋友，也不想要被爱和喜欢。她一方面和母亲的关系非常不好，经常对母亲发火，另一方面又过分依恋母亲。她曾在一家修女开办的寄宿学校待过两年，但是，远离家庭环境也没有让她的情况更好一些。

在伊尔莎十一岁半时，她的母亲撞见她和哥哥发生性关系的场景。据她的母亲回忆，这好像并不是第一次。分析显示，她母亲的回忆是有依据的，而且在被发现后，伊尔莎和哥哥的关系并没终止。

在母亲强烈的要求下，伊尔莎前来接受分析。她来接受分析还有一个原因，那就是和她年龄不符的无条件顺从以及对母亲的恨意和依恋。一开始我建议她躺在沙发上进行自由联想，但是她的联想非常贫乏，一直在将她家里的家具，尤其是她房间里的家具和诊所里的家具进行对比。她离开的时候带着非常明显的阻抗，并明确表示第二天不会再来，后来，又是在她母亲强烈的要求下，她才勉强同意再来。我的经验告诉我，面对这样的情况，我们必须迅速建立起分析情境，因为紧紧靠家庭的支持并不能维持太久。在第一次分析的时候，我就注意到了伊尔莎手指的动作，在将家具进行对比时，她会用手指不断地抚平衣裙的褶皱。在第二次分析的时候，她对比的对象是茶壶，她说家里也有一个茶壶，但是没有诊所的好看，就在这个时候，我开始了对她的解析。我对她说，她表面是在比较物体，但实际是在比较人；她是在拿我或者她的母亲和她自己进行对比，她认为自己不够优秀，她为自慰行为感到愧疚，并且觉得自慰对她的身体有害。她不断抚平衣裙的动作，代表着她在尝试着自慰和修复性器官。虽然她极其不同意我的解析，但我还是看到了解析的效果，她带来的素材越来越多了，而且也不再抗拒来做分析。但是，她呈现出明显的婴儿期特征，在语言表达方面又有障碍，还有强烈的焦虑，于是我决定转向游戏分析。

在接下来的几个月中，分析的主要内容是绘画。伊尔莎用圆规精确地作一些没有任何联想成分的画。她游戏的主要内容是测量和计算物品的各种部件，在这个游戏中我发现她的强迫性特质越来越明显。在一段时间缓慢和耐心的分析之后我发现，她游戏中不同形式和颜色的部件代表的是不同的人。她强迫性的测量和计算，被证明来源于她强迫性的求知欲望，即她希望探索母亲的身体，知道母亲的肚子里有几个孩子，了解两性之间的区别等。在这个案例中，伊尔莎的人格和智力发展的抑制是由于早期强烈的求知本能受到压抑造成的，而她在反抗中拒绝了所有知识。通过绘画、测量和计算的帮助，分析取得了非常大的进步，伊尔莎的焦虑也得到了较大的缓解。六个月之后，我再次建议尝试躺下分析的方法，她同意了，不过她的焦虑随之又变得强烈起来，但我随即又将它减轻了。从此以后，分析的速度越来越快了。由于伊尔莎的联想贫乏而单调，所以在这方面我们没法保持和其他青春期儿童分析相同的进度，但随着不断地分析，我们逐渐接近了正常的标准。她开始有了想要让老师满意、得到好评的想法，但是学习方面的严重抑制导致她不能实现这个愿望。现在，她真正充分地意识到了自己的缺陷所带来的失望和痛苦。在做学校布置的作业之前，她会哭上好几个小时，最终还是一点也没完成。在上学之前，如果她发现袜子上有破洞而她没有补好，她会变得非常绝望。分析时她常常把话题从课业方面的失败引到她服饰或身体的缺陷问题。一连好几个月，她都在陈述着单调的学校生活故事、袖口、衬衣领子、领带和其他衣服部件——她总是说它们要么太长，要么太短，要么太脏，要么颜色不正等。

这个阶段的分析素材，大多数来自伊尔莎课业失败的细节。由于不知道作文写什么样的主题,她抱怨个不停,于是我建议她对主题进行深入联想,而这种被动幻想(forced phantasies)对分析也十分有益。对她来说,写作则代表承认自己的"无知",即她对父母性交的事情一无所知,也完全不知道母亲的身体里面有什么。她身体里所有和这些"无知"状态相关联的焦虑与反抗,被学校的课业激活了。而且跟其他孩子一样,她认为写作代表着坦白,这便更加激活了她的焦虑和内疚。例如,有一次,她作文的主题是"请描述一下选帝侯大街",这让她联想到商店的橱窗和里面展示的商品以及她想要拥有的东西,比如她想拥有一个和妈妈逛街时看到的非常漂亮的大火柴盒。她们走进那家商店,她的妈妈点燃了其中一根大火柴,她也想点一根试试,却因为害怕母亲和售货员而放弃了。在这里,售货员代表的是她的父亲;火柴盒、火柴以及橱窗里的展示品,都代表母亲的身体;划火柴则代表着父母性交。对母亲在性交时拥有父亲而产生的羡慕与攻击冲动,是她深层罪疚感的来源。另一次的作文主题是"圣伯纳犬"。当伊尔莎提到这些聪明的狗狗怎么救出快要被冻死的人时,她开始抗拒分析。她后来的深入联想显示,她幻想中被埋在雪里的孩子代表的是被抛弃的孩子。从这里可以看出,她对这个作文主题写作困难的原因是,她对已出世和未出世的妹妹们的死亡渴望以及她害怕母亲因此抛弃她的恐惧心理。而且,学校布置的每项作业对她来说都是一种坦白,无论是口头作业还是书面作业。她对数学、几何、地理等科目也有一定的抑制,使得她的困难更多了。

随着学习困难得到缓解,伊尔莎的整个性格也发生了非常大的变化。她逐渐适应了社会生活,开始和其他女孩交朋友,和父母及兄弟姐妹的关系也有了巨大的改善。她的兴趣爱好渐渐地与同龄人相似,看上去已经和其他正常女孩无异。她的成绩很好,成为老师们的得意门生,甚至可能还过于听话了。她的家人觉得分析非常成功,并且认为分析可以结束了。但我并不认同他们的看法。伊尔莎这时十三岁,生理上的青春期已经开始,但心理上,明显她才刚刚成功迈入潜伏期。通过分析帮她减弱了焦虑和罪疚感,让她能够更加适应社会,并在心理上成功过渡到潜伏期。然而,尽管有了这些巨大的变化,但是在我面前,伊尔莎的依赖还是十分强烈,对母亲也过度固着。虽然她在兴趣爱好方面有了很宽的拓展,但是她基本上没有什么主见,表达看法的时候经常加上一句"我妈说"。她希望取悦他人,渴望被爱、得到认可,关心自己的形象(以前她一点也不在乎)——这一切都源自她讨好母亲和老师的愿望,当然,这也促使她希望比同学做得更好。但是,她还是有很明显的同性恋取向,在她身上看不到丝毫异性恋冲动的迹象。

在我的建议下,伊尔莎继续接受分析,最后,分析不仅让她在上面提到的几个方面有了巨大的改变,而且还影响了她整个人格的发展。我们对她的月经焦虑进行分析,效果非常明显。伊尔莎过度依恋母亲就是由于焦虑和罪疚感导致的,虽然她还是会时不时地对母亲大发脾气,但是次数越来越少了。进一步的分析彻底揭示了她对母亲的那种原生的竞争态度和强烈的恨意与嫉妒,原因是母亲不仅拥有父亲的阴茎,还拥有他的爱。通过分析,伊尔莎的同性恋倾向减弱,异性恋倾向所有增强。直到此时,她才真正地迈入了心理青春期。在此之前,她既无法批评母亲,也没有主见,因为对她来说,这些都代表着对母亲进行暴力的施虐攻击。在对她的施虐幻想进行分析后,她的自立性提高了很多,这一点从她的思维和行为方式中可以看出来。同时,她也能够更直接地反对母亲的意见了,但这并没有导致特别大的问题,因为对于她其他方面的进展来说,这只是个小毛病。经过个小时的分析之后，伊尔莎和母亲之间建立起了稳定、深情的关系，同时她也建立起了异性恋倾向。

从伊尔莎的案例中，我们可以看到，她因为处理不了自己过强的罪疚感，导致无法顺利过渡到潜伏期，同时也阻碍了她的整个发展。她的情绪被错置了，只能在暴怒中发泄情绪；她对焦虑的修饰也走偏了。伊尔莎常常表现出一副不快乐、不满意的表情，但是她既发现不了自己的焦虑，也不明白自己对自己的不满。另外，分析还取得了一个重要的进展，即让她明白了自己的不快乐和自卑感，明白了自己对没有人爱感到非常绝望，以及自己在无助中放弃了去赢取别人爱的努力。她曾经以冷漠的态度对待来自身边的爱和赞扬，后来却极度渴望被爱和赞扬，这使得她对母亲百依百顺，这也是潜伏期的特征。在分析的后期，我们揭示了她强烈的罪疚感和课业失败的深层原因，当她意识到了自己的病症之后，分析便变得更加容易了。

在上述的内容中，我提到过伊尔莎和她哥哥之间的性行为。她的哥哥比她大一岁半，在我开始治疗伊尔莎不久后，我也开始治疗她的哥哥。通过对他们俩人的分析显示，他们之间的性行为从童年早期就已经开始了，一直持续到整个潜伏期，只是中间间隔的时间比较长，形式也比较缓和。需要重视的是，在意识层面上，伊尔莎对这件事毫无罪疚感，只是表现得对哥哥有些厌恶。不过在对她的哥哥进行分析之后，他便停止了跟妹妹之间的性行为，但这反而激发了伊尔莎对哥哥更强烈的恨意。不过在后来的分析中，随着她其他方面的变化，她开始对这件事产生了强烈的罪疚感和焦虑。

我发现，伊尔莎处理罪疚感和焦虑的方式具有反社会的人格特质，比如，她不对自己的行为负责，并且敌视和反抗身边的人。在肯尼斯的案例中，我们也发现了相似的运作机制，他完全不在意别人的意见，而且极度没有羞耻心。在正常但淘气的孩子身上，我们也可以观察到类似现象，但是在程度上会轻一些。对各个年龄阶段孩子的分析显示，缓解他们的潜在罪疚感和焦虑，可以提高他们的社会适应性，增加他们的责任感——分析越深入，社会适应性和责任感就越强。

从伊尔莎的案例中，我们也看到了，在女孩的发展过程中，哪些因素在成功过渡到潜伏期的过程中起了关键作用，哪些因素又在向青春期的过渡中起了关键作用。正如前文中我们提到过的，有的青春期女孩其实还处在她延长的潜伏期之中。通过对她们早期焦虑和罪疚感（源于对母亲的攻击性）的分析，我们不仅可以帮助她们成功过渡到青春期，还可以帮助她们顺利进入成人世界，以确保她们女性化的性取向和人格特质可以得到完整的发展。

最后我想介绍一下在伊尔莎的案例中用到的分析技巧。在治疗的早期，我用的是潜伏期分析技巧，在后期则用的是青春期分析技巧。我曾多次提及，针对不用阶段儿童的分析，要运用不同形式的心理分析技巧。我要强调的是，对于所有年龄段的孩子，早期分析技巧都是基础。在上一章中我曾提到过，我分析潜伏期儿童的基础技巧源自我为幼童开发的游戏技巧。而从本章讨论的案例中也可以看出，早期分析技巧也适用于很多青春期儿童。如果我们无法充分考虑这些青春期儿童行动和表达幻想的需要，不能小心谨慎地管理他们放纵自由的焦虑，不能自如地运用相应的分析技巧，那么在很多难办的案例面前，我们很可能会无能为力。

在对心灵的最深层面进行分析时，我们一定更要先观察特定的情境。和被修饰过的浅层焦虑相比，那些深层焦虑不管在质上还是在量上都要强大很多，所以我们一定要管理好这些焦虑。为了管理这些焦虑，我们要追溯到它的源头，通过系统地分析移情情境来解决它。

在前面的章节中，我曾阐述过在孩子很害羞或者对我非常不友善的情形下，怎么即刻开始分析消极移情。通过这个方法，我们就可以在潜伏焦虑浮出表面、发作之前及时对潜伏焦虑中隐藏的信号进行识别和解析。而为了实现这个目的，分析师一定要掌握全面的知识，一方面必须熟知儿童早期阶段的焦虑反应，另一方面必须了解自我为了对抗这些焦虑而采取的防御机制。事实上，分析师一定要掌握心灵最深层次结构的理论知识。分析师必须对那些和大量潜在焦虑相关联的素材进行解析，并且要让那些已经被激发的焦虑情境显现出来。所以，分析师需要建立以下两个关联：一、潜在焦虑和其下特定施虐幻想之间的关联；二、潜在焦虑和自我对抗焦虑的防御机制之间的关联。换句话说，想要通过解析消除病人的特定焦虑，分析师不得不在曲径中探索超我的威胁、本我的冲动以及自我为了协调超我和本我之间所做的尝试与努力。以上这些都完成后，解析便可以循序渐进地把被激发出来的焦虑内容带到意识层面。为了实现这个目标，分析师一定不能在病人身上使用"非分析"的方式，因为只有避免在儿童身上使用教育或道德影响的手段，分析师才能抵达他们心灵的最深层面。如果分析师用"非分析"的手段阻止了儿童的本能冲动，那么他们的本我冲动（id impluses）也会不可避免地受到压制。即便在分析幼童时，要深入触及他们最原始的口腔施虐和肛门施虐幻想，也是一件非常困难的事情。

而且，对孩子的焦虑进行系统调节之后，在两次分析的间隔期间，孩子也不会积累过多焦虑，或者就算是分析被中断了，焦虑也能够被保持在可控范围内。如果分析突然被中断了，焦虑的确会暂时变得更加强烈，但孩子的自我会马上对它进行约束和修饰，甚至比分析之前做得更好。在某些案例中，孩子甚至能够避开强烈焦虑期的过渡阶段。

在上述内容中，我提到过青春期儿童和儿童发展早期阶段之间的相似之处，接下来我要简单地谈一谈它们的区别。和潜伏期相比，处于青春期阶段儿童的自我发展得更加全面，兴趣也更加成熟，分析师这时候就需要采用更加接近成人的分析技巧。而对于一些特定的儿童或特定的分析阶段，我们可以求助于其他表征方法。但总的来说，在分析青春期儿童时，我们依靠的主要是语言联想，因为只有通过语言，这些青春期儿童才能与现实彻底建立起联系，并培养出正常的兴趣爱好。

基于以上的原因，在分析青春期儿童时，分析师必须同时掌握成人分析技巧的所有知识。我认为，对儿童分析师来说，掌握成人分析技巧是掌握儿童分析特殊技能的基础。如果没有在成人分析方面做了大量工作，积累了丰富的经验，分析师是无法进入儿童分析领域的，因为从技术上来说，儿童分析更加艰难。为了在坚持分析治疗的基本原则的同时，还能修正儿童在不同发展阶段的治疗形式，分析师不但要精通早期分析技巧，还必须对成人分析技巧融会贯通。

第六章
儿童神经官能症

在之前的章节中,我们已经讨论了如何像对成人分析一样对儿童进行深层次分析的策略。下面我们将讨论,究竟哪些症状的出现是儿童是否需要接受治疗的标准。

首先要解决的问题是:儿童身上的障碍中,哪些是正常行为,哪些是神经官能症的表现,也就是哪些行为只是儿童在调皮捣蛋而已,哪些行为则表示儿童确实真的生病了。总的说来,我们希望能碰到一些典型的障碍场景,这些场景的发生次数和结果虽然会截然不同,但只要没有超出特定范围,它们仍然是儿童成长过程的一部分。然而在我看来,正是因为这些障碍不可避免地出现在儿童的发展过程中,所以我们在日常生活中才难以鉴定这些障碍在什么程度上是严重发育障碍的基础和症状。

孩子在进食习惯上表现出来的一些明显障碍,特别是焦虑的各

第六章
儿童神经官能症

种表现形式，包括夜惊和恐惧症等，这些基本上都被明确认定为神经官能症的表现。但是通过对幼童的观察发现，他们的焦虑通过各种各样经过修饰的形式表现出来。甚至在他们两三岁的时候，表现出来的各种焦虑变体就已经体现了非常复杂的抑制过程。比如，就算不再出现夜惊现象，他们时不时地还是会出现睡眠障碍，如晚睡、早醒、午觉入睡难、晚上睡不安稳或者容易惊醒等，这些现象都是我在心理分析中发现的原始夜惊的各种变体。这类儿童常常还有很多让人不安的爱好和仪式，他们在入睡之前，往往沉迷于这些爱好和仪式。与此同时，没有经过修饰的原始进食行为常常会成为一种进食习惯，比如吃得慢慢吞吞、咀嚼不当、对所有食物都没有食欲等，这些进食行为在后来甚至可能会演变成糟糕的餐桌礼仪。

在日常生活中，有些儿童在见到特定人群时表现出来的焦虑常常被认为是胆小。后来我们发现，这其实是社交场合抑制或者羞怯的表现。这些所有不同程度的恐惧只不过是原始焦虑的不同变体而已，因此，见人时胆怯可能会影响着他们以后所有的社交行为。如果儿童对某些动物表现出明显的恐惧心理，慢慢地，他们就会对这些动物甚至是所有的动物表现出厌恶。如果儿童在看到某些没有生命的物体（事实上它们常常会被幼童赋予生命）时感到害怕，等他们长大后，这种恐惧就会渐渐地外显，他们会厌恶所有和其相关的事物。因此，比如孩子害怕电话，长大后他就会非常讨厌打电话。再比如，如果孩子害怕引擎，这可能会导致他们厌恶旅游，或者一出游就会让他们觉得筋疲力尽。在其他的一些案例中，对街道的恐惧会让他们变得厌恶上街散步。另外，这类抑制行为也会出现在运动和动感的游戏中。关于这些我曾在论文《早期分析》中进行过详细的阐述。这种抑制行为在外显方式和程度上天差地别，他们不是讨厌某种运动的特殊形式，就是讨所有的运动项目；或者很容易就感到疲劳，认为自己的身体笨重、迈不开步等。正常成年人的某些癖好、习惯和压抑也类似这种情况。

普通成年人常常会为自己不喜欢某些事物找一些借口，比如他们通常会说这些事物不够有趣、不够档次、不够干净等（他们有无数种不喜欢的理由）。我们不得不承认，和成人相比，儿童身上的这类厌恶和习惯更加强烈，也更缺乏社会适应性，通常会被认为是调皮捣蛋的表现。然而，这些本质上还是焦虑和罪疚感的表现方式。它们不仅和恐惧症密切相关，还和强迫性仪式有着密切联系。它们取决于儿童在细节上的种种情结，因此教育手段在他们身上常常行不通，但是这些问题可以像其他神经官能症状一样通过分析得到解决。

在这里，我将用一两个我所观察到的有趣案例进行说明。有三个小男孩，一个经常会瞪大眼睛做鬼脸；另外一个会不停地眨眼睛，以此拒绝承认自己害怕失明；还有一个会张大嘴巴表示自己对口交行为（fellatio）的忏悔，但随即又会吹个口哨表示自己放弃忏悔。我常常发现，大人在给儿童洗澡或者洗头的时候，儿童常常会表现出任性行为，这些任性行为其实是他们内心深处的害怕，他们担心自己会被阉割或者担心身体会被毁坏。我还发现，无论是儿童还是成年人，挖鼻孔的行为其实象征着他们对父母身体的肛门攻击。父母和护士常常难以说服儿童帮他们做一些哪怕是非常简单的事情，或者让他们学会先思而后行（这通常会让负责人员极其不愉快）。最后我们会发现，这些困难从始至终都因焦虑而起。比如，在某些案例中，儿童不愿意从盒子里拿出东西，后来分析才发现，从盒子里取东西的动作象征着对母亲身体的激烈攻击，这是禁止行为。如果真的从盒子里拿出东西，攻击行为就会变得实体化。

儿童的精力往往非常旺盛，也比较活跃好动，所以有时候会表现得骄傲自大，目无尊长。而大人们则通常会根据自己的经验错误地认为，孩子不是脾气古怪，就是不服管教导致的目空一切和蔑视行为。其实这些行为还是焦虑的过度代偿。而且这种克服焦虑的方式会严重地影响儿童的人格塑造过程（character-formation）及以后他们对社会的态度。孩子活跃好动的同时往往伴随着坐立不安，我认为，这是一个非常值得关注的症状。儿童在坐立不安的过程中，会使得运动神经成功得到释放。而这种释放的需求常常在潜伏期初期就开始逐渐积蓄力量，到后来就变成了十分明显的模式化行为。这种行为很容易在儿童表现出来的过度好动中被忽略掉。等到了青春期或者即将到青春期的时候，它们会重新出现或者变得更为明显，也为抽搐（tic）的出现埋下了种子。

我一再强调游戏抑制（inhibition in play）本身所带来的重大意义，这种抑制常常会以各种各样的形式隐藏起来。在分析的过程中，我们经常可以看到各种不同强度的表现形式，比如，儿童明确不喜欢某些种类特定的游戏或者对所有游戏都缺乏耐性，这些都是游戏中部分抑制的表现。此外，有些儿童在游戏中希望别人来扮演重要角色，他们自己不会主动去拿玩具，希望对方能主动一些，等等。还有些儿童只愿意玩有固定规则的游戏，这样他们只需要完全按照游戏规则来就可以了；还有的儿童只喜欢玩固定的几种游戏（他们经常乐此不疲地玩这些游戏）。这些儿童不得不竭力抑制幻想，这往往还伴随着强迫性的特征；与其说这些游戏是一种意志的升华，不如说是一种强迫性行为。

在一些游戏背后常常隐藏着某些模式化或者固定僵化的动作，特别是在向潜伏期转变的发展阶段。有一个八岁的小男孩，他曾经常常玩警察值岗的游戏，在几个小时以内反反复复地重复着一些特定的动作，有时候又会突然面无表情、一动不动地站很长的时间。在有些案例中，儿童则会表现出跟抽搐密切相关的异常好动（peculiar overactivity），这些也会隐藏在特定的游戏中。

如果儿童不喜欢需要互动的游戏，也不够灵敏，那么他们将来很可能会不喜欢运动，另外，这也常常预示着儿童的某些方面出了问题，这是一个非常值得关注的征兆。

通过很多案例我们发现，无法尽情地玩游戏的儿童通常会在未来的学习中受到抑制。而在一些案例中，儿童虽然无法尽情地玩游戏，却能在学习中有非常好的成绩，但是最后会发现他们的学习动机大多是强迫性的，有些儿童在后来的学习中会遇到严重的瓶颈，感觉到了极限，这些症状在青春期时尤其明显。

学习中的抑制和无法尽情玩游戏一样，强度不一，形式也有多种多样，比如天性懒惰、不感兴趣、非常不喜欢某些科目或者养成了拒绝做家庭作业的怪癖等，虽然在最后一刻还是完成了作业，那也是迫于压力的原因。这种学习上的局限性也为将来各种职场问题奠定了基础。也就是说，职场上的抑制往往在儿童无法尽情玩游戏中就能看到迹象。

在我的论文《一个儿童的发展》（1921）中，我曾说过，儿童是否抵触性启蒙是一个判断他们是否有问题的重要指标。如果儿童回避性启蒙方面的所有问题（这种回避常常会走向另一个极端：不停地问关于这方面的问题，或者跟这种强迫行为轮流出现），这是他们在求知本能上存在严重障碍的征兆。众所周知，儿童经常会不停地问问题，这种状态发展下去往往会造成成人的沉思狂躁症（brooding mania），一般和神经障碍有关系。

儿童出现的忧郁倾向、容易摔倒、习惯性地敲打自己或者进行自我伤害等都是各种恐惧和罪疚感的表现形式。儿童分析让我相信，这种反复出现的小事故——偶尔比较严重——都是更加严重的自我摧残和伤害的替代品，它们的背后是种种不高明手段下的自杀企图。很多儿童，尤其是男孩常常会对疼痛过度敏感，但取而代之的是，他们小时候常常会很夸张地表现得毫不在乎的样子。然而这种毫不在乎只不过是一种防御或者掩饰焦虑的方式而已。

儿童对待礼物的态度也非常特别，他们永远不会知足，因为没有任何一种礼物能够给予他们真实又持久的满足感，只会让他们逐渐失去兴趣。而有些儿童根本不喜欢礼物，对所有礼物都漠不关心。在分析成人时，我们也经常在很多情境中发现类似的两种态度和表现。有些女性天天想要买新衣服，买回来后却从来没有真正欣赏过这些新衣服，而且，她们永远觉得自己没有衣服可穿。

总体来说，如果女性总是一个劲儿地追求新奇好玩，那么她们喜欢的对象往往也不固定，所以也得不到真正的性满足。也有一些女性对所有东西都不感兴趣，无欲无求。在儿童分析的过程中，我越发地感觉到，礼物代表着所有有爱的物体，如母亲的乳汁和乳房、父亲的生殖器、尿液、粪便以及婴儿等，大人不会给予孩子这些礼物。然而，这些礼物也同样向儿童证明了一点，即那就是那些他们曾想通过施虐的态度占有的礼物，如今就这样毫不费力地给了他们，这会让儿童意识到，自己完全可以减轻罪疚感。在潜意识中，儿童认为没有收到礼物就如同其他所有挫折一样，是对他们攻击冲动的惩罚，这种攻击冲动和原始欲望有关。在其他案例中，如果儿童强烈的罪疚感一直没有得到很大的缓解或顺利疏散，再加上他们害怕再次失望，于是他们就会压抑所有原始欲望，这些儿童也就根本无法享受礼物。

如果儿童承受不了挫折，那么也处理不了挫折，将来则适应不了社会。因为这种能力的缺失会在潜意识中诱导儿童，让他们认为成长过程中遇到的所有挫折都是一种处罚。而对于大一点的儿童（有些案例中也可能是幼儿），承受挫折能力的缺失常常会被表面的和谐所掩盖，因为他们会见风使舵地取悦别人。这在潜伏期特别明显，这种看似适应的外表下常常掩盖着更深层次的障碍。

很多儿童对宴会和节日的态度也非常值得关注。他们会焦急地盼望着圣诞节、复活节等节假日的来临，但这些节假日一结束后，他们就会觉得余味无穷，没有得到不满足。这类节假日，哪怕仅仅是周末，都能给他们带来一丝希望，觉得一切会焕然一新，从头开始。除此之外，节假日常常意味着他们可以收到期盼已久的礼物，他们同样希望自己所有遭遇的及做过的错事都能得到补偿。家庭宴会可以清晰地展示出儿童身上和家庭生活有关的种种情结。比如生日聚会常常象征着重生，其他儿童的生日聚会引发了他们内心的矛盾冲突，这些矛盾冲突针对着已经出生或者即将出生的兄弟姐妹。因此，儿童在欢庆日和假日中的应对方式是儿童神经官能症的某种先兆。

儿童讨厌剧院、电影院以及各类演出跟他们在求知本能上的障碍密切相关。我发现，这种障碍源自他们压抑了对父母性生活的兴趣，并防备自我的性生活。这种态度会在多个方面抑制儿童的升华。归根结底，它归咎于儿童在早期发展过程中产生的焦虑与罪疚感，源自他对父母性交的攻击幻想。

我还想强调一下各类儿童生理疾病中的心理因素。可以确定的是，很多儿童经常会用生病的方式来表达焦虑和罪疚感（这种情况下康复具有安抚作用）。一般来说，如果儿童在某个阶段经常生某种疾病，部分原因是由神经官能症引起的。这种心理性疾病不仅会导致儿童更容易生病，还会让疾病更加严重，并且拉长患病的持续时间。不

第六章
儿童神经官能症

过,在经过一整套的分析治疗后,儿童得感冒的概率会大大降低。在某些案例中,儿童几乎再没患过感冒了。

正如我们知道的,神经官能症与人格的塑造密切相关,而且在成人分析中我们还发现,神经官能症会导致让他们改变心性。截止到现在我们发现,分析几乎一直正面影响着大一点的儿童的人格变化,但是,如果早点开始分析,不仅可以解决他们的神经官能症问题,还能消除教育障碍,可谓意义深远。可以说,幼儿的教育障碍跟大一点的儿童和成人身上的人格障碍非常相似,它们之间似乎有一种类比关系。顺着这种关系,我们注意到一点,每当提到人格话题时,我们首先想到的是个体本身,即便个体的人格会对环境造成干扰。而当谈到教育障碍时,我们首先想到的是儿童监护人必须面对的挑战。这种思维方式导致我们常常会忽视一个事实,即教育障碍是关键成长过程的外显方式,这个过程在俄狄浦斯情结消退后形成。因此,教育障碍是发展中或者已经形成的人格的后效应(after-effects),也是后期神经官能症或者所有发展缺陷的基础。这种障碍会通过各种形式表现出来,特别是在学习上。也就是说,它们应被当成神经官能症或者人格障碍,而不是教育障碍。

综上所述,我认为儿童在成长过程中多多少少都会碰到人格上的神经质障碍。换句话说,每个儿童都会有一个神经质的发展过程,只不过它们的表现程度因为个体的不同而不一样罢了。很多人认为,心理分析是治疗成人神经症问题的灵丹妙药,理应也可以用来治疗儿童的神经症,而既然每个儿童都会有一个神经质的发展过程,那么心理分析也应该适用于所有儿童。这个推理似乎没有任何问题。但是,就目前的实际情况来说,只有少部分儿童会在出现神经官能问题后接受分析治疗。因此有一点非常重要,那就是在描述需要分析治疗的指标时，我们必须要明确地指出哪些是严重的神经官能症症状，哪些只是有官能症的迹象。也就是说，我们要让对方明确知道，哪些症状会导致儿童在今后的生活中出现严重障碍。

我要进一步指出的是，因为婴儿期神经官能症的影响幅度和发展特点的关系，我们一般不会弄错它的严重性，但不得不承认，由于没有高度重视它的特殊迹象，还是会存在个别未能识别婴儿期官能症的案例。我认为，我们之所以没有像关注成人神经官能症那样关注儿童神经官能症，原因是它的症状和成人的症状在很多方面都不一样。所以，即便分析师知道成人神经官能症下隐藏着婴儿期神经官能症，但是长期以来，他们都没能从实践经验中得出结论，即对儿童来说，神经官能症是非常普遍的现象，尽管儿童身上已经出现了足够多的迹象来支持这一观点。

和成人神经官能症相似的症状并不能作为判断婴儿期神经官能症的标准，因为即便和非神经官能症患者的正常成人比起来儿童毫无差异，我们也不可以断定这个儿童完全没有神经质。因此，如果一个儿童在教养过程中没有任何问题，也没有被幻想生活和本能掌控左右，而且，还能很好地适应现实的各方面，甚至没有什么焦虑表现，那么我们可以肯定，这个儿童不仅早熟、无趣，还非常不正常。在描述未来的成长蓝图时，如果儿童强烈压抑幻想，那我们可以完全断定，他的未来非常令人担忧，因为幻想是成长的必然和先决条件。在这样的成长过程中，儿童忍受的不是微弱的神经官能症，而是无症状的神经官能症。根据我们对成人分析的经验判断，这种官能症往往会非常严重。

在儿童头几年的生命里，我们常常希望能找到各种可以判断他们在激烈挣扎、经历骤变的症状。然而这些症状在很多方面都和成人神经官能症的症状截然不同。正常儿童在某一个阶段会表现出明显的矛盾心理和各类情感，他们会明显顺从本能上的冲动与幻想行为，也非常容易受到超我的影响。他们在适应社会的过程中会遇到一些障碍，因此会导致一些教养困难，所以他们可能不会是一个好养的儿童。但是，如果他们在适应社会的过程中遇到的障碍超出了他们的承受范围，并产生了大量强烈的焦虑和矛盾心理，也就是说，如果这些障碍给儿童带来很大的痛苦时，他们就会成为神经质儿童。不过，和其他某些儿童比起来，这种神经质还不算太严重。有些儿童很早就学会了强烈地压抑自己的感情，导致别人几乎观察不到他的任何情绪或焦虑。轻微神经官能症和严重官能症会在数量上有所差异，除此之外，儿童解决障碍的方式是真正区分它们的关键因素。

从上面提到的迹象和症状中，我们发现了一个非常有价值的观测点，它使我们开始研究儿童处理焦虑的方式（这种方式往往模糊不清）以及从中表现出来的一些基本态度。比如，一个儿童不喜欢出去看各种演出（无论演出地点在剧院还是电影院或是其他地方），也不喜欢问问题，还不能尽情地玩游戏，或者只玩一些没什么想象力的特定游戏，那我们可以判断，这个儿童在求知本能上遇到了严重的障碍，这种障碍正强烈地压抑着他的幻想生活，即便从表面上看，他似乎没什么大问题，也可以很好地适应别的方面。一旦出现这种情况，他们大多会在将来通过强迫性的方式满足求知欲，而且有可能会出现其他官能症症状。

很多儿童可以轻松适应成长过程中的各种要求，即便一开始会出现无法容忍挫折的症状，在后期也会被逐渐淡化。他们从小就乖巧懂事，也知道怎么配合别人。但偏偏就是他们，大多会对前面讨论过的礼物和宴会表现得漠不关心。除此之外，如果他们过度执着于自己的客体，强烈抑制自己的游戏欲望，那他们以后很大概率会出现神经官能症。他们对待生活既悲观又消极，主要目标是不惜一切代价摆脱焦虑和罪疚感，即便他们需要放弃所有快乐和本能上的满足。同时，他们对客体的依赖要大于其他人，因为他们需要通过在外部环境中寻求庇护和支持的方式来消除内心的焦虑和罪疚感。如果儿童对礼物几近贪无止境，也承受不了成长过程中遇到的各种挫折，那他们表露出的种种障碍会更为明显，即便他们的重要性在本质上仍然没有得到应有的重视。

有一点可以明确，那就是我在本书中列举的一些典型案例，这些儿童在将来不太可能会是一个内心完全平和、情绪完全平稳的人。他们给人的总体印象，比如走路方式、脸部表情、一言一行等都会不小心泄露出他们不成功的内在适应。而无论是什么案例，通过单独的分析都可以判断出这些障碍的严重程度。我一再强调，通常情况下，只有经过足够长时间的分析治疗后，我们才能判断一个儿童是不是精神不正常或者具有精神病的症状。原因就像神经官能症的症状一样，儿童精神不正常的症状跟成人的症状在很多方面所有不同。在来我的治疗所接受分析治疗的儿童中，很多在很小的时候就已经出现了官能症症状，这些症状跟严重的成人强迫性神经官能症症状基本上一样。分析结果显示，他们已经存在严重的偏执狂特征。

我们需要考虑的第一个问题是，儿童出现哪种迹象才能表明他们不错的内在适应呢？如果他们享受游戏的乐趣，可以在游戏中随意自由地进行幻想，还能很好地适应现实，亦能成功地处理自己跟客体的关系，不会表现出过分的依赖，以上这些都是良好的征兆。还有一个不错的迹象，那就是他们不仅满足了以上几点，还能相对稳定地发展求知本能，可以在不同领域中随意自由地选择兴趣，也没有显示出强迫和激进的特征。这两者是典型的强迫性神经官能症症状。我认为，情感和焦虑在一定程度上的表露也是良好发展的前提条件。但是，我认为上述提到的所有征兆以及其他预测性良好的指标的参考价值也是有限的，它们并不能保证儿童的未来就不会有任何问题。因为儿童是否会在成人生活中再次出现神经官能症的问题，往往取决于儿童在成长的过程中接触的外在现实是否有利，而外在现实是无法预测的。

另外，在我看来，我们似乎并不完全了解儿童个体的心理结构和潜意识中的障碍，因为他们更容易成为神经官能症的分析对象，而不是心理分析的研究对象。通过对不同年龄阶段心理健康儿童的分析，我发现即使他们的自我能做出正常反应，他们也同样必须得面对各种焦虑、潜意识中的强烈罪疚感和深度抑郁。我还发现，在面对种种障碍的情况下，如果我们想从案例中区分出正常儿童和神经官能症儿童，只有一个办法，那就是看他们是不是可以更加有信心、也更积极地处理这些障碍。从这些案例的分析治疗结果来看，我认为，分析治疗是有价值的，即便针对的只是那些有轻微神经官能症症状的儿童。曾有假设认为，如果儿童的焦虑得到缓解，罪疚感有所减轻，性生活也发生根本性的改变，那么这些变化将对神经官能症症状儿童和正常儿童的未来具有重大意义。这听起来似乎很有道理。

我们还需要考虑的第二个问题是，儿童的分析治疗要到什么时候才可以结束。对成人来说，我们可以从很多方面进行判断，比如病人是不是具备了投入工作和爱的能力，能不能在他所处的环境中照顾自己；或者为了生活所需，在必要的情况下是不是有能力做出决策等。如果我们能找到成人治疗失败的原因，亦能敏锐地在儿童身上洞察到相似的因素，这样我们就拥有了可靠的标准，从而帮助我们判断什么时候才能结束治疗。

所有成人都有可能患上神经官能症,都会出现人格上的缺陷、升华能力上的障碍或者不和谐的性生活等。我一直努力想告诉大家,在儿童很小的时候,我们就可从各种细微但特点明显的迹象中洞察到婴儿期神经官能症;预防成人神经官能症的最好办法是在婴儿期时就将其治愈,同样,预防将来出现人格缺陷、障碍的最好办法也是在童年期就将其斩草除根。儿童游戏不仅让我们能够深入地了解他们的内心,也给我们提供了一个清楚的指标,从而帮助我们判断他们未来是否有升华的能力,以便我们知道什么时候结束治疗。只有当幼儿在游戏上的抑制水平已有了大幅度下降之后,我们才能考虑结束对他们的分析。和同龄人相比,他们不仅应该对游戏表现出更浓厚也更稳定的兴趣,而且兴趣范围还应该有所扩大。

经过分析治疗之后,一旦儿童开始强迫自己对游戏感兴趣,那么他对游戏的兴趣会逐渐变得广泛。无论成人还是儿童,分析的目的都是扩大他们的兴趣范围和增强升华的能力。因此,掌握了儿童游戏,我们不仅可以预估他们未来升华的能力,还可以判断出分析是否已经成功预防了他们未来在学习和工作能力上的抑制。

最后,儿童在游戏上越来越浓厚的兴趣及在游戏种类和数量上的诸多变化,也是判断他们未来性发展的重要依据。下面我将引用两个儿童(一男一女)的案例加以说明。库尔特(kurt)是个五岁的小男孩,和其他男孩一样,他一开始就喜欢我游戏桌上的玩具车子,他从一大堆玩具车中拿出汽车和火车,然后开始了玩具车游戏。他将玩具的大小和马力进行比较,然后让它们跑到一个指定的地方。我认为,这个游戏象征着他将自己的阴茎、能力与人格跟父亲以及其他兄弟之间的进行了整体的对比。我们有可能从这些行为中推断出他有正常且主动的异性恋态度。然而这和他明显惴惴不安且早熟的本性相矛盾;

随着分析的持深入，证实了这个推断是正确的。他的游戏象征着他想要占有母亲，想跟父亲进行对抗，但这个想法很快就被突如其来的严重焦虑打断了。他看起来似乎明显建立了被动的同性恋态度，但由于焦虑的原因，他没有继续保持这个态度，于是他很快就选择逃离现实，并从自大的妄想中得到了安慰。基于这不切实际的基础，他可能会突然把内心深处仍然蠢蠢欲动的主动的男子气概夸张地在自己和别人面前猛推出来。

经过反复观察我发现，儿童的游戏就如同梦境一样，它们呈现的只是表面现象；如同挖掘到梦境里隐藏的意义一样，我们只有经过全面深入的分析才能挖掘出游戏中潜藏的内容。然而，由于游戏跟现实的距离更近，而且它们的主要作用是呈现婴儿期的内心，因此游戏往往比梦境具有更强烈的次级意匠作用（secondary elaboration）。所以，只有循序渐进地顺着儿童游戏的变化，我们才能渐渐了解他们内心生活的各种趋向。

我们看到，在接受分析的第一次游戏中，库尔特表现出了一种主动的男子气概，但是这其实是一种假象。因为当他出现重度焦虑时，这种男子气概会迅速销声匿迹。自那以后我就开始分析他消极的同性恋态度。在经过很长一段时间的治疗后（四百五十次左右），库尔特同性恋倾向引起的焦虑终于有所缓解。之前扮演他对抗父亲的假想队友的玩具动物后来变成了儿童。同时，他消极的女性倾向和渴望儿童的态度得到了更清晰地表达。然而，他对父母的过度恐惧也弱化了他的女性倾向和异性恋倾向。

库尔特害怕"有阴茎的母亲"（mother with a penis）的同时，也很害怕父亲。分析不仅让他主动的异性恋倾向有所增强，而且还再度成为中心地位。他在游戏中找到了一种更加稳定的方式来表达他跟父亲的竞争关系，还再次玩起了第一次分析时玩过的游戏，但是这次他的游戏更有规则，也更有想象力。比如，他会全力以赴地建造一个仓库，目的是用来存放玩具汽车，并孜孜不倦地往仓库中添加新的东西，让其变得更加完善；有时候他会创建各种各样的村庄和城镇，然后开着汽车去探险（探险的过程象征他为了占有母亲要跟父亲进行对抗）。他对这些村庄、小镇和仓库呵护有加，又乐在其中，这象征着他想让母亲恢复健康，因为他曾在幻想中攻击过她。同时，在现实生活中他和母亲的关系也有了前所未有的变化。随着他的焦虑和罪疚感逐渐减弱，他越来越能驾驭反向作用，对母亲也越来越温柔亲切。

他在游戏中的各种变化说明了他的异性恋倾向正在慢慢增强。从他最开始的游戏的各种细节中我们看到，他前性器期的固着（pre-genital fixations）仍主导着他的异性恋关系，或者说它再度取代了性器期的固着。例如，汽车运往城镇的货物或者货车送到家门口的东西代表的是排泄物，所以排泄物要送到后门。这些游戏象征着他跟母亲之间的一种暴力的肛门性交。比如，他从货车上卸煤的时候常常会把花园或者房子弄坏，然后房间里的人就会变得非常生气。但是，他的这个游戏经常会被随之而来的焦虑打乱中止。

库尔特在接受分析时，一直在玩车子搬运各种各样货物的游戏，内容也各不相同。有时候他开着货车送货去市场上或者去取货；有时候是带着全部家当去长途旅行。对这些内容进一步分析后，我发现这种游戏联想代表的是逃亡，而逃亡时带的东西则是从母亲身上抢来或偷来。在这些游戏中，给予我们最大启发的是细节上的许多变化。比如从后门运送货物的细节就体现了他强烈的肛门施虐幻想。一段时间之后，库尔特又开始重复玩这个游戏，由于某些特殊原因，这次他避开了前门。在他的游戏联想中，前门代表的是女性的生殖器。这证明了他对女性生殖器的嫌恶强化了他对肛门的固着,原因是他害怕女性生殖器。这是由很多因素决定的,不过最关键的一点是,在幻想中,他害怕在跟母亲性交的时候碰到父亲的阴茎。

然而,这种恐惧虽然有抑制作用,但它也能够刺激某些性幻想的发展。虽然他担心碰到父亲的阴茎,想要逃离出来,但他也试图保留自己的异性恋冲动,因此这也会让他在成年后养成一些性生活上的小怪癖。男童身上较为典型的幻想(包括库尔特表现出来的)是,他可以接受和父亲一起跟母亲进行性交,或者跟父亲轮流着和母亲进行性交。在这种性幻想中,联合性器幻想、前性器幻想或者单个主要的性器幻想都有可能出现。比如,在库尔特的游戏中,两个玩具男人或者两辆车会一起开进同一道门或者同一幢房子,这道门和房子代表的就是母亲的身体(另一个入口则代表她的肛门)。这两个玩具男人经常会商量好,要么一起开车进去,要么轮流开车进去;又或者,其中一个男人比另一个男人厉害,拥有更强大的力量或者更高的智慧,从而赢得另外一方。在这种对抗中,小一点的男人(库尔特自己)会让自己变成巨人来打败大一点的男人(他的父亲)。但很快,他会因为伴随而来的焦虑改从另一道门(后门)进入,并把前门让给另一个男人(他的父亲)。这个例子说明了儿童对阉割的恐惧是怎么阻碍了性器阶段的确立,并强化了他的固着,或者甚至退回到了前性器阶段,不过退回到前性器阶段的这个结果并不会马上发生。除了上面提到的性幻想之外,如果儿童的焦虑不是非常严重,他还会产生很多和性器阶段有关的性幻想。

儿童个体在游戏幻想中表现出来的细节和他成年后的爱情生活有着必要联系。在库尔特的游戏幻想中两个玩具男人开车进同一幢房子这个问题上,无论他们从同一个入口进去还是不同入口进去,是同时进去还是轮流进去,是通过武力解决还是协商解决等,这些都展示了在现实生活中个体会怎么以第三方的身份来处理三角关系。比如,在三角关系中,他扮演的可能是"受伤的第三者",也可能是家族的朋友;他可能会用智慧战胜女方的丈夫,也可能使用武力解决等。另外,焦虑还有一个作用,那就是减少具有性交象征意义的游戏的次数。不过这个作用要在他成人后才会呈现出来,它会干扰个体的性能力或者让其减弱。至于童年时的性幻想要怎样才能不对未来生活造成影响,这主要取决于他成长过程中的其他因素,尤其是他的生活经历。但从本质上来说,童年时的游戏幻想在很多方面都暗示了他未来爱情生活的产生条件。

从这些性幻想的发展过程中我们看到,当儿童的性冲动向性器阶段发展时,他的升华能力也有所进步。比如,库尔特建造了一幢完全属于自己的房子,因为他想独占母亲,而这幢房子本来是属于母亲的。同时,他努力想把这幢房子打造得非常完美,所以无论他怎么努力都会觉得不够。

这类游戏幻想已经开始释放出儿童将来会与钟爱的客体渐渐分离的信号。我的另一个年纪很小的患者,他喜欢用地图代表母亲的身体,一开始他尽可能地想在一张非常大的纸上画出一张很大的地图。后来,这个游戏被随之而来的焦虑打乱并中止了。这之后,他一反常态,开始画非常小的地图。在画小地图的过程中,他尝试着描绘出跟大地图(代表他的母亲)之间的相异点和分离行为,但是这种尝试失败了,于是他的地图又变得越来越大,最后变成了最开始的尺寸,接着他的画图游戏再度被随之出现的焦虑打乱并中止。他在裁剪纸玩偶的游戏上也是如此,当他剪好小玩偶后又把它们丢掉,因为他发现自己依然钟爱大玩偶。后来我才发现,小玩偶代表的是他的小女朋友,他尝试让小女朋友取代母亲，并成为他钟爱的客体，但是始终以失败而告终。因此我们可以看到，个体在青春期跟钟爱的客体原欲分离的能力在童年时就已经有了苗头；幼儿分析在推动这个过程的发展上可以说起到了非常重要的协助作用。

随着越来越深入的分析，男孩在游戏与升华中实现异性恋幻想的能力不断提升。在幻想中为了占有母亲他敢于和父亲进行正面对抗。他的前性器固着减弱了，内心挣扎的本质特点有了非常大的变化。他的施虐倾向有所缓解，这对对抗很有帮助，因为来自施虐的焦虑和罪疚感也随之减弱。因此，他能更加从容、连续地根据幻想内容开展游戏，也能更加自如坦然地把一些现实元素添加到游戏中；这些能力的增强，意味着他未来的性能力在此时已经奠定了基础。幻想内容与游戏特点发生变化后，他的整体行为常常也会相应地发生变化，比如，他会变得更加主动、更加随意。这么判断的依据是他身上许多抑制的表现已经得到了消除，他对现在和未来环境的态度也有了变化。

接下来，我将让大家看看小女孩莉塔的游戏幻想是怎样随着分析的深入而发生变化的。两岁零九个月的莉塔在游戏中有严重的抑制。她不喜欢玩游戏，即便玩也只愿意玩洋娃娃和玩具动物，而且常常玩得很不尽兴。在这些游戏中，她表现出了强烈的强迫症症状。她一直在给这些洋娃娃洗澡，并不停地给它们换衣服。一旦她开始往游戏中加入一些幻想成分，或者说一旦她开始真正地玩游戏，很快就会被随之产生的焦虑打断并中止。分析显示，她的女性气质和母性态度发展都还不健全。在玩洋娃娃的游戏中，她只扮演了一小部分的母亲角色，大部分时候她对布娃娃产生的是认同。她非常害怕变脏，害怕身体内部受到毁坏或破坏，这些害怕导致她不停地给洋娃娃洗澡和换衣服。这些洋娃娃代表的是她本人。在她的阉割情结在分析中得到部分消除后，我才恍然大悟，原来在最开始分析的时候，她跟洋娃娃的强迫式玩耍就已经表达出她的深层焦虑了，那就是她对母亲会把孩子们从她肚子里抢走表现出了恐惧。当莉塔的阉割情结清晰地呈现在我们面前之后，她做了一个玩具熊，这个玩具熊象征着她从爸爸那里偷来的阴茎，这样她就可以凭借这个阴茎排挤掉父亲，从而占据母亲的爱。她在这个分析环节中呈现出来的焦虑经常与此类男性幻想相关。直到她来自女性位置和母性位置的深层焦虑在分析中得到消除后，她对玩具熊和洋娃娃的母性才越来越真实和自然。有一次，当她亲吻、拥抱并使用昵称亲密地称呼玩具熊时，她说："我再也不会不高兴了，因为我拥有了你这个如此可爱的小孩子。"如今她从性器阶段获得的异性恋态度和母性态度已处于主导地位，这些态度已经开始通过很多方面表现出来了。比如，她对待客体的态度改变了。她以前特别讨厌父亲，现在却和他亲密无间。我们可以通过儿童游戏幻想的特点和发展过程预知他们未来的性生活的原因是，他们的游戏与升华的整个过程都建立在自慰幻想的基础之上。我始终认为，如果游戏是儿童表达自慰的手段和发泄口，那我们也就能够理解为什么游戏幻想的特点会呈现出他们未来性生活的本质。因此，儿童分析不仅可以让儿童拥有更加稳定的内心与更强的升华能力，还能够让他们在将来过上心理健康和幸福快乐的生活。

第七章
儿童的性活动

心理分析的成就之一是发现了儿童也有性生活,而且这些性生活会在直接的性活动和性幻想中表现出来。

如我们所知,婴儿时期的自慰现象广泛存在。虽然我们很少看到儿童或者婴儿公开进行自慰,但是从某种程度上来说,他们的自慰行为往往会一直延续到潜伏期(latency period)。而且在青春期以及青春期前,他们会再次频繁地自慰。潜伏期是儿童性活动最不明显的阶段,原因是随着俄狄浦斯情结的消失,儿童的本能需求也会跟着减少。另一方面,我们一直无法合理地解释儿童独自在潜伏期对自慰行为的挣扎会最激烈的原因。弗洛伊德认为"儿童在潜伏期最主要的任务似乎就是不断地抵抗自慰的诱惑。"他的言论似乎与我下面的观点如出一辙,那就是潜伏期时,本我的压力还没有减少到让人普遍接受的程度,又或者是在对抗本我需求的过程中,儿童的罪疚感变得越来越强烈。

儿童常常因为自慰活动产生强烈的罪疚感。我认为，罪疚的真正目的是破坏，只不过借由自慰幻想表达出来罢了。这种罪疚感的作用，就是让儿童彻底停止自慰。一旦实现了这个目的，它又常常会让儿童产生触摸恐惧症（a phobia of touching）。如同强迫式自慰一样，触摸恐惧症是判断发展障碍的重要指标，这点在成人分析中尤其明显。在分析中我们发现，患者对自慰的过度恐惧常常会导致他们性生活上的严重障碍。但是，这种障碍实际上不会出现在儿童身上：因为他们在未来生活中的表现形式只可能是性无能或者性冷淡，具体因性别不同而有所不同；但有些障碍肯定会导致性功能发展的缺陷，因此我们可以根据这些障碍来推断性功能障碍的存在的可能性。

对触摸恐惧症进行分析后我们发现，如果过于彻底地对自慰进行压抑，不仅会导致诸多症状的出现，特别是抽搐；还会过度压抑自慰幻想，从而阻碍升华的形成——从文化角度来看，升华是潜伏期任务中最重要的。因为自慰幻想既构建了所有儿童游戏活动的基础，又是所有未来升华的组成部分。我们发现，一旦这些被压抑的幻想通过分析后被释放出来，幼儿就可以正常地玩游戏，大一点的儿童则可以正常学习，并发展出升华能力以及各个领域的兴趣爱好。但在这个时期，如果儿童始终饱受触摸恐惧症的煎熬，他们会再次开始自慰。这对强迫式自慰的案例同样适用。如果我们能够消除儿童的强迫症，他们便会获得更强大的升华能力及其他方面的改变（改变程度因消除程度而异）。然而，在此类案例中，即便儿童还会继续自慰，但程度上也会变得更加温和，而且不再具有强迫性。因此，针对升华能力和自慰行为这两点，对强迫式自慰的分析和对抚摸恐惧症的分析结果都是一样的。

第七章
儿童的性活动

再者,俄狄浦斯冲突的消退会让儿童迈入一个新的阶段。在这个阶段中,儿童的性欲望虽然没有完全消失,但是在一定程度上会有所减弱。温和、不带任何强迫式特点的自慰似乎在所有年龄层的儿童中都是正常现象。

强迫式自慰背后隐藏的一些因素会以婴儿期其他形式的性活动出现。正如我一再强调的,很小的儿童之间发生性行为是非常正常的事。另外,通过对潜伏期和青春期的儿童进行分析后我们发现,在很多案例中,这种相互之间发生性行为的活动不会随着进入潜伏期而完全停止,或者说,在一些案例中,儿童反而会再次发生性行为。这些因素基本上适用于每一个案例。下面我将用两个案例加以详细说明。一个是六岁的哥哥和五岁的弟弟的案例,另外一个是十四岁的哥哥和十二岁的妹妹的案例。为了彻底看清所有因素之间的互动作用,我在分析这两个案例中的两个患者时,都会选择一个合适的位置进行观测。

在第一个案例中,六岁的哥哥叫巩特尔(Gunther),五岁的弟弟叫弗朗茨(Franz)。虽然他们家镜贫穷,成长环境却是不错,父母之间的关系也和谐友爱。母亲虽然要操持所有家务活,但她还是能用主动积极和循循善诱的方式照顾两个儿子。她送巩特尔去接受分析治疗的原因是他过于羞怯内向,明显缺乏与现实的接触。巩特尔绝口不提他们之间的秘密,并且不信任任何人,这对他表达任何真实的情绪毫无意义。相反,弟弟弗朗茨具有很强的攻击性,非常亢奋,是个难以管教的孩子。他们兄弟之间的相处并不太好,但整体上巩特尔都会让着弟弟。通过分析,我大概追溯到他们之间最早发生性关系应该是在哥哥三岁半、弟弟两岁半甚至更早的时候。分析表明,他们两人在意识中都没有对这件事表现出任何罪疚感(虽然他们会小心翼翼,避免被别人发现），但是在两个人的潜意识中都产生了强烈的罪疚感。哥哥不仅引诱弟弟，有时甚至强迫弟弟发生性关系。在哥哥的性幻想中，他和弟弟之间的性行为表征着他对弟弟的阉割，而且他还会通过切、撕碎、下毒或用火烧等方式彻底毁掉弟弟的整个身体。他们的性行为包括相互口交、自慰以及用手抚摸肛门等；口交象征着咬断弟弟的阴茎。通过对巩特尔性幻想的分析发现，性幻想不仅表征了他对弟弟的毁灭性杀害，而且幻想中的弟弟还代表了他性交中的父母形象。由此可见，在某种程度上，巩特尔的行为是他针对父母的施虐式自慰幻想在现实生活中的外化表现，只是在程度上要更加温和一些。另外，跟弟弟一起发生关系或者强迫他发生这些性行为时，巩特尔也企图让自己相信，他跟父母发生危险的斗争时，他能全盘获胜。他对父母的恐惧使得他喘不过气来，这让他的毁灭冲动更加强烈；接着他会在幻想中攻击父母，这反而使父母变得更加恐怖。另外，他担心弟弟泄露他们之间的秘密，于是他更加憎恨弟弟，想杀死弟弟的欲望更加强烈了。

巩特尔患有非常严重的施虐症，因此他的性生活基本没有积极向上的内容。在他的性幻想中，他实施的各种性行为程序都是残暴又毛骨悚然的折磨，其最终目的都是要把他的客体置于死地。在发展的过程中，他和弟弟的关系一直让他极度焦虑，这使得他的障碍更加严重，从而导致他的性心理发展变得彻底不正常。

至于弟弟弗朗茨，他在潜意识中明确地感受到了这些行为背后隐藏的意义，因此他害怕被哥哥阉割和杀害的恐惧已经发展到了很夸张的程度。即便如此，他仍然没有对任何人透露过此事，也没有让这段关系曝光。不过，他年纪小，这些行为让他每天提心吊胆。在应对这种行为的过程中，他产生了严重受虐固着（masochistic fixation）与罪疚感，尽管他只是被勾引的一方。以下是形成这种态度的几个原因：

弗朗茨在施虐式幻想（sadistic phantasies）中，认同了哥哥对他施加的性暴力，并且在一定程度上还从中获得了施虐式快感。我们认为，这往往是变成受虐狂（masochism）的原因之一。但是，他在认同自己害怕的客体时，也在尝试控制自己的焦虑。他在幻想中会变成攻击者，攻击的敌人是他的本我和内化哥哥的阴茎，这象征着他父亲的阴茎（也就是他危险的超我），同时是他眼中的迫害者。凭借哥哥在他身上施加的攻击行为，他就可以毁灭自己身体里的这位迫害者。

但是，他和残忍的外在超我（与本我是敌对关系）以及内化客体成不了盟友关系，因为这大大地威胁着自我，因此他只能把仇恨不停地置换到外在客体上，比如，有时候他会十分残酷地对待比他更弱小的儿童。这些外在客体又象征着他虚弱又让人厌恶的自我。这种置换（displacements）也因此说明了他会在分析性访谈中表现出仇恨和愤怒和原因。比如，他会用一个木头汤勺威胁我，想要把它塞进我的嘴里，并说我是侏儒、蠢蛋以及病人。木头汤勺代表着被强制插进他嘴巴里的哥哥的阴茎。由于他已经认同了哥哥，所以会把仇恨转嫁到自我身上。接着，他又把这种痛恨发泄到弱小的儿童身上，然后再发泄到更加弱小的儿童身上。这一次，他偶然地在移情情境（transference-situation）中把仇恨转移到了我的身上。在这种机制的作用下，他偶尔会在幻想中将自己和哥哥的位置互相调换，这样他就能够把哥哥巩特尔对自己的迫害攻击视为自己对哥哥巩特尔的迫害攻击。因为在他的施虐幻想中，他的哥哥也是父母的替代品；他不得已成了哥哥的帮凶，跟着哥哥联起手来攻击父母，因此和巩特尔一样，他也在潜意识中感受到了罪疚感，同样也害怕被父母发现。因此他和哥哥一样，在潜意识中强烈地希望他们之间的所有关系成为秘密。这种幻想既适用于弗朗茨，也适用于巩特尔。

通过对很多类似案例的观察，我得出一个结论，那就是超我的过度压力是导致强迫性性活动发生的根本原因，同时也是彻底性压抑的根本原因。也就是说，焦虑和罪疚感使得力比多固着（libidinal fixations）和力比多欲望（libidinal desires）都更加强烈了。一旦到了潜伏期，过度的罪疚感和焦虑可能会阻碍儿童降低本能需求。这里需要补充一点，处于潜伏期时，哪怕只是弱化的性活动也可能引起过多的焦虑反应。儿童潜伏期的斗争结果是由神经官能症的结构和维度决定的，触摸恐惧和强迫式自慰是一个互补组合的两个极端，这个组合会使得这个最终结果呈现出非常多的等级和变量。

从巩特尔和弗朗茨的案例中，我们清晰地看到，他们之间的强迫性性行为似乎对强迫式重复（repetition-compulsion）有着重大意义。当个体的焦虑关系到指向身体内在的危险时，哪怕这个危险是幻想出来的，个体就不得不把这种危险转移到一个外在的真实存在的客体上。（在这个案例中，弗朗茨害怕哥哥内化的阴茎会成为迫害者和内化的坏父母，这些害怕使得他认同了哥哥的攻击。）他会不断地强迫自己制造类似的外在的危险情景，因为他对真实的危险情景的恐惧远远小于他对内在身体的焦虑，也因为真实的危险情景更容易对付。

由于他们家的房子不够大，两男孩都没有独立的卧室，所以，想要借助外在的帮助来让兄弟两人停止性行为是不太可能的。而且，我认为，即便可以借助外在帮助，在这个案例中也不会成功，因为他们双方的强迫症都非常严重。事实也证明了这点。只要他们两个人待在一起，哪怕只是短短的几分钟，他们都会互相抚摸性器官。在潜意识中，这种抚摸和很多性行为的完整过程的意义是一样的，那就是他们在想象中都具备施虐特征。直到两个男孩都接受了很长一段时间的分

第七章
儿童的性活动

析后,他们之间的性行为才逐渐有所改变:从性行为的强迫特征开始减弱,到最后的完全消失。在分析的过程中,我从来没有想过要去影响他们放弃这种行为,而是全心全意地要找出他们之间发生性行为的主要原因。很显然,他们停止性行为的原因,并不是他们不在乎性行为,而是他们的罪疚感渐渐得到减弱。虽说源自早期发展阶段的焦虑和罪疚感一旦强烈到某种程度,就会诱发他们的强迫症,即固着的强化,但罪疚感一旦减弱,它的表现方式则会完全不同,而且它还会使得儿童中止彼此之间的性关系。他们之间的性行为会慢慢发生变化,直到完全停止;同时他们之间的关系也会得到改善,以前他们会心怀敌意、怒容相迎,如今他们却发展出了正常友爱的兄弟之情。

在第二个案例中,即便细节完全不一样,我也仍然可以列举出很多例子来证明影响第一个案例的因素同样也影响着这个案例。十二岁的妹妹伊尔莎和十四岁的哥哥格特时不时地会放纵到彼此之间发生性关系的程度。这些性行为会突然发生,然后会间隔很长时间再发生。在伊尔莎的意识中,她并没有对这些行为感到任何的羞愧;相反,格特则要正常很多,他会对此感到非常愧疚。在对两个儿童进行分析后我们发现,他们在儿童期的最初阶段就已经发生了性关系,而且这种性关系也只是在潜伏期的早期阶段有过短暂的停止。强烈的罪疚感引发了他们身上的强迫式冲动,这种冲动促使他们会时不时地重复发生性行为。在潜伏期期间,这些发生在儿童期早期阶段的性行为不仅在次数上减少了,而且在尺度上也变得更加拘谨。这两个儿童不再进行口交和舔阴,有时只进行了抚摸和观察。然而,在青春期前期,他们再次发生了类似性交的身体接触。性行为是由哥哥主动挑起的,而且这些行为具有强迫性特质。他以前也常常因为一时冲动要求发生性行为,而在性行为发生之前或者发生了之后,他都没有考虑过这事。甚至在性行为的休停期,他常常会记不起来这件事。因为他患有部分记忆缺失症,他会忘记很多和性行为相关的事情,特别是跟儿童期早期阶段相关的事。至于妹妹,在儿童期早期阶段,她经常会主动参与,但是到后来她就变成了被动配合。

随着分析的深入,导致两个孩子强迫症的更深层原因逐渐浮出水面,他们的强迫特质渐渐有所缓解,最后他们完全停止了彼此之间的性关系。跟上一个案例一样,兄妹之间的关系原本十分糟糕,后来他们的关系有了很好的改善。

在上述两个或者其他类似的案例中,强迫症的消除会引起很多其他重要且相互交织的变化。儿童的罪疚感会在分析中渐渐减弱。随着施虐特征的减弱,性器期的呈现方式也会变得越来越强烈。当儿童的自慰幻想发生变化,又或者是更小的儿童改变了游戏幻想时,这些改变就会更加清楚地呈现出来。

当在青春期再次对这些儿童进行分析时,我发现他们的自慰幻想又有了一些变化。比如,当我分析格特时发现,他意识中的自慰幻想已经完全没有了,取而代之的是,他开始对某个女孩产生了自慰幻想。但是他只能看到这个女孩子头部以下的裸体,看不见她的头部。到了分析的后期,女孩的头部越来越清晰。最后,他终于看清了,原来这个女孩就是他的妹妹。但是这个时候,他的强迫症已经被消除了,他和妹妹之间也再也没有发生过性关系了。这说明了过度压抑有关妹妹的欲望和幻想,和他想跟妹妹发生性关系的强迫式冲动仍然有着盘根错节的联系。后来,他的性幻想又有了其他的改变。比如,他在幻想中看到了另一个不认识的女孩以及他开始对妹妹的朋友产生了幻想。格特的这些循序渐进的变化呈现出他对妹妹进行力比多分离的整个过程。只有通过分析将他的强迫式固着完全消除以后,才有可能产生这个变化过程。这个固着是他在过度罪疚感的作用下维持下来的。

通过观察我发现，儿童之间的性行为往往发生在童年期的早期阶段，兄弟姐妹之间的性行为亦是如此。而且，如果儿童因此产生了强烈的罪疚感并且没有被完全消除，那么这种现象就会延续到潜伏期，甚至是青春期。目前看来，潜伏期的罪疚感会促使儿童继续自慰行为，但是自慰的程度会弱很多；与此同时，潜伏期的罪疚感还会促使儿童断绝他们跟其他儿童（包括兄弟姐妹）之间的性关系，从而使得他们的乱伦欲望（incestuous desires）与施虐欲望的外化过程变得更加真实。到了青春期，儿童会持续脱离这种性关系，这也和青春期的目标：即脱离乱伦关系相符合。但是到了青春期后期，儿童常常会和新的客体建立关系。他们建立这种关系的基础是，需要不断地脱离旧客体，并发展出针对乱伦的各种倾向。

目前的问题是，我们怎么才能及时阻止这些关系的发生呢？我们能不能在不损害其他方面的前提下解决这个问题？这似乎并不是那么容易的。比如，必须时时刻刻监视着儿童，但是这会极大地束缚了他们的自由。而且即便严格地对儿童进行了监视，能不能保证无论在什么情况下都可以阻止他们发生性活动呢？这同样有待商讨。此外，虽然在一些案例中，儿童的早期性关系对他们造成了很大的伤害，但是在另外一些案例中，这种关系也能对儿童的基本发展过程产生积极的影响。儿童的性活动可能会满足他们的原生欲望和了解性知识的需求，同时，还对他们缓解过重的罪疚感有重要的作用。与性关系相关的幻想源自施虐式自慰幻想，而后者还能催生出非常强烈的罪疚感。因此，如果儿童可以和同伴一起分享对抗父母之类的禁想，他们会觉得自己找到了同盟，从而大大地减轻焦虑负担。但另一方面，这种性关系本身就会诱发焦虑感和罪疚感。性关系最终会导致什么样的结果，比如它是缓解还是加重了儿童的焦虑，这个结果似乎取决于他自身施虐症的程度，更关键的是取决于其同伴的态度。从我分析的诸多案例来看，如果起主导作用的是积极正面的力比多因素，那么这种性关系则可以积极地影响儿童的客体关系和爱的能力；但是，一旦毁灭性冲动或者其中一方的胁迫行为占了上风，这极有可能会严重影响儿童的整个人格发展过程。

关于儿童性活动的问题，虽然心理分析知识已经向我们详细地展示了一些发展因素的重要性，然而它仍然没有一个可以万无一失的预防措施。在弗洛伊德的《精神分析导论》一书中，他提道："从教育的角度看，心理分析知识值得公众的关注，因为它可以使分析师在儿童性发展的早期阶段就加入干预，从而有计划地预防神经官能症。如果我们的主要关注点在婴儿期性经历，那我们一定要做好心理准备，并对精神类疾病做好预防，以确保不会延误儿童的发展。同时我们还要明白，我们所有的努力最终都会化为乌有。最后我们还要明白，导致神经官能症的原因复杂且多变，如果我们只考虑了其中的单一因素，我们仍然不能影响全局。尽管从小就严格监视，这种监视也不会起到多大的意义，因为这无法影响根本原因。另外，严格监视这件事比教育学家想象的要困难得多，而且我们一定不能掉以轻心，因为它可能会造成两个新的危险：第一，如果监视过头了，可能会导致儿童的过度性压抑，从而产生不良后果；第二，在真实的生活中，当儿童在青春期面对来势凶猛的性需求时，他们丝毫没有防备能力。因此，儿童期采取多少预防措施才能产生正面效果、对即时情境的变通处置是否是预防神经官能症的有效措施，这些仍然存在很大的争议。"

第二部分

早期焦虑情境及其对儿童发展的影响

第八章
早期俄狄浦斯冲突和超我的形成

在接下来的五章内容中，我将展开讨论超我的起源和结构方面的知识，并提出一些基于儿童真实精神分析病例的理论，这些精神分析让我有机会直观精神发展的最早期阶段。通过这些分析我发现，种种"口腔挫败"释放了俄狄浦斯冲突，与此同时，"超我"开始形成。因为要等到三岁才能完全否定前性器冲动的性器冲动，所以，一开始，性器冲动并不在我们的分析讨论范围之内。三岁是一条明确的分界线，标志着性趋势开始发展。另外，三岁也被认为是早期性欲（sexuality）阶段与俄狄浦斯冲突阶段的开始。

在接下来的内容中，我将要列出早期性欲阶段之前（六个月到三周岁之间）的精神发展过程。六个月到三周岁之间是早期俄狄浦斯冲突和超我的形成时期，在这个时期，正常情况下，婴儿吮吸（oral sucking）愉悦逐渐被嘴咬（oral-biting）愉悦取代，如果婴儿的吮吸愉悦不够，他将会要求加强嘴咬阶段的愉悦体验。亚伯拉罕认为儿童的吮吸愉悦是否足够取决于他们的喂养方式，这个观点在很多分析中都得到了证实。同时我们也知道，不正确的喂养方式是儿童精神疾病和发展缺失的一个最重要的原因。

幼儿不利的喂养条件虽然可以被我们当成来自外部的挫败，但是这并不能被当成儿童在吮吸阶段缺少愉悦的依据。有一个事实可以说明，一些儿童虽然有足够的营养供给，但是他们缺乏吮吸的愿望，他们是"懒惰的就食者"（lazy feeders），他们无法从吮吸中获得满足，我认为这个结果是由内在挫败感导致的；而且，基于我的经验，我认为这种挫败感来自不正常的严重"吮吸虐待症"。通过所有迹象可以看出，这些早期精神发展现象就已经是"生命本能"（life instincts）和"死亡本能"（death instincts）的极端表现。我们可以把幼童吮吸阶段的固着当成一种幼童"力比多"力量的表现。在这类情况下，儿童早期严重"吮吸虐待症"的出现是破坏本能失去平衡的标志。

亚伯拉罕和欧夫基森都认为：面部区位动作——比如脸部颌骨的肌肉，反复强化参与到嘴咬动作中，这个动作是导致婴儿"吮吸阶段"固着发生的根源。外部挫败感，比如喂养条件不好，它和面部区位动作的强烈施虐（影响儿童吮吸愉快情绪）同时发生，这将造成十分严重的发展缺失与精神疾病。和其相反，如果吮吸阶段圆满完成，那么口腔施虐症的正常启动似乎就是儿童正常发展的必要条件。

口腔施虐症趋势的启动时间和速度极其重要。如果口腔施虐症趋势启动得太迅速，儿童的客体关系与性格形成将会被施虐症与矛盾心理的主导；如果口腔施虐趋势启动太早，则会导致儿童超我的发展太快。如我们所知，神经官能症发生的因素之一是儿童的超我在力比多发生之前已经得以发展，超我早熟的根本原因之一是口腔施虐症的提前成熟和过度加强，而这将造成对尚未成熟的超我施加很大的压力。

关于症状的起源，弗洛伊德对他原先的观点进行了补充，他现在仅仅给予假设前提（假设吮吸阶段已经圆满完成）有限的有效性，他认为焦虑来自力比多的直接转换。当哺乳期婴儿在饥饿的时候，他们会感到烦躁不安，这种情绪是因为婴儿需要不断吮吸造成的。这种早期紧张状态具有更早期的原型，弗洛伊德说："当婴儿的吮吸需求得不到满足时，刺激情绪的强度会上升到一个不愉快的程度……对于他们来说，这种不愉快类似于出生时候的体验，换句话说，他们在重复体验出生时的危险状态。"饥饿和出生这两种状态有一个共同点，那就是经济上的破坏力，而这种破坏力会随着刺激量的上升而增加，因此需要被处理和解决。这个因素才是"危险"的真实本质。在饥饿和出生这两种情境中，焦虑反应被启动。弗洛伊德表示对这个事实难以认同，他说："这种恐惧症的焦虑是一种自我焦虑（ego anxiety），在自我（ego）中产生，这种焦虑不仅摆脱不了抑郁，相反，还会促使抑郁的发生。"弗洛伊德第一次声明："在某些病例中，焦虑源自力比多的紧张压力。"比如，一旦性交或者性兴奋被打断，又或者被禁欲了，那么自我便会察觉到某些危险，然后做出焦虑反应。对于病人来说，自我的焦虑反应并不是提供解决各种矛盾的措施。后来，弗洛伊德在讨论其他观点的时候再度谈到这个问题，他将焦虑的出现和出生的情境进行了类比。在焦虑情境中，自我是无助的，它面对的是不断增加的"本能要求"（instinctual demand）——最早期和最原始的焦虑决定因素。弗洛伊德将这种焦虑的核心特征定义为：面对危险时，承认无能为力。如果真的有危险存在，体力上会做出无能为力的反应；如果只是本能感觉到有危险存在（危险不是真实存在的），那就是精神上的无能为力。

我认为，得不到满足的力比多造成的焦虑，其中最明显的是吮吸反应，它是身体缺乏食物时的紧张反应，而且，这种反应不仅仅是一种焦虑，更是一种怒气。至于破坏性和力比多本能交织在一起的时间节点，目前还没有确切的说法。不过已有大量的证据表明：这种交织状况从出生时就已经存在，并且因为身体缺乏食物导致的这种紧张反应只是强化了婴儿的口腔施虐本能。由于破坏本能针对的是机体本身，所以它被超我看作是一种危险因素。我相信个体洞察到的危险就是焦虑反应，所以，焦虑往往是由外部侵犯行为引发的。但是，既然我们知道力比多挫败会使本能虐待加剧，那么，得不到满足的力比多就会间接产生焦虑或者增加焦虑。基于这个观点，弗洛伊德认为，自我察觉到禁欲将带来危险。这个解释合不合理，还有待商榷。不过我有个不同看法：即假如危险具有本能特征，被弗洛伊德称之为"精神无能"的危险则源自破坏本能。

弗洛伊德认为，为了阻止力比多破坏机体本身，机体的"自恋力比多"（narcissistic libido）把死亡本能推向力比多的各种客体。他还认为这个推动的过程对于个人、个人的投射机制以及客体来说非常重要。他说："死亡本能的另外一个部分不参与这个向外推动'移位'，这部分保留在机体内部，并且，在性欲兴奋的协助下，死亡本能的这个部分和力比多挂钩。"正是这个部分使我们得以了解到原始性欲的受虐现象。

我认为，自我还有另外一个办法对付那些保留在机体内的破坏冲动，那就是自我可以运用它们中的一个部分对抗另外一个部分。而在这个过程中，本我将会经历一次分裂。我认为，这次分裂是本能抑制和超我形成的第一步，同时也可能就是原始压抑形成的原因（primal repression）。我们假设这种类型的分裂是存在的，因为一旦这个分裂已经开始，被吞并的客体就会变成防御机制，用于对抗机体内的破坏冲动。

儿童的破坏本能冲动导致了他的焦虑，他会从自我那里感觉到两个变化。第一个变化是，他的焦虑表示他的身体要把破坏冲动消灭掉，这是对内在本能危险（instinctual danger）感到害怕的反应。第二个变化是，恐惧把客体当作危险的源头，于是会将重心集中在外部客体上，施虐趋势针对的也是客体。自我发展的初始阶段伴随对现实世界适应能力的测试，引导儿童去体验和母亲的关系——儿童能不能从母亲那里得到满足感。在这个过程中，儿童掌握了一定的外部客体的知识，这些知识似乎是儿童害怕外部客观世界的早期表现。儿童在和客体的连接中，由于无法忍受和害怕本能危险，于是会把本能危险的所有冲击转移到他的客体上，这样内部危险就转变成了外部危险。为了对抗这些外部危险，儿童还没有成熟的自我会竭尽全力通过摧毁他的客体的方式来保护自己。

接下来，我们将要考虑死亡本能的外部变化，它通过何种方式影响了儿童与他的客体之间的关系，以及是如何影响儿童施虐的完整发展的。在断奶后，儿童不断增长的"口腔施虐"趋势到达了最高峰值，而且会导致施虐的全面爆发，最终发展为各种来源的种种施虐趋势。儿童的"口腔施虐幻想症"将"吮吸"和"嘴咬"两个阶段完全连接在一起，它具有明显的特征并且包含以下意义：儿童通过吮吸和吃奶的方式占有母亲的全部乳房。而吮吸母亲的乳房和吃奶的欲望，会快速衍生成对她的身体进行施虐的欲望。

在《俄狄浦斯冲突》一文中，我阐述过这个初期阶段，它唯一的特征是幼童侵犯母亲身体的做法。在这个阶段，幼童会有剥夺母亲身体的一切、摧毁她身体的强烈愿望。

通过精神分析的观察我们发现，在大多数时候，施虐趋势和口腔施虐是密切相连的，属于尿道施虐行为。在很多分析观察中，儿童幻想利用大量尿液淹没（呛水和溺水）与破坏（烧伤和下毒）的施虐行为已经得到了证实，这些行为发生的原因是母亲阻止了幼儿吮吸母乳和吃奶，没有让他们得到满足，所以儿童最终会发起对母亲乳房的攻击和破坏。虽然没有多少分析师察觉到儿童成长中的尿道施虐行为，但是我希望通过它们的关联性能够认识到这种行为的重要性。儿童幻想中的用大量尿液淹没和破坏客体，儿童"玩火"游戏和"尿床"行为等这些我们所熟悉的场景，都是明显缺少抑制的施虐冲动，这些冲动和撒尿的身体功能息息相关。在对孩子和成年人的分析中，我常常碰到幻想症，在他们的幻想中，尿液代表灼伤、侵蚀和下毒的液体——一种秘密不易被发现的毒品。这些尿道施虐的幻想，部分承担了阴茎无意识状态下承担的重要责任（阴茎被当作残忍行为的一种道具，承担男性性能力表现的责任）。在好几个案例中，我发现"尿床"都是由这种幻想导致的。

儿童采用的施虐攻击的每一种方式，比如肛门施虐和武力施虐（muscular sadism），首先会对没有让儿童得到满足的母亲乳房（儿童认为母亲乳房是客体）进行施虐，然后，很快又转到母亲的身体内部，因此母亲的身体很快会成为每种高强度与有效施虐方式的目标。在早期的分析中，这些"肛门施虐破坏欲望"不停地采用尿液淹没跟尿床的方式来施虐破坏母亲的身体。儿童的初始目标是吞下和破坏母亲的乳房，这个目标在他们的这些施虐行为中越发清晰。

儿童幻想攻击母亲身体内部的欲望在他们成长的各个阶段都异常显著。从口腔施虐阶段开始，一直到早期肛门施虐阶段的结束，期间还伴随着各种施虐的高峰期。

在亚伯拉罕的论文中，他认为婴儿从嘴咬中获得愉悦，原因不仅是力比多满足感来自性欲区域，更与明显的破坏欲望——对付和消灭客体的破坏欲望密切相联，这种愉悦在施虐达到顶峰时更加严重。一个六个月到十二个月大的婴儿用各种各样容易实施的施虐方法来对付他的母亲：牙齿、指甲、大小便以及自己的整个身体，他想象各种危险工具的方方面面。这是一个可怕却又不得不相信的场景。我知道我们很难说服自己以上这些可怕的念头都是真实存在的，但是，伴随着这些残酷施虐欲望的想象，在我们早期的分析中，其丰富程度、强烈程度和多样性就都已经有所体现了，它们非常清晰和有力，让我们不得不相信。对于我们已经熟知的那些儿童施虐想象，其发展到一定程度之后就会变成同类相残现象。这往往让我们非常容易接受一个现实：伴随着施虐攻击的方法越来越多，施虐想象也变得越来越完整，并且具备活力。我认为，冲动上升的因素是整个发展的关键，如果施虐强化是力比多受到挫败的结果，我们立刻就会知道破坏性的欲望和力比多的愿望交织在一起的原因。当力比多无法得到满足时，口腔施虐欲望会造成更加强烈的施虐发生，并且激活所有施虐方法。

我们在早期的精神分析中，发现口腔挫败在儿童身上唤起了一种潜意识知识：儿童和家长彼此都很享受相互的性愉悦，这种愉悦是一种口腔愉悦。在儿童自己的挫败压力下，这种想象使得儿童嫉妒家长，而嫉妒又导致儿童对家长的仇恨心理更加强烈。儿童想要汲取和吮吸的欲望变成了渴望吮吸和吞咽所有奶汁的欲望，以及希望获得其他属于母亲（或者说母亲的身体器官）的物质，这种欲望也包含儿童和母亲互相获得的口头性欲满足感。弗洛伊德认为，儿童性理论是关于身体机能发育遗传（phylogenetic heritage）的论述，而从上面的讨

第八章
早期俄狄浦斯冲突和超我的形成

论来看，我认为这种和父母"性交"的潜意识以及其关联想象，在发展的最早期就已经出现了。口腔嫉妒驱动了这种潜意识，使得男童跟女童想要进入他们母亲的身体，并且唤起儿童和母亲身体连接在一起的想法。他们的破坏冲动从最初的只针对母亲一个人很快延伸到父亲的身上，原因是在他们的想象中，父亲的阴茎在"性交"时被母亲的身体吞掉了，留在了母亲的身体里，所以他们对母亲的身体展开攻击的同时，也对留在母亲的身体里的阴茎进行攻击。

我认为，男童在内心深处对母亲的阉割者角色感到十分害怕，他恐惧地认为：母亲是"身体里有阴茎的女人"。产生这种恐惧是因为作为个体的母亲，身体里包含了父亲的阴茎，他害怕父亲的阴茎被母亲吞入身体里。我认为，分析"父亲的阴茎被母亲吞入身体里"的想象，以及改善由其引起的仇恨和焦虑极其重要，因为这是精神错乱的根本原因，同时也可能是性发展被打断和"同性恋"形成的原因。"同性恋"是这样发生的：因为对身体里有阴茎女人感到害怕，便用熟知的"置换机制"把她置换成不太令人害怕的母亲体内的阴茎。父亲阴茎被母亲吞入体内导致的恐惧极其强烈，因为在发育的早期阶段，"部分代替整体"（pars pro toto）的原则有效运作，阴茎代表的是父亲本人，因此，被母亲吞入体内的阴茎代表了父母二人合为一体，同时也意味着是恐惧和威胁的结合。我曾提出这样一个想法：儿童施虐最严重的时期是针对父亲和母亲性交的时候，他希望，在原始场景或者在他的原始想象中对抗父亲和母亲的结合，这种愿望和施虐想象联系在一起。他的想象内容十分丰富，其中包括了对父亲和母亲单独或者对两人同时进行施虐破坏。

在儿童的想象中，父母把外生殖器和排泄物当作危险的武器，他们彼此相互攻击。这些想象非常丰富并且具有重大意义，包括被母亲吞入身体的阴茎变成了危险的动物或者装满了爆炸物的武器，或者她的阴道变成一个危险的动物或者某个致死工具，比如一个装有毒药的老鼠夹。这种主观想象的性欲理论在一定程度上具有施虐的特征，在他的想象中，他的父母彼此之间进行攻击和伤害。

在最初的每一个阶段，儿童的施虐不仅在数量上有所增加，在质量上也有一定变化，并且起到了加强效果的作用。在施虐阶段的后期，儿童想象着多种极其暴力的客体攻击行为。他利用各种方式秘密地进行施虐攻击，并一遍又一遍地重复进行，从而导致施虐变得更加危险。比如，在这个阶段的早期，儿童经常采用公开的暴力行为（open violence reigns）以及粪便等排泄物来作为直接攻击的工具，而爆炸和毒品这一类的破坏工具让他得到某种意义。所有这些物质加在一起使得施虐想象的程度得到增强，其在数量、种类和内容等方面多得无穷无尽。事实上，这些施虐冲动针对的是父亲和母亲的性交，因为它导致了儿童想象父母对他采取联合惩罚的焦虑。在这个早期阶段，这种焦虑对施虐起到了加强作用，而且增强了他破坏危险客体的冲动，因为儿童带来更强的施虐和破坏欲望，加诸在他的父母结合体上，因此，他更害怕父母联合起来仇视他。

据我观察，男童产生俄狄浦斯冲突的时间是当他开始在情感上仇视父亲的阴茎，并想要和母亲取得外生殖器上的结合的时候。他希望摧毁父亲的阴茎——他认为留在母亲身体里的阴茎。我认为，早期外生殖器冲动与幻想在施虐症阶段的进入造成了男童和女童早期的俄狄浦斯冲突，因为冲动与幻想满足了儿童被接受的愿望。虽然儿童的外生殖器前期冲突仍然表现明显，但是，儿童已经开始感觉到，除了口腔、外尿道以及肛门的欲望，还有对父亲或者母亲的外生殖器的欲望和嫉妒，以及对同性父亲或者母亲的仇恨。儿童在这个早期阶段已经开始经历对后者的爱恨冲突。我们可以毫不夸张地说，俄狄浦斯冲突的强烈程度和这个早期情境密切相关。比如，女童由于对母亲感到仇恨和失望，她把口腔和外生殖器的欲望转向她的父亲。同时，女童的这种情感还与母亲紧密相联系（通过女童的吮吸固着和无能感）；由于积极口腔情感的原因，男童对父亲产生依恋，与此同时，他又因为早期俄狄浦斯情景中的仇恨而远离父亲。在儿童的早期发展中，情感冲突并不会如上文描述的这么清晰可见。对于这个事实我是这样解释的：幼童可以用来表达自己情感的方法还很少，在这个早期发展阶段，儿童与客体的关系仍然模糊不清。儿童对客体的反应被传递到儿童的幻想客体（phantasy-objects）上，儿童把所有焦虑和仇恨都投射到幻想客体身上，尤其是内化的客体身上，所以儿童对父母的矛盾态度只是反映出儿童对客体态度经历的部分困难。但是，这些困难还有一些其他的表现方式，比如，我曾经接触到的幼童的"夜惊"和"恐惧"现象，它们都是由俄狄浦斯冲突导致的。

在俄狄浦斯冲突早期和后期之间，我并不认为有一条清晰可见的分界线。因为通过观察我发现，性器冲动和前性器冲动同时发生，性器冲动对前性器冲动产生影响并进行调整。这些冲动本身带有某些儿童发展后期阶段的前性器冲动的一些印记，对于性器阶段，这些冲动只意味着性冲动的一种强化形式，因此，可以将前性器冲动与性器冲动合并。我们可以观察到两者的合并，这是一个人尽皆知的事实。当儿童目睹了原始场景或者进行原始想象——这两者都是性器特征，他们会产生一种十分强烈的针对他们父母性交的前性器冲动，比如伴随着施虐想象的尿床和大便。

根据我的观察，儿童针对父母性交的早期施虐想象是"自慰"性想象的核心部分。在这些交织力比多的破坏冲动中，超我建立起用于防御抵抗的"自慰"性想象,并且用于抵抗"自慰"本身。儿童的早期"自慰"犯罪感源自儿童针对父母的施虐想象,而且,由于这些"自慰"想象包括了俄狄浦斯冲突的基本内容,因此可以被认为是性生活的重心。就力比多冲动来看,它的罪疚感确实是对破坏冲动和力比多冲动交织在一起的反应。如果事实确实如此,俄狄浦斯冲突就不仅仅是造成"乱伦倾向"(incestuous trends)的原因(儿童因此产生强烈的罪疚感),而且还会引起破坏冲动("乱伦"恐惧根本上源自破坏冲动)。俄狄浦斯冲突和儿童最早期的"乱伦倾向"永远密切相联。

如果我们的假设正确,儿童俄狄浦斯趋势的进入发生在施虐最严重时。我们将会得出以下结论:俄狄浦斯冲突和超我的形成是由于仇恨的冲动挑起的,而且,仇恨冲动占据了最早和最有决定意义这两个阶段。乍一看,上述这个观点与已经接受的精神分析理论有很大的不同,但是它符合我们知道的一个事实,即力比多的发展是从前性器推进到性器阶段的过程。弗洛伊德一再强调,"恨"的情感要比"爱"的情感先出现,他说:"作为与客体的联系,恨比爱要更古老,前者源自自恋情感对外界连续不断的刺激的初始排斥",然后"自我仇恨、憎恶并蓄意破坏所有客体,这些客体导致了不愉快情感的产生,超我根本不考虑它们是否意味着性欲无法得到满足或者'自我保护的需要'(self-preservative needs)遭受挫折。"

最早的时候,人们认为超我是在性器阶段(phallic phase)形成的。弗洛伊德在他的《俄狄浦斯情结的消解》(1924)一书中提到,俄狄浦斯情结是在超我形成之后才得到发展的,俄狄浦斯情结分裂化解然后被超我取代了其位置。后来我们又在他的《抑制、症状和焦虑》(1926)一书中读到以下这段话:"因此,对动物的焦虑是自我对危险的有效反应，但是以这种方式标记出来的危险是一种被阉割的危险。这种焦虑和自我对现实感受的焦虑大同小异（不同之处是，这种焦虑存在于潜意识中，并且以扭曲的方式变成有意识）。"即便如此，影响儿童的焦虑持续到潜伏期的早期，直到单独与男童的阉割恐惧和女童失去爱的恐惧产生联系。超我一直要等到前性器阶段之后才会开始形成，它同样也将受到退回口腔阶段的影响。弗洛伊德这样写道："在最开始阶段，也就是在个人原始口腔阶段，客体贯注（object cathexes）与客体认同毋庸置疑是无法互相区别开来的，并且，事实上超我是首次客体贯注的催化者，而且是俄狄浦斯情结结束以后的继承者。"

通过我的观察，超我的形成过程相对来说更简单和直接。俄狄浦斯冲突和超我在性前器冲动的绝对控制下产生。已经被内射进口腔施虐阶段的客体——最早期的客体贯注和认同，形成超我的早期阶段。制约超我的形成和超我最早期阶段的是破坏冲动和由其引发的焦虑感。我认为，客体对于超我的形成非常有用。但是，如果我们将个人冲动认为是超我形成的根本原因，超我将通过另一种方式出现，比如，儿童最早期对客体的认同是一个不真实和扭曲的客体形象。亚伯拉罕认为，在发展的早期阶段，父亲的阴茎是一个无可比拟的焦虑客体，真实内射的客体主要代表客体器官，它们代表着多种多样的危险武器以及形形色色有毒和撕咬的动物；在无意识状态下，阴道意味着一个危险的开口。在超我的形成过程中，这些等同效果是一个非常（universal）重要的机制。我认为，超我的核心内容将会在同类相残发展阶段发生部分合并时会表现出来，而且，在这个阶段，儿童早期意象（early images）出现了前性器冲动的迹象。

自我通常会将内化的客体当作本我的敌人，而破坏本能是超我针对外部客体的结果，所以我们猜测破坏本能有针对本我的仇恨。通过观察我们发现，诱发那些最早期的强烈焦虑感的原因和身体机能发育有关（phylogenetic）。就我的分析经验来说，儿童从他的内化客体那里感受到最早期的强烈焦虑。原始部落的父亲是外在的威权，实施对本能的抑制，对父亲的恐惧是人类在历史进程中产生的。当人们开始内化客体时，这种恐惧部分可以防御与抵抗破坏本能引发的焦虑。

关于超我的形成，弗洛伊德有两种思路，这两种思路之间在某种程度相互补充。第一种思路是，超我的剧烈程度由父亲严厉禁令和禁令重复的次数决定。第二种思路是，如同弗洛伊德在他的作品中阐述的那样，超我的剧烈程度是个体破坏冲动造成的结果。

精神分析没有沿用第二种思路，精神分析文献采用的是如下理论：超我源自父母的权威，这个理论是进一步调查此主题的基础。尽管这样，在近期弗洛伊德部分证实了我的观点：强调个人冲动的重要性是超我产生的因素，并且强调超我和真实的客体不一致。

我认为，将"儿童超我形成的早期阶段"称为"早期认同"是有一定道理的，我曾经用了相同的方式来称呼"俄狄浦斯情结的早期阶段"。在儿童发展的最早期阶段，这些客体贯注的效果会产生某种影响。虽然超我早期阶段的特征和影响与后期阶段的自我认同不一样，但是，这些客体贯注的特征是超我欠缺的表现。施虐特征明显的超我虽然有点残酷，它却是这个阶段本能抑制的工具。从这里开始，本能抑制朝前发展，超我继续对抗破坏本能，并且对自我进行防御。

费尼秋采用了一些标准来区分超我和"超我先驱"（precursors of the super-ego），他对早期认同的称呼和瑞奇的建议大同小异。与超我相反，他认为这些"超我先驱"以分散的形式存在并且各自独立，它们缺乏统一性和严厉性。强大的潜意识是超我（俄狄浦斯情结）这个继承者的特征。我倒是认为，从几个方面来看，这种分散形式的观点都是不对的，通过我已经观察到的事实证明，恰恰是超我在早期非常严厉。从正常个体来说，任何一个人生阶段的自我和超我的对立都没有幼年时期的对立这么强烈。确实，这个事实解释了为什么在人生的第一阶段，自我和超我的对抗表现主要是焦虑感。我还发现，相较于成年人，儿童身上超我的潜意识指令与禁令并不少，我认为费尼秋在这点上的观点是正确的，他说儿童的超我还不是成人的超我。除了某些特殊情况，大多数幼童表现出来的是一个完好架构的超我，而成年人表现出来的是一个微弱架构的超我，我认为它们之间的不同之处仅仅是因为儿童心智还不成熟。

我也知道，和潜伏期的儿童相比，幼童的自我架构更低级，但是这并不代表他们没有自我，因为他们有自我的先驱。

我曾说过，当施虐症最强烈的时候，更进一步的施虐趋势将导致焦虑的增加。早期超我对自我的威胁在细节上包括了针对特定客体的施虐幻想，这些幻想现在逐一对抗自我。早期阶段的焦虑压力将在数量上和最初的施虐强度对应，也将在性质上跟施虐幻想的种类和数量对应。

逐渐克服施虐和焦虑的过程是力比多进一步向前发展的结果，但是，儿童强大的焦虑也是个人克服焦虑的动力，焦虑可以帮助某些性感带增加强度。口腔与外尿道施虐冲动主导被肛门施虐冲动主导取代，强大的早期肛门施虐已经在早期防御的焦虑中积极行动起来，而这种焦虑是个人发展的非同凡响的预先抑制功能，同时也是促进儿童自我成长与性生命发展的一个根本因素。

在超我形成的早期阶段，儿童的防御方法是非常暴力的，因为防御方法和过多的焦虑压力成比例，如我们所知，在早期肛门施虐阶段，儿童排放（eject）的是客体——某个仇视他的、等同于排泄物的客体。我曾亲眼所见，在早期肛门施虐阶段已经被投射的是可怕的超我，儿童已经把超我内射到口腔施虐阶段，因此他的投射行为是他的恐惧自我对付超我的防御手段。投射驱逐内化的客体并同时将他们转移到外部，个人的发射和驱逐机制与超我的形成过程密切捆绑在一起。正如儿童的自我通过激烈投射来毁坏超我，从而保护自己不受超我的控制，因此自我也竭力摆脱自己被强力驱逐的命运。弗洛伊德认为"防御"这个概念非常适用于所有超我在"冲突"中所有防御的总称，这些冲突也许会导致神经官能症（我们保留"压抑"这种特殊防御方法的说法）。我们调查研究的方式让我们对"压抑"的认识和了解更加深入了。弗洛伊德更进一步强调了这种防御方法："压抑是一个过程，它和力比多生殖器结构密切相关；当自我不得不得到其他结构层次的保护，并免受力比多的攻击时，自我会向其他防御方法寻求帮助。"我的观点也得到亚伯拉罕的认同，他在一篇文章中提道："饶恕客体并保护客体的这种趋势源自更原始压抑的破坏趋势。"亚伯拉罕关于两种肛门施虐阶段的分界线是这样说的："这条分界线意义非凡，我们发现在这一点上，我们和普通医学的观点如出一辙。我们的精神分析人员对实证材料的划分与临床医学的神经官能症和精神分析的分类是高度一致的，当然分析人员不会尝试在神经官能症和精神疾病之间划出一条明确的分界线；相反，分析人员意识到所有人的力比多都有可能退化并跨越两个肛门施虐阶段这条分界线。我们需要将精神疾病的特殊原因以及力比多发展的几个固着点（这些固着点往往发生跨越退化）纳入考虑范围。"

我们知道，正常人的神经官能病患除了数量上的不同，其他方面都是一样的。亚伯拉罕的研究表明，精神疾病和神经官能症的不同之处仅仅是程度上的差异。在我的儿童精神分析作品中，我不仅在观点上证实了精神疾病的固着时间存在于发展阶段，即在二期肛门阶段之前，而且还确信，对于普通儿童来说，虽然这些固着的持续时间较短，但是它们会以相同的方式发生在神经官能症患者和普通儿童身上。

正如我们知道的，精神病的焦虑比神经官能症的更多，但是，这个事实目前还不能解释这么强大的焦虑在发展的最早期就形成了的原因（弗洛伊德和亚伯拉罕认为，精神病的固着点形成于最早期）。弗洛伊德在他的《抑制、症状和焦虑》一书中排除了一个可能性：大量的焦虑可能来自无法得到满足的力比多的转化。我们也不能判定儿童害怕被父母吞噬、切割和杀害是真实的恐惧，但是，如果我们假定这种过多的焦虑只是内在心理历程（intra-psychic processes）的结果，我们就不应该抛弃我提出的理论：早期焦虑是由破坏趋势和早期超我压力导致的。儿童发展的早期压力是超我对破坏趋势的防御导致的结果，而且这种压力在程度和种类上都和施虐幻想相对应。通过观察我发现，这种压力在焦虑情境的最早期阶段出现，这些焦虑情境和施虐阶段密切相关，他们驱动了自我防御的特别机制并且决定了精神病特征及其完全发展的重要原因。

在讨论早期焦虑和精神病特征的关系之前，我们要先讨论一下超我的形成和客体发展之间的相互影响。如果超我是在自我发展的很早阶段形成的，而这个早期阶段和现实还是脱离的，我们就不得不从一个新的角度去审视客体关系的成长。儿童客体的图像被个人的施虐冲动扭曲，因此，儿童和客体的关系不仅影响了客体本身，客体还对超我的形成起到了非常大的作用。当个体还是一个儿童的时候，他最先开始内射他的客体，我们一定要记住，这些还仅仅是他的身体各个部分对客体做出的模糊区分。由于对那些内射客体感到害怕，儿童会启动投射与内射机制（正如我曾经指出的那样）。紧接着是投射与内射的互动，这似乎对超我的形成、客体关系的发展和现实的适应都具有重要意义。儿童渴望把可怕的认同源源不断地投射到客体上，在更强大的冲动下，重复内射的过程在儿童和客体的关系演变中具有非常重要的意义。

客体和超我的互动是有依据的：自我所采用的对付客体每一个阶段的方法和超我所采用的对付自我的方法是对应的，也和自我所采用的对付超我和本我的方法是对应的。在施虐阶段，个体不会对来自内射客体和外部暴力客体的威胁感到恐惧，他通过想象的方法双倍加强他自己的破坏力量。个体赶走他的客体，可以达到让个体的超我威胁起到部分失效的目的，而这种反应有假设前提，假设投射机制在两条轨迹上启动：第一条轨迹是超我角色被自我代替，超我获得解脱；第二条轨迹是自我被客体代替，自我本身获得解脱。这两条轨迹的发展方式转移了本来针对本我和超我的恨，大大增加了针对客体的恨，所以，情况似乎有了改变，对于那些在早期阶段就有强烈焦虑以及保持了防御机制的人们，因为对超我的恐惧（由于各种外部和内在的原因，超我僭越了某些范畴），他们将会破坏自己的客体，形成犯罪行为发展的基础。

我认为，导致精神分裂症的根本原因是过于强大的早期焦虑情境，但是，我只能用一两条假设来论证这个观点。正如上文所述，儿童将可怕的超我投射到客体，导致他对客体的恐惧感不断增加，所以对客体感到十分害怕。另外，还会出现这样的结果：如果他的主动进攻趋势与焦虑感太过强大，他将会认为外部世界是一个非常恐怖的地方，而且，他的客体也会变成敌人威胁着他，同时，他还会被来自外界和自己内射的敌人迫害。如果他的焦虑感太过强大而自我却无法承受如此强大的焦虑，他就会停止使用他的投射机制，千方百计地对外部敌人的恐惧进行回避。他在回避敌人的同时，也会阻止所有客体内射行为的进一步发生，这样的结果就是，他和外部世界的关系得不到进一步成长，将会永远生活在已经内射客体的恐惧中。在这种恐惧的笼罩下，他幻想被各种内在敌人攻击和伤害，而自己却无处可逃。这种类型的恐惧很可能是忧郁症（hypochondria）最深刻的根源之一。这种情绪发展到最高峰时，它会将所有主观的改善方式或者替代方式拒之门外，所以就会顺其自然地召唤非常强大的防御手段。投射机制受到的破坏似乎和内心世界的否决态度是相辅相成的，因此受到影响儿童可以说不仅精神上否决（去除了焦虑的根源）了外界敌人和内射的敌人，而且还采取了行动，除去了其后果，结果就是表现出种种精神分裂症的症状。这些症状可以被认为是尝试抵抗、控制内部敌人的斗争。比如，精神分裂症的一种——僵直性昏迷（catatonia）可以解释为是个体为了让内射客体失效的病症，为了达到阻止客体发出威胁的目的，个体让客体始终保持着无法移动的状态。

施虐阶段的初期带有明显的暴力攻击客体的特征，这个阶段的后期就会和肛门阶段的初期不期而遇。在肛门阶段的初期，肛门施虐的冲动首当其冲，隐秘的攻击方法逐步增强，获得强大势力，比如运用一些有毒的、爆破式的武器。在这个阶段，粪便意味着各种毒品，儿童在想象中把大便当成厉害武器来攻击他们的客体。他不厌其烦、秘而不露、一刻不停地把粪便塞入肛门以及那些客体的缝隙中，并且让粪便永远留在里面。接着，儿童会对自己的粪便感到害怕，因为他认为粪便是有害和危险的东西，会对他的身体造成威胁。同时，他还对那些客体携带的粪便感到害怕，因为他知道，那些客体也武装了同样的秘密攻击武器。儿童的种种幻想让他们对自己体内的各种迫害者感到恐惧，他们害怕自己被投毒、迫害等，而这种种担心害怕就是忧郁症形成的最初根源。这些幻想也让儿童对携带大便的内射客体更加恐惧，因为在他们的幻想中，内射客体和有毒的、破坏力强的干大便密切相关。这个时候，儿童对客体的恐惧感达到顶峰。

事实上，作为尿道施虐冲动的结果，儿童还会把尿尿当作某种可以用来焚烧、切割和投毒的危险物品。在潜意识状态下，儿童认为阴茎是施虐器官并且对他父亲（施虐者）的危险阴茎感到害怕。在潜意识中，儿童用来施虐的粪便面目一新，变成了有毒之物。在儿童的幻想中，他认为施虐已经取得成功，于是加深了其内在的迫害焦虑情绪。

有毒粪便的攻击在这个阶段占据主导地位，儿童害怕粪便和类似物体发动针对自己的攻击，这些攻击针对儿童的内化客体与外部客体。随着这种恐惧的不断增加，儿童自己施虐方式的种类也在不断丰富，这些恐惧情绪把儿童投射机制的效果发挥到极致。儿童的焦虑蔓延并波及很多外部世界客体，因此，儿童现在害怕被形形色色并且种类丰富的迫害者攻击，这些攻击不仅隐秘而且狡诈。儿童在不断地观察这个世界的过程中始终保持着高度的警觉和怀疑。他需要加强自己和这个世界的种种联系，虽然对儿童来说这些联系只是单方面发生的；与其对应的是，儿童对内射客体的害怕是他持续不断的动力，它的目的是保持投射机制的运行。

我认为，妄想狂症患者的固着点就是施虐高峰期。在这期间，儿童利用有毒、危险的粪便攻击母亲的身体内部和身体内部的阴茎，我认为迫害幻想的来源似乎就是这些焦虑情景。

我的观点是，儿童由于害怕内射客体，于是把它投射到外部世界。在完成投射这个动作时，儿童把他的内化客体、器官、大便以及所有和其相关的事物全部等同于他的外部客体；同时，他还把他对外部客体的恐惧转移到大量客体上，使他们之间互相等同。儿童和许多客体的关系一部分会通过焦虑体现出来。我认为就个体来说，这意味着，客体关系正在向前推进，同时儿童对客观现实的适应也有所提高。在儿童的最初客体关系中，只有一个客体，那就是代表母亲本人的乳房。在儿童的幻想中，这些和多个客体发展的关系刚好处在这么一个位置：它们正好是他的破坏趋势与力比多趋势的主要目标，同时也是唤醒他学习知识愿望的时候。也就是说，随着他的施虐趋势的增加，他占据母亲身体内部的幻想也越发强烈，母亲的那部分身体变成了客体的具体代表，同时，母亲的身体象征着外部世界和外部现实。最初，母亲的乳房代表了儿童的客体，这时候，乳房等同于外部世界。但是，现在母亲的身体同时还代表了客体和外部现实世界（以一种外延的方式），因为她的身体变成了这样一个地方：它包含着多重客体，它们表征儿童广泛分布的焦虑。

因此，儿童关于母亲身体内部的施虐幻想非常重要，这些施虐幻想为儿童发展外部世界与客观世界的重要关系奠定了基础。但是，施虐侵犯与侵犯焦虑也是他的客体关系的重要组成部分，与此密切相关的是他的力比多，力比多十分活跃并且对儿童和客体的关系具有重要影响。他和客体的关系、积极活跃的力比多以及外部现实施加的影响抵消了他对内外敌人的害怕。他相信友善和助人为乐型人物的存在，这种信念建立在他自己力比多效能的基础上，在这种信念中，外部现实（他和客体的客体关系）通过更强大的形象出现，而他的幻想意象则退回到次要地位。

超我形成与客体关系的相互影响建立在投射与内射之间的互动

基础上，它对儿童的发展具有重大意义。在早期阶段，儿童把可怕的意象投射到外部世界，使得外部世界成为一个非常危险的地方，客体变成了敌人。但是，当真实客体的内射同时发生时，事实上，内射得到非常好的处理，它朝着相反的方向发展，减轻了儿童对客体的害怕程度。如此来看，儿童的超我形成、客体关系和对现实的适应，这三者都是两种力量互动的结果：儿童对施虐冲动进行投射，对客体进行内射。

第九章
强迫性神经官能症与超我早期阶段的关系

在前面一章中,我们讨论了个体早期焦虑情境以及它们带来的各种影响,在接下来的这章中,我们将要继续探讨:力比多以及力比多与客体之间的关系怎么影响和改变那些焦虑情境。

口腔的挫败体验让儿童不得不重新寻找满足感的来源。于是,女童的注意力从母亲的身上转移到父亲的阴茎身上,她对父亲阴茎的注意能够代替她口头的满足感,这便成为女童的早期目标。与此同时,性器趋势的发生进入了我们的视线。

对于男童来说,他在吮吸母乳的基础上(因为母亲的乳房和阴茎是等同关系),同样也和父亲的阴茎发展了积极正面的关系。我认为,在吮吸阶段,从对母亲乳房吮吸的专注到对父亲阴茎的注意的转移,这是导致"同性恋"(homosexuality)得以发展的根源。正常的情况是,男童对父亲阴茎的专注会被俄狄浦斯唤醒趋势抵消。如果一切发展正常，男童对父亲阴茎的态度会发展成他和自己性别的良好关系；与此同时，男童"异性恋"得到完全发展。但是，在某些情境下，男童在母乳吮吸阶段对父亲阴茎的关注有可能发展成"同性恋"；而对女童来说，这种关注往往是"异性恋"（heterosexual）冲动的预兆。当女童依恋她的父亲时，她的力比多欲望找到了一个新的目标。而当男童重新依恋母亲时，他把母亲当成"性爱"（genital love）的目标，完成"性器"差别的确认。

在父亲阴茎关注的早期阶段，施虐达到顶峰。我发现，所有性器前期与性器期接替迅速，在性器前期和与性器期之后，力比多慢慢巩固它的地位，并且跟破坏的本能力量发生角逐。

生命本能（life-instinct）和死亡本能（death-instinct）是两个不可调和的对立面，我们可以把它们之间的互相斗争看成一个关键因素，它在思想变化中具有重大意义。在力比多和破坏趋势之间有一个切不断的纽带，这个纽带在很大程度上置力比多于破坏趋势的强大势力之下，即便如此，死亡本能却构成绝对的"险恶循环"，其间，侵犯上升为焦虑，焦虑强化侵犯。当力比多力量增强到一定程度，就会打破这个"险恶循环"。在儿童发展的几个早期阶段，生命本能必须竭尽全力来保全自己，打败死亡本能。与此同时，生命本能刺激了性发育。

在很长一段时间内，由于性器冲动始终处于隐藏状态，我们因此无法看清儿童的破坏冲动和力比多冲动两者之间的冲突，也不了解它们在各个发展阶段的起伏变化与相互渗透的情况。我们已经熟知每个阶段的结构，它们的出现不仅和力比多一样，具有重要地位（力比多在与破坏本能的角逐中获胜并巩固了牢固的地位），而且，它们与力比多之间还要相互适应，因为力比多和破坏本能既是团结一致的盟友

第九章
强迫性神经官能症与超我早期阶段的关系

又是互相对立的冤家。

通过深层次的精神分析后,我们发现施虐症频频发作,但是,这在儿童身上丝毫不见端倪。我认为:在儿童发展的最早阶段,他经历了种种起源的施虐高峰。这个观点仅仅是将广泛接受和认可的理论进行了数倍放大:口腔施虐的同类相残(cannibalism)阶段后面就是肛门施虐阶段。我们一定要铭记那些同类相残的趋势无法找到心理上的对等表达,因为通常情况下,我们只能找到相当微弱的标记来证明儿童破坏客体(同类相残)的种种冲动,我们见到的只不过是儿童幻想的衍生物。

有一种说法,在儿童发育的最早期会出现儿童富余的幻想,这种幻想不会变成有意识的思想。这能够很好地解释一个现象,即儿童表达了他对真实客体的施虐冲动,而幻想表达却和客体没有关系;另外,我们还需要记住,自我发展阶段的幻想源自儿童早期,这个阶段的儿童和现实还没有建立起联系,他的幻想占据主导地位。自我的发展原因还有另外几个方面。和成年人相比,儿童的身高、体重和生理特征都截然不同。我们常常会看到一种现象,即儿童针对无生命客体和小动物会表现出破坏本能。生殖冲动虽然隐藏不见,但是它已经对儿童的施虐症施加了一种约束力量,这种约束力量可以让儿童针对外部客体的施虐趋势有所减轻。

正如我们所知,亚伯拉罕曾特别强调,儿童前导性固着定位在一定程度上决定了儿童的客体关系和性格形成——不论是在口腔吮吸阶段还是在口腔施虐阶段。而我认为,这个因素对于超我的形成也起到决定作用。因为乳房和阴茎等同的原因,儿童对慈爱母亲意象的内射也会影响父亲慈爱意象的建立;同样,由于口腔施虐冲动的影响,超我在建立的过程中,口腔吮吸阶段的固着将会阻碍由焦虑所引发的认同。

　　随着儿童施虐趋势的减弱，在一定程度上，儿童的超我形成的威胁也会有所减弱，而且，自我的反应也会跟着有所调整。在儿童发展的最早阶段，对超我和客体的过度恐惧占据着主导到位，并导致了过激反应。为了保护自己不受超我的侵犯，自我首先"无视"（scotomizing）超我的存在，随后将超我抛弃（用拉弗格的说法）。我认为，自我一旦胜过超我，并避免了超我对本我的冲动形成对抗，自我便开始认可超我的力量，并做出应对反应。当后期肛门阶段启动时，自我会非常清晰地认识到超我携带的力量，于是为了和超我达成妥协，自我会做出很多努力。自我在认同超我力量的同时，还对超我的各种强制性命令听之任之，与此同时，自我采取措施，对内心现实（intrapsychic reality）表示认可（内心现实的认可依赖于外部现实的认可，内心现实的认可是外部现实的认可的先决条件）。在早期阶，自我和本我的关系是排挤关系，到后期肛门阶段就变成了自我对本能的压制（suppression），换句话说，是自我对本能的压抑（repression）。

　　与超我和本我相关的恨因为被转移到了客体上，因此恨的程度（对客体的恨）有所减轻。随着力比多成分的增加，针对客体的原始施虐趋势的破坏成分有所降低。当这个过程发生时，自我对客体处罚的害怕意识越来越清晰了，自我不仅屈服于严厉的超我，还会接受超我施加的禁令，这样一来，自我对客体力量的认可程度得以增强，超我等同客体的趋势也得到了强化。这个等同关系进一步调整了焦虑程度，通过投射和置换措施，促进了儿童和外部世界关系的发展。自我开始对焦虑进行有效的控制，并努力满足外部和内化客体的要求。与此同时，自我开始保护它的客体（亚伯拉罕把这个行动归结到后期肛门阶段），这种针对客体行为方法的改变通过两种方式表现出来：第一，由于害怕客体作为危险之源的存在，以及为了不让客体受到施虐冲动的影响，个体可能离开客体；第二，个体也许以更加强大的积极情感转向客体。与客体发生关系这个过程表现在"好"母亲形象和"坏"母亲形象的区别上。这种对客体的矛盾心理标志着个体和客体的关系得到了进一步发展，并且对儿童改善对超我的恐惧有一定帮助，这种恐惧先被转移到某个外部客体，随后通过置换延伸到更多的客体。有些客体由于充满威胁，会变成被攻击对象，而另一些人，尤其是母亲，她是慈爱和被保护的客体。个体对焦虑的克服越来越成功。由于婴儿在性器阶段的成长进步，个体内射更友好的意象，因此导致超我行动方式的改变。

至此，超我对个体的方式由疾风暴雨式的威胁转变成温和的谆谆教导，自我从这种积极向上的关系中找到应对超我威胁的办法。自我对客体表现出怜悯同情，并运用恢复机制和做出应对措施来对超我进行安抚。那些客体和外部世界对自我表现出来的爱和认可，被认为是超我获得认可的公开展示方式。在自我和超我的这种联系中，对"好"形象和"坏"形象的区分机制非常重要。自我离开带有威胁的客体转向友好的客体，试图对想象中遭受的创伤进行修复，然后进入升华过程。个体对友好的客体做出修复反应，这是个体在所有升华过程包括最早期的升华过程（比如早期玩游戏的冲动是其最原始的表现）中的一个根本驱动力量。修复趋势和升华的发展有一个前提，那就是自我应该缓解超我施加的压力，并且产生罪疚感。自我这种特质上的变化来自生殖冲动的加强。超我和自我的关系被客体关系所影响，并最终导致自我的罪疚感。自我的罪疚情绪一旦变得强烈，自我将会迅速感受到焦虑情绪，如果这个思路是正确的，那么就不是超我有缺陷的问题，而是超我的某些特征造成某些人社交能力的缺失，这些群体包括罪犯和被称为"不社交"的人群。

通过我的观察，儿童在早期肛门阶段会对他在口腔施虐阶段内射的可怕意象进行抵制。排挤超我是克服焦虑的一个环节，这个环节在这个阶段还无法取得胜利，因为克服焦虑的这个过程非常强大，并且，激烈的排挤手段还会不停地带来新的焦虑情绪，这些无法得到缓解的焦虑情绪促使儿童在下一个阶段（晚期肛门阶段）释放大量的力比多。所以，在我看来，焦虑感是儿童成长的有益工具。

众所周知，对成年人来说，超我和客体完全是两回事儿。而我也一直在努力地证明，对于儿童来说，它们也是不同的两回事儿。它们之间的差异导致自我努力地将真实客体和客体意象进行相互转换，而我认为这种转换是儿童成长过程中不可缺少的因素。儿童的成长过程通过以下的方式表现出来：客体和超我的差异化程度越来越小，与此同时，性器阶段占据主要位置，意象越来越接近真实客体；幻想与焦虑引起的意象（属于发展过程的最早期阶段）退回到次要的位置；同时，个体的心理平衡变得越来越稳定，早期焦虑情境获得更好的改善。

随着性器冲动逐渐获得力量，自我对本我的压制渐渐减少，它们之间产生了一定的"默契"。于是，越来越多的良好、积极的客体关系发生在性器阶段之前，它们可能被认为是超我——自我以及自我——本我之间关系良好的标志。

如我们所知，精神病的几个固着点发生在发展的最早期，并且早期肛门阶段与晚期肛门阶段的分界线同时也是精神病与神经官能症的分界线。我认为，那些固着点不仅仅意味着晚期精神病开始发作，同时还意味着各种不正常情绪的产生，这些不正常情绪是儿童人生

第九章
强迫性神经官能症与超我早期阶段的关系

最早阶段的经历。在上一章中的内容中，我们已经知道，强烈的焦虑情境产生于施虐顶峰，这种焦虑情境是导致精神错乱最重要的病因之一。我还发现，在发展的最早期，儿童往往会经历精神病特征的焦虑情境。由于外部世界和个体内在的原因，那些早期的焦虑情境被激化到一定高度后，儿童将表现出精神病特征。如果引发儿童焦虑的意象压迫过于严重，无法充分利用良好意象和真实客体，无法充分抵制意象，儿童不仅将会承受精神病的困扰，还将会发展类似成年人的精神病，并且在生命后期可能发展成真实的精神病，或者构成严重疾病的发病基础又或者发展成其他疾病。

因为这些焦虑情境在儿童身上会时不时地表现得积极活跃，并且达到一定的厉害程度，所以每个儿童将会不定期地表现出精神病病状。我们经常看到一些儿童在情绪上时而悲伤、时而亢奋，或者在两者之间变化，这就是非常典型的精神忧郁症。大多数人不理解儿童的悲伤情绪及其特点，原因是悲伤情绪不仅发生得太频繁而且还反复无常，不过，通过分析和观察，我已经对他们的悲伤和压抑有所了解。儿童的抑郁症虽然不如成年人的严重，他们的原因却是一样的，并且经常有自杀的想法。儿童想要自杀的想法常常导致他们会做一些伤害自己的事情，或者导致他们发生一些或大或小的事故，而他们采用的自杀方式常常无用。逃离现实是判断精神病的标准之一，但是这在儿童身上常常被认为是正常现象。在幼童身上，偏执狂的特征往往因为不明显而没有被发现，这些特征常常被认为是鬼鬼祟祟或者欺瞒哄骗的伎俩（它们都是精神失常的表现）。我们都知道，幼童常常会觉得自己被幻想中的人物包围和追击。在对某些幼童的心理进行分析时我发现，当他们独自一人的时候，尤其是在晚上，他们常常会觉得自己被魔法师、巫师、幻想中的人物和动物等各种迫害者包围。这些恐惧都具有偏执狂焦虑的症状。

儿童神经官能症犹如一幅内容丰富且复杂的画面，画面中包含着各式各样的精神病特征，包括但不限于神经官能症的种种特征和机制（我们只能在成年人身上找到的特征和机制）。在这个丰富且复杂的画面中，某种精神错乱或者某种精神问题的不同特征在不同的时间得以重点强调，但是，在很多病例身上，各种精神错乱以及儿童的心理防御机制在同一个时间展开，于是导致我们无法清晰地识别出儿童神经官能症。

在弗洛伊德的作品《抑制症状和焦虑》中，他提到"截止到现在，我们还无法对婴儿最早期的恐惧症进行解释"，并且，"我们对这些恐惧症和儿童后期的神经官能症有什么联系一无所知"。而从我的经验来看，我认为，儿童早期的害怕情绪就是早期焦虑（在超我形成时候的焦虑）的表现。儿童最早期的焦虑情境产生于半岁时，也就是施虐增加时。儿童的焦虑情境不仅包括对外部的害怕，还包括对内射的暴力客体（比如客体的吞噬、切割、阉割行为）的恐惧，而在这么早的阶段，这种害怕和焦虑又得不到有效的改善。

据我观察，幼童的进食困难和他们最早期的焦虑情境息息相关，而这两者的根源都是偏执狂。在同类相残阶段，儿童认为每一种食物都代表着客体，而这些客体又代表着某些身体器官，比如父亲的阴茎、母亲的乳房等，儿童对他们的情绪可能是热爱、憎恨或者害怕；而那些流质食物，比如牛奶，代表的可能是大便、尿液或者精液；固体食物代表的则可能是大便或者其他身体部分。这些食物会增加儿童的恐惧情绪，于是他们害怕被毒害、伤害等。一旦儿童早期焦虑情境发作厉害，恐惧情绪就会在他们的内化客体和排泄物上表现出来。

婴儿的早期焦虑还有一个表现，那就是对种种动物的恐惧，这

第九章
强迫性神经官能症与超我早期阶段的关系

些恐惧是在早期肛门期对可怕超我的排挤反应。婴儿期的恐惧过程一共分为两步:第一步,排挤超我和本我,将它们投射到外部世界,于是,超我得以和真实客体等同;第二步是我们非常熟悉的——把对真实父亲的恐惧转移到动物身上,这一步在自我发展的最早期阶段完成。在这个过程中,婴儿纠正对可怕超我和本我的恐惧。在很多病例中,第二步中的转移通过改善幻想中超我和本我与野蛮、危险动物的对等来完成。自我用不太凶猛的动物将野蛮和危险的动物替换掉,这个不太凶猛的动物变成外面世界的某个焦虑客体,于是焦虑成功转移到这个动物身上,它表征的除了有儿童对父亲的恐惧,还有儿童对父亲的钦佩。这个转移标志着理想主义的发生,因为恐惧得到缓解之后,幻想中的野蛮、危险动物和超我已经不再有关系。从这里,我们看见了超我、客体关系和动物恐惧三者之间的紧密联系。

弗洛伊德还写道:"我曾提过,儿童的害怕具有投射特征,在投射中,儿童用观察到的外部危险代替了内部和本能的危险,这种做法优点是主体通过避开可观察到的外部危险来保护自己,但是逃避内部和本能的各种危险这种行为是无效的。我的这种说法并非不正确,但是,它确实没有探寻到事物表面现象背后的根本原因。本能的要求本身并不危险,只有在招来真实危险的情况下,本能的要求才具有危险性,才会有被阉割的危险。因此,对付恐惧的最后一个办法就是采用一个外部危险代替另一个外部危险。"对此,我大胆地进行了设想,恐惧的根源其实是内部危险——个人对他自己破坏本能和对他内射父母的害怕。同样还是在这篇文章中,弗洛伊德阐述了替代具备的优势,他说:"害怕情绪导致焦虑产生的前提是,个体只有感觉到令他害怕的对象后,焦虑才会出现。确实如此,危险情境是个体对外部现实的判断。个体不会害怕被不在场的父亲的阉割(个体却不能消除父亲的权威，因为权威无时无刻不在）。而如果用动物代替严厉的父亲，个体只需要回避动物（回避动物更容易做到）就可以不受危险和焦虑的影响。"

上述动物转移的方式有一个非常明显的优势，自我通过动物转移，不仅可以用一个外部客体代替另一个外部客体，还可以将已经内射（所以无处可躲）的非常可怕的客体投射到另一个不太可怕的客体身上。从这个角度来说，被阉割的焦虑曲解了"儿童害怕被马咬、被狼吃（它们代替了阉割）"这个民间说法。儿童早期的焦虑就是害怕能够吞并一切的超我（devouring super-ego）的出现，而这个焦虑也是儿童害怕动物的根本原因。

我将用小汉斯和"狼人"男孩害怕动物的案例来进一步解释我表达的意思。弗洛伊德曾经表明，即便两者之间有一定的相似之处，但还是有很大的不同。我们发现小汉斯的害怕中含有很多积极情感特征，他本身不仅不害怕动物，还对动物很友好，这种情感是在他和父亲与几匹马的玩耍中观察到的（那时候他还不害怕动物）。他和父母以及环境的关系整体上还不错，他的整体发展情况证明他已经成功地战胜了肛门施虐阶段并进入了性器阶段。他害怕动物是最早期焦虑的特征，因为在这个阶段，超我犹如一只野蛮、可怕的怪兽，儿童对客体的恐惧感十分强烈。总的来说，小汉斯的早期焦虑基本已经得到克服和很大程度的改善了。弗洛伊德是这样描述小汉斯的："就俄狄浦斯情结的积极意义来说，小汉斯基本已经和正常男孩无异了，所以，他的婴儿神经官能症已经可以被认为是轻微甚至'正常了'。而且，他的焦虑症很快可以通过简短分析而结束了。"

至于被称为"狼人"的男孩，他是一个四岁的神经官能症患者，他的情况与汉斯的有所不同。这个男孩的心理发展与常人不同，弗洛

第九章
强迫性神经官能症与超我早期阶段的关系

伊德是这么描述"狼人"男孩的:"……早期的诱惑破坏了他对女性客体的态度,强化了他被动的女性位置。通过对他梦境中狼的分析,发现了他微不足道的对父亲的蓄意侵犯。另外,对他梦境的分析还发现了一个毋庸置疑的事实:他对父亲的温柔情感被抑制取而代之。在'狼人'男孩的个例中,可能也曾存在其他因素,只是没有明确的证据能够证明。"通过对"狼人"男孩的分析表明,"被父亲吞噬的想法解释了'狼人'男孩发展的倒退降级,倒退到温柔与消极的冲动状态,他希望父亲以一种性爱方式爱他。"就我们之前的讨论而言,这个观点不仅表达了一种倒退降级的温柔消极情感,而且,更重要的是,这是最早期发展的遗留特征。如果我们认为男孩害怕被狼吞吃的恐惧代表了他害怕被父亲阉割的想法,我还认为,这是一种严重的焦虑情绪,它以一种顽固的形式存在,并且通过各种乔装打扮的方式紧紧跟随他对父亲的害怕,这种恐惧对他不正常的发展道路具有决定性的影响。当口腔施虐本能导入并到达最高峰时,男孩渴望投射他父亲的阴茎。随着他强烈的口腔施虐仇恨冲动,这些情绪变得更为强烈,最终上升为对充满危险的、饕餮动物的恐惧——这种动物代表他父亲的阴茎,恐惧的破坏强度决定着他能改善和成功克服他对父亲的恐惧的程度。"狼人"男孩并没有成功克服早期焦虑,他对狼的恐惧代表了他对父亲的恐惧,说明父亲一直以饕餮野狼的形象存在于他的意识中。而且在后期,他的父亲意象仍然一直是这匹野狼,它反复出现,这说明那个强大的恐惧制约着男孩的全部心理发展。我认为,对父亲的强烈恐惧是导致反向俄狄浦斯情结产生的一个潜在因素。在对几个四到五岁的高度神经质男孩进行分析的时候(他们都有偏执狂特征、严重的神经官能症和俄狄浦斯情结),我更加确信,这几个男孩的发展历程很大程度上取决于他们对父亲的强烈恐惧。这种恐惧仍然存在于心灵最深处，其根源是针对父亲，这就是强大的初始攻击冲动。

俄狄浦斯情结造成了和父亲的矛盾冲突，这个冲突引发不了幻想，是专门针对危险而又吃人的父亲（devouring father）的，因此异性恋位置不得不被抛弃。我认为，在"狼人"身上的这些焦虑情境是他对父亲消极态度的表现，异性姐妹对他的诱惑仅仅是确认和强化他对父亲的恐惧态度一直存在。我们知道，"从梦见野狼这个决定性梦境开始，'狼人'男孩便变得调皮捣蛋、欺负别人，并且有施虐倾向"，他迅速发展成精神分析中一种严重的病例，那就是真正强迫性神经管能症。我的观点似乎得到了证实：即便男童处于对野狼恐惧的阶段，他也在积极抵制他的侵犯冲动。在汉斯的恐惧中，他对侵犯冲动的抵制一目了然（狼人的冲动则隐藏很深）。我似乎可以这么解释：后者极大的焦虑或者说是强大的施虐曾经被以一种十分不正常的方式处理了。汉斯的神经官能症没有表现出强迫性特征，而狼人则迅速表现出常见的强迫性神经官能症，这一点完全符合我的观点——强迫性特征如果在婴儿神经官能症中出现得太早或者太多，我们可以断定：非常严重的精神干扰正在发生。

我把现在的结论运用于一些男童的精神分析上，在对他们的分析中，我追溯到他们的异常发展。我发现超强施虐（或者施虐）并没有得到很好的纠正，这导致了在他们人生的很早阶段就产生了过度焦虑。原因是个体曾经十分排斥现实，导致产生了严重的强迫症和偏执狂的特征。这些男童身上的力比多强化冲动与同性恋的构成改善或者赶走了他们早期对父亲的恐惧，我认为这种应对焦虑的形式是偏执狂患者的同性恋病因原理，'狼人'男孩后来出现的偏执狂症的事实证实了我的观点。弗洛伊德在他的《自我和本我》（1932）中也证实了我的想法，他是这么描述偏执狂患者的恋爱关系的："但是，通过分

第九章
强迫性神经官能症与超我早期阶段的关系

析偏执狂的变化过程,我们发现可能还存在着另外一种机制。这种机制表明,爱恨的矛盾在起点就已经存在,两者之间(transformation)通过情感贯注反应的置换发生进行转换,能量从性爱冲动退出,并转移到仇恨冲动。"

我相信在'狼人'男孩的恐惧症中,我能明确地辨别出最早期还没有得到改善的焦虑,他的客体关系也没有小汉斯的成功,他还未彻底建立的性器阶段和强大的肛门施虐冲动在严重的神经官能症中能被洞察到,而且它们迅速完整地表现出来。小汉斯能改善他危险而可怕的超我以及超我的危险形象,并且能够克服他的施虐症与焦虑情绪,他在这方面取得的巨大成功不仅解释了他和父母的更加良好的客体关系,还解释了两个事实:他积极显著的异性恋取向和他成功地进入了性器发展阶段。

我认为,在焦虑得以改善的过程中,肛门后期开始的那些机制和它有所联系。在肛门后期,强迫性神经官能症发作,而我认为,强迫性神经官能症其实是治愈最早期精神病症状的一种努力,而且婴儿期的神经官能症的强迫机制与那些更早发展阶段的机制已经开始运作。

初看起来,我认为的强迫性神经官能症的某些因素在婴儿神经官能症的情境中扮演了重要角色。我的这个观点截然不同于弗洛伊德关于强迫性神经官能症的发病起始点的观点,不过即便这样,我仍然相信可以用一个基本道理来解释这两个不同的观点。我发现强迫性神经官能症可以追溯到童年的早期,通过综合各种分散的强迫性特征,我们得出一个完整结构的整体——神经官能症。神经官能症出现于童年的后期,也就是潜伏期。大家普遍接受的理论是,肛门施虐期的固着点不是引发强迫性神经官能症的因素,而是要等到后期重新退回到施虐期的固着点时,才会成为发生作用的因素。而我认为,强迫性神经官能症的真正起点是在儿童发展强迫症状和强迫机制时——进入后期肛门制约阶段。对于早期强迫性症状呈现一幅和后期完整发展的神经官能症不同画面的事实，我们完全能够理解。我们应该还记得，在潜伏期，成熟的自我调整了和现实的关系，并着手精心准备和整合那些自从童年早期就非常活跃的强迫性特征。无法识别幼童强迫性特征还有一个原因，那就是它们和更早期的精神疾病一起发作，而这些精神疾病并没有和其他各种防御机制一起得到解决。

我已经竭尽全力地证明，幼童大多数时候表现出明显的强迫性特征，这个阶段被称为"幼儿神经官能症阶段"，这个阶段被真正的强迫性神经官能症占据。我认为当早期焦虑情境过于严重，并且没有得到充分缓解的时候，上述情况会发生，儿童将产生十分严重的强迫性神经官能症。

在区别强迫性特征的早期根源与后期强迫性神经官能症的过程中，希望我已经解释清楚强迫性神经官能症的演变过程，以及这个过程和大家普遍接受的理论完全一致。弗洛伊德在《抑制、症状和焦虑》中说："强迫性神经官能症的起因表明，驱走俄狄浦斯情结的力比多是很有必要的。"他继续说道："力比多的性器结构非常脆弱，没有足够的抵抗力，因此当自我开始防御时，在接下来它会将部分或者整体性器结构（阴茎阶段）退回到更早的肛门施虐阶段，而这个退回对后期的发展具有重大意义。"如果我们认为力比多的种种波动变化就是退回，那我认为这种退回波动变化是早期发展的特点：在早期，性器性欲的多次发展遭到终止之后，最终会被完全确定和加强。如果我很早之前关于俄狄浦斯情结的提法是正确的，那关于强迫性神经官能症的描述就不会和弗洛伊德上面描述的观点互相矛盾了。我的论点将证实弗洛伊德假设性提出的另外一个观点，他说："也许并不

第九章
强迫性神经官能症与超我早期阶段的关系

是个体体质因素而是时间因素导致了退回,也许发生退回的原因并不是性器结构太脆弱,也不是施虐最高峰时自我的反抗开始得过早。"然后,他又提出了反对观点:"我不准备就这个观点发表确定的说法。"不过我想说的是,精神分析观察并不支持这种假设。分析观察表明,性器阶段在强迫性神经官能症进入时就已经启动;另外,神经官能症的开端属于生命后期,在歇斯底里症之后,属于童年发展的第二阶段(在进入潜伏期时)。我认为:强迫性神经官能症在童年第一阶段就已经开始,只不过到了潜伏期的开端才出现显著的症状表现。如果我断言我的观点是正确无误的,那这些反对意见就都可以抛弃了。

我认为强迫性机制在童年很早时期——幼儿一周岁以后就已经有了活力。这个观点是我的理论之一,我认为超我形成于儿童生命的最早期,最开始出现的表征是焦虑,紧接着,早期施虐阶段逐渐接近,最后出现了罪疚感。上面这个观点和我们目前已经了解的理论有所不同。在这本书的第一部分,我列举了很多个病例分析,我的观点正是建立在这些病例之上,下面我将从理论方面支持这些病例分析。让我们再来看看弗洛伊德的观点:"从强迫性神经官能症来说,导致后期所有病症形成的主要原因肯定是自我害怕超我。"但是我认为,强迫性神经官能症是纠正早期焦虑情境的手段,而且,强迫性神经官能症的严厉超我和儿童发展早期没有被修正的、可怕的超我并没有什么不同之处,于是我们越来越接近了解决这个问题的办法:这种神经官能症的超我为什么这么严厉?

儿童的罪疚情绪和外尿道施虐、肛门施虐息息相关,这些情绪由幻想攻击导致,即在施虐高峰期,儿童幻想攻击母亲的身体。在早期分析中,我们已经知道,儿童会害怕"坏"母亲,因为"坏"母亲一再要求儿童把大便和从她那里偷走的干净小孩还给她，因此，当生活中真实的母亲（或者保姆）要求儿童保持清洁的时候，她就同等于一个"坏"人，这个"坏"人不仅让儿童离大便远点，而且在儿童的幻想中，这个"坏"人还常常想用武力的方法从他的身体里夺走这些大便。另外一个巨大的恐惧由内射意象导致，由于儿童的破坏性想象力针对的是外部客体，因此他总认为身体里也有同样野蛮的破坏性攻击。

在这个阶段，将粪便当成危险、有毒、可燃烧物甚至种种攻击武器，造成的结果就是儿童害怕自己的排泄物变成武器攻击自己的身体。这个排泄物代表着攻击工具，以及儿童的攻击幻想进一步导致儿童害怕外部和内部客体的攻击，这些焦虑的源头非常强大、手段高明，我认为训练孩子"保持清洁"是导致儿童焦虑情绪的最根本原因。

因此，儿童表现出厌恶、遵守秩序以及保持清洁，这些反应的形成来自各种不同源头的焦虑情绪，这些源头全部来自早期危险情境。从肛门期的第二个阶段开始，儿童和客体的联系已经发展，如我们所知，他的怜悯反应更是清晰可见。而且正如我之前一再强调的，他对客体的满意情绪保证点没有纳入这种严厉的罪疚情绪，也没有将焦虑情绪和前性器阶段发展趋势的密切关系纳入考虑范围。这种早期"保持清洁训练"给成年人的永久印象以及对儿童终身心理发展的方式的影响——不断地出现在成年人的精神分析中——它们都指向儿童早期"保持清洁"训练的做法和由此造成的罪疚情绪之间存在密切关系。在费伦齐（Ferenzi）的《性习惯的精神分析》（1925）中，他含蓄地表示，这两者之间有更加直接的因果关系，而且还有某个超我生理前导存在，他把此前导称为"括约肌道德"（sphincter morality）。为了

第九章
强迫性神经官能症与超我早期阶段的关系

保护儿童的自身安全，让他的身体保持完整无损，不受外在和内在的破坏，客体必须修复成原样。

我认为，源自早期危险情境的焦虑和强迫特征与强迫症症状息息相关。焦虑症会导致各种伤害，而且和身体内部的破坏行为有关，因此我们非常有必要对存在于儿童身体内部的焦虑症进行改善。但是，由于我们对自己的身体或者客体身体的内部并不是非常了解，因此儿童并不能确定他对内部伤害和攻击的恐惧是否有依据，也不能确定他用强迫行为是否已经成功修复了内部伤害，这会造成一个结果，那就是儿童的这种不确定和强烈的焦虑结成联盟，最终导致焦虑更加严重。还有，儿童无法获知幻想造成的破坏，于是对知识有一种近乎饥渴的需求。儿童努力克服自己的焦虑，但是焦虑的本质往往吹毛求疵，过多强调现实，过于追求精确等等，这种不确定性焦虑引起的怀疑不仅作用于强迫性特征的形成，还会激发儿童过于强调确切无误、秩序感、遵守规则和仪式等等。

强迫症还有一个重要组成部分，即各种原因引起的焦虑——它的强度和数量，属于最早期的危险情境。这些多样而强烈的焦虑以同样强烈的冲动启动防御机制，引导儿童强迫自己保持清洁或者修补和修复破损的东西，这些强迫行为与各种施虐幻想和幻想的细节相对应。

另外，强迫性神经官能症患者还会强制别人，我认为这是多重投射的结果。首先，为了摆脱无法忍受的强制，他只好把自己的客体勉强当作自我或者超我，这样就可以替代外界的强制。在这个过程中，他恰巧满足了强烈的折磨和征服客体的施虐愿望；其次，他把内射客体的破坏和攻击的恐惧转移到外部客体上，这个恐惧引起他控制、管理他意象的强迫症。实际上，这个强迫症是永远也不会满足的，因为它主要是针对外部客体发生。

我认为，强迫症行为具有强度和多样性的特征，这和神经官能症的严重程度，以及焦虑症的特征和范围不相上下（源自最早期危险情境的焦虑症）。如果我的上述观点无误，那么我们将有更加有利的位置来理解它们两者之间存在的密切联系：偏执狂和严重神经官能症。根据亚伯拉罕的观点，偏执狂的力比多退回到这两个肛门期的早期。基于我已经发现的结果，我对此进一步做了补充：在肛门施虐期的早期，如果个体早期的焦虑情境运作过猛，个体便会跳过他通常在第二阶段（肛门施虐的第二阶段）才克服的初步偏执狂状态，而且强迫症的严重程度由偏执狂干扰的严重程度（偏执狂正好发生在强迫症之前）决定。如果他的强迫性机制彻底克服不了这些干扰，他潜伏的偏执狂特征将会正式出现，否则，他不得不忍受常常发作的偏执狂症。

正如我们所知，对强迫行为的压制会引发个体焦虑，因此强迫行为其实有着控制焦虑的作用。如果我们认为被控制的焦虑属于最早期的焦虑情境，而且儿童的恐惧达到最高峰（害怕自己的身体和他的客体被不同的方式破坏），那么很多强迫行为的深层次含义将变得很好理解。比如，一旦我们能够更加清晰地认识焦虑和罪疚的本质（隐藏在肛门期的物物交换现象下面），我们将能更好地理解强迫性收藏各种物品和强迫性送掉各种物品的行为。

通过游戏分析，我们发现了种种强迫性拿取和随后归还动作的解释，伴随着这些动作会产生一定的焦虑感和罪疚情绪，而这是对之前抢夺与破坏行为表征的反应。比如，孩子小心谨慎地从一个盒子中取出物品，把它放进另一个盒子中，并且将它们整整齐齐地摆放好，然后保存起来，在这个过程中，孩子的每一个动作都伴随着焦虑情绪。如果孩子的年龄大一些，他还会计算出盒子里物品的数量。盒子里有各种各样的物品，比如几根划燃过的火柴棍（孩子总是不厌其烦地将

第九章
强迫性神经官能症与超我早期阶段的关系

上面的黑焦炭擦干净），几根线头、折纸、铅笔、砖头等等，这些物品都代表着孩子从母亲身体里取来的东西——父亲的阴茎、小孩儿、粪便、尿液和母乳等等。孩子还可能将这个方法运用到其他事物上，比如书写，他会把纸撕成碎片，然后小心谨慎地把它们藏起来。

之后我们还会发现，随着焦虑的不断增加，儿童不仅会象征性地把他从母亲身体里取出来的物品放回去，还会强迫自己从盒子里拿出来或者放回去。但是他对这些行为根本不会满意，于是他不断地强迫自己用更多的方式进行补偿。他还回去的物品和来回操作的过程都能让他的施虐趋势得以继续打破他的反对趋势。

我有一个五岁的患有神经官能症的小病人，名叫约翰。他是在他的精神分析过程中，他发展出了计数痴狂症状（counting mania）。但是由于这个症状常常发生于他这个年纪，因此一开始我们并没有注意到。在对小约翰进行分析的时候，他常常在一张纸上面细心地标注出玩具小人和其他的玩具的位置（他把这些玩具都放在这张纸上），等他标注完后，他就把玩具转移到另外一张纸上。在转移的过程中，他不仅要知道这些玩具之前的确切位置（这样才能保证把它们放在一模一样的位置），他还数这些玩具的数量，以确保和之前的数量一样多。换句话说，他数的其实是大便、父亲的阴茎以及孩子的数量。这些东西都被他从母亲的身体里取出，现在他要将它们放回原来的位置。在玩这个游戏的过程中，他说我太笨，还责怪我瞎说，他说："十不能减十三，二不能减七。"孩子担心放回去的东西的数量大于实际的数量，这是孩子典型的焦虑表现。除了其他原因，这种焦虑还可以用儿童与成年人身高的差异以及儿童罪疚感的程度这两个原因来解释。孩子认为他不能把自己小小身体的全部东西都拿给他的妈妈（和他相比，妈妈的身体相当高大），这种沉重的罪疚感不仅导致儿童因为抢夺和破坏母亲或者父母双亲而不断地自责,还强化了他们永远也"还不清"的想法。在他们还很小的时候,"不知道"(not knowing)的这种想法使得他们的焦虑更加严重。我将在后面的内容中细聊这个话题。

儿童"还回去"(giving back)的表征经常被他们"要上洗手间方便"的借口打断。我还有一个小病人,同样也是一个五岁的小男孩,在对他分析的过程中,他经常要求去洗手间方便,多的时候有四五次,而当他方便完回来的时候,他嘴里数着的数字已经很大了,他这是在试图说服自己,这个数字(自己私人物品的数量)已经足够还回他曾经"偷"来的东西。从这个角度来讲,肛门施虐表征的聚藏私人物品,似乎只是因为其行为本身带来的愉快,这个表征具备了另外一面。同样地,通过对成年人的精神分析我也发现,身上留一些金钱以备不时之需确实是渴望安全的需要,成年人用金钱来武装自己,以应对来自母亲的攻击(因为他们从母亲那里抢走了东西)——即便母亲很久之前已经去世了;与此同时,他们也希望自己有一天能够将从母亲那里偷来的东西还回去。另外,他们害怕自己身体的某些部分被夺走,这种焦虑使得他们不断地积攒金钱,这样一来,他们就做到了"家中有粮,心里不慌"(reserves to fall back on)。比如,小约翰对我的说法表示了认同:他害怕归还不了母亲所有的大便和孩子们(他幻想从母亲那里偷来的),这种恐惧驱使他毁坏掉一切收集来物品,然后又去"偷窃"更多的物品。他还向我解释了他修复不了偷来的每一件物品的原因,他说他的大便在偷来的时候就已经融化消失了;那个东西彻底被他排泄掉,变没有了。所以,即便他想要造出更多的大便,也是怎么制造都不够的。他不知道大便是不是"足够好",他所谓的"足够好"的字面意思是他从母亲那里偷来的东西的

第九章
强迫性神经官能症与超我早期阶段的关系

"分量"（因此，他在此情境下"小心选择"表征"赔偿"的形状和颜色），但是，其本质意思是"无害"，毫无毒性；另外，他常常便秘的原因是他需要留存大便，这样自己就不会"空空如也"。这些种种互相矛盾的趋势（我举例的只是冰山一角）引发了儿童强烈的焦虑情绪。每当他的恐惧情绪更加强烈时，他就害怕无法制造刚刚好的物品或者给予足够的分量，或者害怕修复不了他曾经破坏的物品。儿童的主要破坏趋势就此全面展开，受应急反应趋势的驱使，他会撕坏、切割和烧毁他已经做好的东西，比如：他做好的盒子（里边装满了代表母亲的物品），或者他在一张纸上画的画（可能是城镇构图），他破坏的欲望越来越强，直到无法遏制。同时，儿童尿尿和大便的重大施虐行为意义变得一目了然，撕纸、剪纸和烧纸的行为与水淹物品、木灰涂抹、铅笔涂鸦等行为交替出现，所有这些行为的目的都是破坏。水淹物品、木灰涂抹代表的是浸没、淹死或者投毒，把湿纸揉成团代表的是有毒投掷武器，因为水代表尿，纸代表大便。这些细节明确地表明尿尿和大便施虐是儿童罪疚感的确切原因，而且，罪疚感造成的偿还冲动在强迫性神经官能症机制中也找到了解释。

随着焦虑上升，儿童发展退回到早期阶段的防御机制，这说明属于最早期发展阶段的超我的威力相当的大，造成的影响也是非常致命的。这个早期超我施加的压力增加了儿童施虐专注，造成的结果就是儿童不断地强迫自己重复初始的破坏行为，他担心事情做得不对，这种担心又使得焦虑更加严重，他在幻想中杀死的客体会反复来找他复仇。这些焦虑将触发属于早期的防御机制（因为不能安慰或者得不到满足的客体不得不被放在一边），儿童力量弱小的自我无法和充满威胁的强大的超我达成妥协。只有在更高级的阶段，焦虑才能发展成罪疚感并且触发强迫机制的运行。我们惊奇地发现，在精神分析期间，儿童在强烈的焦虑的压力之下，不仅具有许多施虐幻想，而且还把处理焦虑的能力变为自己巨大的愉悦感。

这样一来，儿童的焦虑呈直线飙升，他不得不采取一定措施应对超我与客体的威胁，这时，他对物品的渴望并不那么强烈了，相反，他希望能把物品还回去。但是由于儿童的焦虑过多并且冲突非常严重，他的这个愿望难以实现，因此我们常常看见神经官能症的孩子受困于"拿走"和"归还"两难的强迫行为（可以把这个心理因素标记出来，它是所有肠道消化功能性紊乱和身体出现问题的原因之一）。相反，随着焦虑的严重程度降低，它反应趋势的强度和强迫特质也会跟着消失，趋势的发挥变得更加稳定，呈现出更轻柔和更具连续性的效果，受到破坏趋势的介入干扰的可能性也不大。但是儿童自己的修复取决于客体被修复的想法越来越强烈，他的破坏趋势明显没有变成无效操作，它们失去了力量而且适应超我需求的能力越来越强。强迫性神经官能症的第二个阶段——反应形成阶段，这个阶段同样含有破坏因素，只是这些因素现在针对的更多的是超我和自我，并且毫无顾虑地追寻超我和自我认可的目标。

我们知道，强迫行为与"万能思想"（omnipotence of thoughts）之间存在千丝万缕的联系。弗洛伊德曾经说过，从本质上来讲，原始人类的最主要强迫行为具有魔法性，他是这么描述的："如果这些强迫行为没有魔法，它们就是对抗魔法的行为。这些行为计划缜密，被用来对抗所有灾难，与此同时，神经官能症开始发展。强迫性神经官能症也有保护程序，它通过相应的魔法程序的方式存在。在描述强迫行为的发展路径的时候我们发现，开始的时候，这些强迫行为会采取各种魔法机制来抵制邪恶念头，远离所有性行为；最后，它们直接代替了被禁止的性行为，或者干脆采取一些类似性行为的模仿行为。"

第九章
强迫性神经官能症与超我早期阶段的关系

从弗洛伊德的描述中，我们可以看出强迫行为是对抗魔法的行为，它不仅抵制邪恶念头（死亡的念头），还是抵制性行为的盾牌。

我们对这三者联合在一起的防御行为充满期待，它们存在于那些幻想和罪疚感的补偿行为中。我们将会看见这个魔法的、邪恶的念头以及防御动作的联合出现。我将在最后一章中，通过婴儿玩弄自己生殖器的情境来完整说明这三者的联合。

我曾在第十二章说过，俄狄浦斯冲突和施虐自慰的幻想在开始阶段跟父母之间的性交以及施虐攻击有关，因此，它们是儿童罪疚感的根源。根据上述描述我得出以下结论：破坏冲动导致的罪疚感针对的主要是儿童的父亲和母亲，这些破坏性冲动引发儿童不被允许的自慰行为与其他性行为（大多数人认为这些行为是邪恶的），这种罪疚感来自儿童的破坏本能，而不是力比多和乱伦本能。

我认为，俄狄浦斯冲突和施虐自慰幻想开始于自恋阶段——弗洛伊德是这样说的："这个主体在他自己的眼中有比较高的心理行为估值，而在我们的眼中却到达了一个非常高的心理行为估值。"儿童觉得自己"无所不能"是这个阶段的特征。他们相信自己的膀胱和肠道功能非常强大，因此自己"无所不能"。由于儿童在幻想中多次对父母进行了攻击，所以他觉得内疚。但是，儿童也相信粪便"无所不能"，这个想法导致他产生强烈的罪疚感。我认为这是导致儿童神经官能症以及让他保持或是退回到"无所不能"的原始想法的原因，当他的罪疚感触发强迫行为防御机制时，他"无所不能"的情感将会起到补偿的作用，但是，这种"无所不能"的情感必须通过强制和夸张的方式，这时候的"补偿"具有原始破坏性，它建立在"无所不能"的基础上。

弗洛伊德曾经说过："无法判断强迫性神经官能症的强迫行为或

者保护行为是不是遵循相同的行为规则（或者不同的行为规则）。因为这些行为被特别细小的物品替代（有些甚至微不足道），所以，这些行为会通过乔装打扮的方式出现。"早期的分析完整证明了这个事实：无论细节的数量和质量是否相同，补偿机制最终都会在相似（或相异）的规则上建立。如果儿童保持施虐幻想的"无所不能"的强烈情感，他将必须坚信"无所不能"的创造性，它帮助他做出补偿。儿童和成年人的精神分析都明确地显示：这个情感因素在促进或抑制建设性的反应行为中扮演了重要角色。主体"无所不能"包括他做出补偿的能力，这种能力非常重要，他破坏性的"无所不能"不能和其相提并论。我们一定要知道，儿童的反应形成阶段在自我发展阶段和客体关系阶段开始进入，而客体关系要预设一个更高级的现实关系，因此，虽然"无所不能"的情感有些夸张，但是，它是补偿修复的必需条件。儿童相信自己能够做出补偿的想法，在最开始就会受到阻碍。

在一些分析中，我发现这种受到的阻碍是由两种"无所不能"的情感导致的。这两种情感跟破坏性有一定联系，而且那些和补偿相关的情感被强化。如果患者的原始施虐和"无所不能"的情感曾经非常强大，那么，他的反应趋势也会非常强大。他的补偿修复趋势以各种各样千奇百怪的杂合幻想为基础，他各种破坏力量的杂合有着举世无双、非常独特的效果，因此他的补偿修复也必定具有不同凡响甚至有惊天动地的效果，而这个效果本身就是他完成建构趋势的重大阻碍（虽然我的两个病人都明显拥有非凡的创造天赋），但是这个阻碍还需要下面几个因素的进一步补充和强化。伴随着儿童各式各样幻想的是其强烈的怀疑心理，他怀疑自己是否拥有这种必需的、"无所不能"的能力，造成的结果就是他试图在自己的破坏行动中否决这种能力。然而，另外一个方面，他又不断地使用这种"无所不能"的能力。这个行为证实了他曾经确实有消极对待自己的"无所不能"的态度，因此他不得不避免这两种矛盾态度的冲突。他希望有明确的证据证明他建构性的"无所不能"将其反面效果完全抵消了。在对两个成年人的分析中，我发现他们有这种"有或者无"的矛盾态度，这种矛盾态度来自这些冲突的趋势，导致他们的工作能力受到严重抑制。而在对几个儿童的分析中，这种态度严重抑制了他们的人格升华的过程。

但是，这个机制并不是强迫性神经官能症的典型表现，通过观察，我发现患者不仅仅表现出强迫性症状，还会有各种混合的临床表现。强迫症的患者通过"替代成微小事物"的机制（在他的官能症中，"替代"有非常大的作用），不仅可以找到"无所不能"的建构证据（具有一定的成就感），还能找到完全做出补偿修复的能力，因此，强迫症患者对自己的建构全能产生怀疑，而这是导致强迫性重复行为的根本原因。

我们知道，在渴求知识的本能和施虐之间有着紧密的纽带，弗洛伊德说："我们常常有一种印象，渴求知识的本能可以代替强迫性神经官能症中的施虐机制。"通过我观察到的现象来看，它们两者之间的联系在自我发展的最早期就已经形成了。在这个阶段，施虐症到达顶峰，"俄狄浦斯冲突唤醒"激发儿童渴求知识的本能。在最开始的时候，渴求知识的本能被用来当作口腔施虐趋势的帮凶。从我的经验来看，儿童渴求知识的本能的首要目标是母亲身体内部——他首先就把它视为满足自己吮吸的客体。母亲的身体是父母性交的地方，这个地方是儿童幻想父亲的阴茎所在和孩子们的处所。同时，由于儿童想要强行进入母亲的身体，夺取母亲身体里的东西并毁坏他们，因为儿童想知道母亲的身体里到底装着什么东西，又是长什么样。依靠这个方法，他对母亲身体内容的渴望在很多方面等同于武力进入母亲身体的渴望，前者是后者的表征，它们相互强化彼此。因此，渴望知识的本能和施虐的源头联系在一起（当施虐症到达顶峰时）。明白了这种联系，我们就更好地理解了为什么它们之间的纽带如此紧密，为什么渴求知识的本能在个体身上引发了罪疚情绪。

我们经常看见一个现象，儿童被特别多的问题困扰但是他的智力又无法解决这些困扰。于是他苛责别人，尤其是自己的母亲。原因是母亲不回答他这些困扰着他的问题，母亲的这种态度表明她已无法满足儿童的渴望（不像满足儿童的吮吸渴望一样）。在儿童的性格形成和知识渴求过程中，苛责扮演了一个重要的角色。这种现象可以追溯到什么时候？我们可以从下面这个时候开始：当儿童听不懂成年人的谈话内容或者遣词用句时，他们习惯性地开始苛责（儿童听不懂某些词句是在他们还没有开口讲话的时候）。另外，不论听不懂的是内容还是用词，在这两种情境下儿童都爱"苛责和发脾气"。当我在分析我的两岁零九个月的小患者莉塔的时候，我发现这种时刻在她身上表现出来的是"为什么别人听不懂我说话"。然后，儿童往往会非常生气，他不知道用什么语言来表达自己的问题，也听不懂用语言表述的回答，他从未思考或者明白过这些问题。触发渴望知识的本能发生于自我发展的最早期阶段，我认为，儿童对这种触动感到失望的根本原因是本能严重受挫。

我们已经看到，针对母亲身体的施虐冲动首先激发了儿童渴求知识的本能，但是，伴随而来的焦虑却又使得渴求本能的程度更加强烈。儿童渴望希望知道母亲的身体内部和自己身体的秘密，却又害怕母亲的身体里藏着某些危险。儿童害怕自己身体的内射危险客体以及内部的所有情况，这些种种恐惧强化了他的渴望；知识变成了掌控焦虑的手段，这促使儿童迫切渴望获得知识，迫切的心情成为儿童渴求知识的动力，但是，同时也是渴求知识过程被抑制的重要因素。在前面的内容中，我们探讨了渴求知识的本能遭受严重干扰的情况。在这些案例中，儿童知道了自己对母亲身体造成的破坏性攻击（在幻想中）以及自己可能面对的反击和危险处境，他非常害怕这些事实，于是他表现得非常极端，甚至有索性打断渴求知识的本能的想法。儿童初期十分强烈却又永不满足的愿望是：了解父亲的阴茎、自己的排泄物、母亲身体里的小孩子，以及它们的特征、大小和数量。这些愿望具体表现为儿童强迫式的揣摩测量、加减乘除以及口头计数行为。

随着儿童力比多的冲动逐渐增强，他们的破坏性就慢慢变小，因此超我的特性得以连续不断地改变，超我的影响力被自我感觉为显著的约束力量；并且，随着焦虑的减弱，补偿修复机制的强迫性也跟着减弱，修复效果就更加稳定和有效，得到更加满意的结果。紧随其后的是，性器阶段的反应表现得更清晰。

性器阶段因此具有下面几个特征：投射和内射之间产生互动，超我的形成过程和客体的关系发展之间产生互动，这些互动制约着儿童早期发展的所有过程。其中，互动特征取得先导地位。

第十章
早期儿童焦虑情境对自我发展的影响

识别和改善焦虑是精神分析要解决的一个重要问题,个体表现出来的精神病症就是个体无法改善焦虑的结果。除了改善焦虑这种方法,还有一些其他的常规治疗方法(这些方法因精神病症而产生)。对自我的发展而言,这些常规的治疗方法具有重大意义。在这一章中的内容中,我们将重点讨论这些方法。

在发展的初期,自我受早期焦虑情境压力的制约,力量十分弱小。一方面,自我要满足本我的超高要求;另一方面,又要遭受残酷超我的威胁,于是其不得不使尽浑身解数来达到双方的要求。弗洛伊德曾说自我是一个小可怜,一边要服侍三个主人,一边要遭受它们的威胁。这个说法对于儿童弱小、未成熟的自我来说非常形象,因为儿童主要的任务是控制自己的焦虑。

正如弗洛伊德在对一个一岁半的儿童进行游戏分析时表述的那

样：即便儿童的年龄很小，他们也会尽力克服自己的不愉快经历。在弗洛伊德分析的这个游戏中，儿童把一个缠线的木卷线筒抛向远处，线筒消失了，然后他把线收短，线筒又回来了。儿童不停地做这个动作，并学会了控制不愉快事件的情境——母亲身影的消失只是暂时的。弗洛伊德在儿童游戏中洞察到了儿童游戏行为普遍重要性的功能。儿童通过游戏，把被动经历转变成了主动感受，把不愉快变成了愉快，把不愉快的经历画上了一个快乐的结尾。

通过早期的精神分析显示，在游戏中，儿童不仅能够克服痛苦的现实，还能利用痛苦的现实来克服自己本能的恐惧以及控制内部的危险（通过把危险投射到外部世界）。

自我努力把内在心理历程置换到外部世界并且让其自由发展，自我的这种努力似乎跟另外一个神经功能相关。弗洛伊德在创伤性神经症病人的梦境中洞察到了这个功能的存在。

置换本能和将内部危险投射到外部世界的做法让儿童不仅能够更好地克服焦虑，还能让其做好改善焦虑的充分准备。对我而言，儿童在游戏中为克服焦虑而付出的努力，是儿童在"通过发展焦虑的方法来控制刺激"。由儿童心理原因引发的焦虑被置换到外部世界，这个置换伴随自我破坏本能的外部偏向的发生。置换具有增加客体重要性的作用，因为它和那些客体或者它们的替代物产生了联系，这种联系的积极应对趋势同时获得确认，客体因此变成儿童危险的来源。但是，客体如果以友善的面貌出现，它们就代表了对改善焦虑的一种支持。

弗洛伊德认为，儿童"抛掷木线筒"的游戏是其针对母亲进行施虐的报复性冲动行为（原因是母亲抛弃了他）。但是，当儿童收回线筒的时候，代表母亲又回来了。这个游戏似乎意味着被伤害的母亲得到神奇复原的事实，因为我们认为抛掷代表的是弑母。

除了通过投射使得焦虑得以释放之外（它使得内部本能刺激被当成外部刺激），置换的发生还能让内部危险和外部世界取得联系，这样就能获得许多好处。儿童渴望知识的本能和施虐冲动曾经一起针对母亲的身体内部，而害怕危险和侵犯又强化了这种本能（这些都不停地在儿童的身体里面进行，并且无法控制它们）。通过置换，儿童可以认识到外部环境的本质，同时检测自己采取的应对措施是否能行，因此可以更好地解决真实的外部危险。现实检测是一种有力的激励方法，它使得儿童发展渴求知识的本能以及开始其他行动，这些种种行动都帮助儿童保护自己以免受到危险，其中包括哪些行动负责击退恐惧，哪些行动负责确保个体对客体做出补偿修复等。所有这一切都通过同样的方式（它们作为冲动的早期表现）产生克服焦虑的效果，对抗既来自自身内部又来自真实世界和幻想的种种危险。

内射和投射之间的互动是一个过程，这个过程与超我形成和客体关系两者之间的互动相对应，它的结果是儿童找到驳斥害怕外部世界的方法，同时，通过内射真实而"良好"的客体来缓解焦虑情绪。良好真实客体的存在不仅能够减轻儿童对内射客体的恐惧还能降低他的罪疚感，儿童对内在危险的恐惧使得他对母亲的固着增强，同时也使儿童对爱和帮助的需要有所增加。弗洛伊德曾说我们可以理解儿童的焦虑，儿童的焦虑可以被归结为以下原因：儿童想念他所爱的人或者渴望见到他想念的人。弗洛伊德把焦虑追溯到未成熟个体完全依赖其母亲的那个阶段，想念所爱和渴望见到的人，经历得到了又失去的爱、危险客体的消失、黑暗中独处的恐惧、和不认识的人相处的恐惧等，以上这些都是早期焦虑情境的种种表现，换句话说，都是儿童害怕的内化和外部危险客体。在晚期发展的某个阶段，除了这些焦虑，儿童还会对客体表现出忧虑，他害怕母亲会在自己幻想攻击中死去，剩下他孤独一人。关于这一点，弗洛伊德是这么解释的：婴儿还无法区分暂时离开和永久消失。母亲一旦消失在婴儿的视线里，婴儿就会做出行为反应，似乎他再也看不到母亲了。儿童必须不断经历母亲不会消失的事实，这样他才会确信：母亲的消失只是暂时的，她还会再次出现。

据我观察，母亲必须通过她真实的存在反复证实她并不是一个又"坏"又充满攻击的母亲。儿童需要一个真实的客体，以对抗他对可怕内射客体和超我的恐惧，而且，母亲需要用真实存在来证明她并没有死亡。随着儿童和现实的关系不断进步，他会更多地使用他与客体的关系以及各种活动和升华来帮助对抗超我的恐惧以及破坏冲动。我们探讨的出发点是焦虑激发自我的发展，儿童在努力克服焦虑的过程中，召唤自我支持建立与客体和现实的关系，所以，为了儿童适应现实和自我发展的需要，我们有必要努力建立起客体和现实的关系。

幼儿的超我与客体并不一致，但是超我一直在不停地努力，使得它们可以互相交换角色。这样做的原因，一部分是减轻对超我的恐惧，另一部分是可以更好地满足真实客体的需求（真实客体的需求和内射客体的幻想要求并不重合），因此，幼儿的自我承受着超我和自我的冲突，而超我包含了互相冲突的各种意象（在发展过程中形成的）的要求。除此之外，幼儿还不得不应付超我和真实客体的要求，造成的结果就是，幼儿常常徘徊于内射客体和真实客体之间，也就是说，总是在幻想世界和现实世界之间摇摆不定。

在幼儿时期，超我和本我尝试着互相适应，但是最终以失败告终，原因是本我的压力和超我的严厉吸收了自我截止到目前的所有能量。在潜伏期的初期，力比多的发展与超我的形成已经成功完成，这时候的自我变得更加强大，可以着手在更宽广的基础上调整各相关因素的适应性。力量强大的自我和超我联手建立了一个联合援助计划，这个计划包含了自我的顺从以及自我对真实客体和外部世界的适应。在发展的这个阶段，儿童的理想自我是"举止得体、礼貌相待"，符合父母和老师心目中"好"儿童的形象。

但是，在进入青春期之前，这个稳定期将被打破，而且，青春期更是没有稳定性。力比多重新登场，这个时期的力比多使得本我的要求得到强化，同时超我的压力有所增加，自我再次遭到强烈挤压，自我不得不做出新的调整适应，因为之前的调整适应已经不再适用。本能冲动不能像以前那样被压制与限制，这个事实导致儿童的焦虑更加严重：儿童的本能在现实中可能更容易得以突破，使得这个时期的焦虑比幼儿时期更加严重。

自我和超我达成一致。儿童需要放弃之前爱过的客体以便建立一个新的目标。我们常常看到青春期的少年和他周围的一切发生冲突，他经常渴望新的客体出现。其实，从某种程度上来说，这种需要与现实是协调的，因为，这个时候现实给青春期的少年施加了各种更高要求的任务。在青春期的少年发展的道路上，他不断地逃离原始客体，最后，他将脱离自己的一般意义上的私人客体，取而代之的是各种原则和理想。

个体要在彻底经过青春期以后才能进入最后的稳定期。在这段时期的最后，个体的自我和超我终于可以就建立成年人的目标的问题达成统一意见，个体现在已经适应了更宽广的外部世界，而不再仅仅依赖于自己周围的环境。他虽然对这个新的现实的主张表示认同，却把这些主张设置为自己的内部要求。当他彻底脱离自己的原始客体之后，他在一般的客体上得到了更宏大的独立。这种调整由他对新的

第十章
早期儿童焦虑情境对自我发展的影响

现实的认可决定，而且，这个调整要在更加强大的自我的帮助下才能起到作用。在他的性生命绽放的初始阶段，压力在强化自我方面做出了非常大的贡献（压力来源于本我和超我的夸张要求之间的压力情境）。与此相反，我们经常能够看见抑制这种压力所造成的结果，即对他的个性进行约束，而且，这种约束效果往往是永久性的，它在这个阶段结束时彻底完成。虽然伴随着性生命的出现，童年第一阶段兴盛发展的幻想会以弱小的程度再次出现，但是，当个体度过了青春期以后，他的幻想就会毫不意外地遭到强烈挤压，于是，出现在我们面前的是一个"正常"的成年人。

我们知道，在幼儿期，超我和本我还无法相互达成妥协；在潜伏期，为了实现相同的目标，自我和超我联合起来创造了稳定；在青春期阶段，再次出现和早期相似的情境，个体的精神稳定再次紧随其后。我们曾讨论过这两种稳定的不同之处，现在我们也看见了它们之间的相同之处。在两种情况中，自我和超我达成互相适应，互相同意建立一个满足现实要求的"理想自我"。

在本书的前面章节中，我曾描述过，在潜伏期的开端，超我的发展和力比多一起停止不前。我还特别强调过在每个不同阶段我们都要处理的一个重点：在俄狄浦斯冲突缓解之后，伴随而来的不是超我自己的变化，而是自我的成长，自我的成长包含了巩固超我的地位。在潜伏期，儿童的自我和超我分别承担了适应环境的目标任务以及环境中"理想自我"的角色任务，这个事实（而不是超我发生实际改变）可以解释潜伏期整体稳定状态的现象。

接下来我们要讨论自我的发展转移，并且要思考这个过程和克服焦虑情境的关系，我认为克服焦虑情境是自我发展的一个非常重要的因素。

我曾经说过，儿童的游戏活动通过连接幻想和现实帮助其克服内部和外部的危险。比如，在小女孩办家家的游戏中，她扮演的是"妈妈"的角色，对正常儿童进行分析表明，这些游戏除了能够满足儿童的愿望（包含早期焦虑情境中最严重的焦虑），在小女孩不断渴望洋娃娃的幻想中，还存在着她的安慰和确信需要。小女孩获得洋娃娃的事实证明了她的孩子没有被母亲抢走，同时也证明了她的身体没有遭受母亲的破坏，她还可以拥有自己的孩子。另外，她照顾洋娃娃，给它们穿衣服（女孩已经把自己等同于洋娃娃），她确信自己曾有一位非常慈爱的母亲，因此她被抛弃、无家可归或者变成孤儿的恐惧所有缓解，在某种程度上，这种自信也会在其他游戏中表现出来：比如，男孩和女孩玩过家家与旅游的游戏，这两种游戏都表明儿童渴望找到一个新家——最终的结果都是重新找到他们的妈妈。

从典型的男孩游戏中，我们可以清晰地看到男性特征。这些游戏有关马匹、火车或者马车等，游戏意味着进入母亲的身体。在男孩们的游戏中，他们不断地表演着种种不同的场景，比如在母亲的体内和父亲打斗，跟母亲性交等；在游戏中，男孩们和自己的父亲打斗，自我防卫的胆量、技巧和精明都确保他们赢得了这场斗争，于是，他们因为胜利而减轻了对父亲的恐惧。男孩们通过这些斗争方式以及通过和母亲性交，获得了阴茎与性能力——这两者都是男孩们非常害怕的事情，而且，在游戏中，伴随着男孩们的侵犯趋势，帮助母亲修复如原的愿望同时出现。他们要证明给自己看，自己的阴茎没有破坏性，他通过这种方式来减少自己的罪疚感。

儿童在游戏中表现出来的无忧无虑的巨大乐趣不仅是因为他们的心愿已经得以实现，还因为他们在游戏中成功地克服了焦虑。我认为，这并非两个分别完成的不同功能，实际情况是：自我采取每一个

"实现愿望"的机制，其目的在非常大的程度上也是为了克服焦虑。因此，一个复杂的过程运作自我全部的力量，儿童游戏帮助其从焦虑到愉快的完全转变。在后面的内容中，我们将详细探讨这个复杂的过程是怎样影响成年人的精神生活与自我发展的。

话虽如此，但是对儿童来说，自我永远无法通过游戏成功克服焦虑。焦虑如果保持在潜伏状态，它就会成为儿童玩游戏的动力，但是，焦虑一旦表现出来，它就会公开打断正在进行的游戏。

我们在儿童的游戏中发现，儿童早期的自我仅仅克服了小部分的焦虑。在潜伏期的初期，儿童能够更轻易地克服焦虑，同时他表现出需要更强的能力来应对现实。儿童的游戏中不再有任何想象的内容，儿童的学校作业逐渐代替了其想象力，他的注意力会被放在字母表、算术的数字和绘画等方面，这些在开始都具有游戏的性质，但是后来，大多都被取代了。儿童专注于字母连接在一起的方式、字母的写法以及顺序、井然有序的字母书写，这些准确到位的细节使得儿童感到非常愉快——儿童的精神状态和"造房子""玩洋娃娃"游戏的精神状态一模一样。一个漂亮和整洁的作业本象征着游戏中的房子和家，更本质一点，象征着健康和没有受过伤害的身体。对儿童来说，字母和数字意味着父母、兄弟、姐妹、儿童、生殖器以及粪便，它们表示的是他的攻击趋势以及反应趋势，他以写完作业来中断害怕，就如同造房子和玩洋娃娃一样。通过对潜伏期儿童的分析我们看到，在他的幻想中，不仅仅出现了作业的细节，还出现了学校里关于手工制作和画画的各种活动，这些活动象征着儿童的生殖器和身体、母亲的身体和身体的其他部分、父亲的阴茎，兄弟姐妹等等都得到了修复。同样地，儿童自己和洋娃娃的每一件衣物，比如衣领、袖口、披肩、帽子、皮带、长筒袜、鞋子等，它们都有象征意义。

在儿童正常发展的过程中，年幼儿童书写字母和数字的乐趣得到伸展。随着他们逐渐长大，这种乐趣被智力上的整体成就取代。虽然如此，他们成就感的获得在很大程度上由父母的赞赏决定，这是获得长辈认可的方式。因此，在潜伏期，我们经常看到儿童的危险情境因为真实客体的爱和赞许而得以缓解的情况，这时，儿童的客体关系和现实关系得以高度强调。

对于男孩子来说，写作表达男性特质，钢笔绘画和字母写作象征着性交的积极表现，也是他拥有阴茎和性能力的佐证，书本和练习本则象征着生殖器或者母亲和姐妹的身体。对于一个六岁的男孩子来说，大写的字母"L"代表的是一个马背上的男人（男孩和自己的阴茎）骑马穿过一个拱道（母亲的生殖器）；字母"i"代表的是阴茎和男孩自己，字母"e"是男孩的母亲以及母亲的生殖器，而字母"ie"的拼写则代表着男孩与母亲性交结合，大写和小写的字母分别代表的是父母和孩子。男孩子积极的性交幻想也体现在游戏和体育活动中，我们发现，相同的幻想还体现在这些活动的细节和学校的作业中。男孩子渴望赢得他的对手，从而战胜危险的父亲——这个愿望基本就是男性处理焦虑情境的方式，对于青春期来说，这十分重要，因为在潜伏期时，他就已经有这个愿望了。从整体来看，这个时期的男孩子对外部环境的依赖程度没有女孩子的大，相对女孩来说，在男孩子的精神活动中取得成就已经占据更大分量。

我们讨论的发生在潜伏期的稳定状态是自我和超我适应现实、达成统一意见后的反应。稳定的达成由所有压制和限制本我的本能力量的联合行动决定，与此同时，儿童停止自慰（masturbation）的努力开始进入。弗洛伊德说"儿童潜伏期大部分的精力都用在这种努力上了"。他的所有力量针对的都是自己的自慰幻想，而就如同我们多次

第十章
早期儿童焦虑情境对自我发展的影响

看见的那样,这些幻想不仅是组成儿童游戏的一部分,还是儿童学习活动和所有晚期升华的一个构成部分。

在潜伏期,儿童需要客体的赞扬,因为他希望减轻超我的对抗力量(超我在这个阶段往往对客体自适应),以实现"去性"自慰幻想的目标。因此,在潜伏期,一方面儿童需要满足放弃自慰的要求和压制自慰幻想,另一方面,需要满足反向要求与年长者每日"去性形式"(desexualized form)的自慰幻想的兴趣和活动。原因是儿童只有在这种让人满意的升华中才获得自我的需要,从而彻底驳斥焦虑情境。儿童能否从这个尴尬局面中成功逃离由潜伏期的稳定状态决定,在潜伏期,儿童改善焦虑的前提条件是获得那些掌握权力的人的同意,这样儿童才能控制焦虑。当我们再次回顾如此复杂和分歧广泛的发展过程的时候,你会发现这一定是个计划缜密的过程。在现实生活中,正常儿童和神经症儿童之间并没有一条明确的分界线(尤其是在潜伏期)。在学校里,神经症儿童可能会表现得很好,正常的男孩则经常用其他方式来否定焦虑情境,比如他会展现自己的大力士的一面,而且,他并不会时时刻刻都想要学习。潜伏期的正常女孩经常用非常男性的方式来克服焦虑;另外,即使男孩采用更被动的行为方式或者女性行为方式来克服焦虑,他还是会被认为是正常的儿童。

弗洛伊德让我们注意到儿童进入潜伏期时的典型的仪式行为,这是儿童全力抗拒自慰的结果,弗洛伊德说这个阶段的特征是"在自我中建立伦理与审美屏障"。由于"自我的强迫性神经官能症反应形成,我们把反应形成视为正常性格形成的一种夸张形式"。在儿童的潜伏期,强迫性反应和正常儿童的人格发展(儿童在一定的教育环境中成大)的分界线并不是清晰可见的。

你们是否还记得我曾提出的一个观点:强迫性神经官能症起源于

童年早期。但是我也说过，在这个发展阶段，只出现过强迫症这种症状，一直到潜伏期的到来，这些症状都没有呈结构性地普遍出现过，所以还不是强迫性神经官能症。超我和自我一起创建共同目标，一起完成强迫性特征的系统化，并且伴随着超我得到巩固和自我得到强化，这个共同的目标成为本我和超我制约自我的力量。虽然在强迫机制的帮助下儿童的本能的压制（客体提出的要求）得到展开，但是这种压制并不会得偿所愿，除非所有关联因素联合起来反对本我。在这个结构综合完整的过程中，自我展现了弗洛伊德所说的"自我综合完成趋势"。

因此，强迫性神经官能症在潜伏期充分满足儿童自我、超我以及客体的需求。一般情况下，成年人拒绝儿童的打扰，原因是成年人认为对儿童内在需要的最好回应便是拒绝他。在精神分析中我们经常碰到这样的案例：成年人一旦和儿童的相处中发生矛盾，他就会认为是儿童"非常不听话"和"过于捣乱"，这时候儿童被迫忍受和进入内心冲突，他的自我认为：只有得到成年人的各种友好帮助，自我才能完成"压制本我"和"抵抗被禁冲动"这两个任务。儿童需要接受来自外部客体的禁令，因为这些来自外部的禁令对来自内部的禁令表示支持。儿童依赖于客体的目的是克服焦虑，和其他发展阶段相比，这种依赖在潜伏期表现得更加严重。的确如此，我认为，儿童克服焦虑的能力由儿童的客体关系和适应现实的能力决定，这是他顺利过渡到潜伏期的前提条件。

但是，为了儿童能有一个长期稳定发展的未来，这种克服焦虑的方式不应该占据主导地位以及被频繁使用。如果儿童在兴趣、成就和其他令人满意的行为中付出的所有艰苦努力，目的只是为了赢得客体的爱和认同（客体关系是克服焦虑和减轻罪疚感的最显著因素），那

第十章
早期儿童焦虑情境对自我发展的影响

么，儿童将来的精神健康将无法根植于牢固的土壤中。如果儿童对客体没有强烈的依赖，他的兴趣和成就（通过它们，儿童可以克服焦虑感和减轻罪疚感）都是为了自身的缘故，并且能从中得到回报和成就感，那么，他的焦虑感将会得到更好的调整，最终悄无声息地分散出去。一旦儿童的焦虑有所减轻，他的力比多满足感就会增强，而这是彻底克服焦虑的前提条件。要想克服焦虑必须满足以下条件：超我和本我达到互相适应的状态，而且自我获得足够的力量。

既然潜伏期的客体关系对儿童的精神支持这么强大，甚至对正常儿童的精神来说也具有同样效果，我们想要找到许多这样的病例就并非难事。在这些病例中，客体关系的支持因素具有重大作用。在青春期，这种支持更加明显，因为在这个阶段，儿童对客体的依赖大大减小（如果这种依赖是克服焦虑的主要手段），这就是我认为精神疾病通常都是在青春期或者青春期之后期爆发的原因之一。如果我们将自我的力量比喻成一把标尺——这把标尺由超我的严重程度是否得到减弱而决定，它包括了本能更大的自由范围，并与适应这个发展阶段的目标一致。我们不应该冒险让儿童在潜伏期去适应教育以及现实社会的许多要求。但是，让人非常失望的是，这些要求往往都是判断儿童是否成功发展以及身心是否健康的标准。

正如弗洛伊德所说，"青春期的到来拉开了强迫性神经官能症的决定性帷幕"，而且，在这个阶段，"早期侵犯冲动将被再次激发，但是或多或少的力比多冲动（即便是在糟糕的情况中，力比多也所有冲动）将必须跟着退回既定的方向，然后作为侵犯和破坏趋势再次出现。由于性欲改头换面成力比多冲动，以及自我做出强大的反应，对抗性欲的斗争工作从此将在伦理道德原则的旗帜下进行。"

儿童为了和自己原始的客体分离，建立起新的原则与新的理想父亲的形象，并对自己提出了更高的要求。虽然，儿童可以聚集对父亲的积极情感或者与父亲发生一些情感冲突，但是，这会让他对父亲的情感更加深厚。这个做法和父亲的分裂意象是一致的，崇高而且备受钦佩的父亲得到儿童的喜欢和爱戴，而"坏"父亲往往代表的是现实中的父亲或者某个替代对象，比如校长，因为他唤起的是这段时期的仇恨情感。在这样的情感关系中，男孩确信自己和父亲是势均力敌的，不会输给父亲。在对父亲的钦佩中，男孩对自己拥有一个强大和助人为乐的父亲感到满意，并对父亲产生认同感。这所有的一切都让儿童相信自己有建构能力和性能力。

在这个时期，他的活动和成就开始进入。以体力或者智力方式获得的种种成就（这些成就需要勇气、力量、开创精神或者其他因素）表明，他十分恐惧的阉割并没有在他身上发生，他并非性无能。他的成就使得自己的反应趋势得到满足，罪疚感得以减轻，并且向他表明自己的建构能力超过了破坏趋势，除此之外，还意味着对他客体的补偿修复，这些都让他的满足感得到了大大的增强。在潜伏期，当儿童各种活动的成就获得外界的称赞，活动成就和自我达成共识，他的焦虑感就会有所降低，罪疚感得到减轻；而在青春期，儿童的焦虑感得到降低、罪疚感得以减轻等这些成就一定是因为他在学业上有所成就。

在这里，我们对女孩子在青春期处理焦虑情境的方式进行一个简单的梳理。在这个阶段，她们往往保留着潜伏期的目标以及这个阶段克服焦虑的模式，她们保留的时间要比男孩子保留的时间更长，一般情况是这样的：青春期的女孩子克服焦虑的方式有着明显的男性特征。在下一章的内容中，我们将详细探讨女孩子建立女性位置比男孩子建立男性位置更加困难的原因，女孩子对自己和别人的要求越来越高，她的标准和理想有着越来越小范围的抽象原则，她的抽象原则和她钦佩的人有越来越多的相关性。她"悦人"的愿望延伸到精神成就，甚至当精神成就的层次达到更高级别时，这种愿望仍然还起着作用。她对待学习和对待自己身体的态度（只要男性特质没有明显的介入）是相同的，在一定程度上，她的学习活动和身体活动都和她的某些焦虑情境密切相关。一副完好的身体与一份漂亮的作业给正在成长的女孩提供了一些证据——就如同她需要一个孩子的证据，以证明她的身体内部并没有遭到破坏，孩子还存在于她的身体里。作为一个成年女性，她和自己的孩子的关系往往取代了她和工作的关系，这将非常有助于她处理焦虑情绪。生养一个孩子，看着他慢慢长大，这个过程恰恰是童年时期照顾洋娃娃的经历，这些事实再次向她证明，有自己的孩子并不是一件危险的事情，而且孩子还能让她的罪疚感得到缓解。在养育孩子的过程中，大大小小的各种危险情境都被估算过，如果事事顺利，那么她幼年早期的恐惧将会陆续得到缓解。同样的，她和家庭的关系（同等于她和自己身体的关系）在克服焦虑的女性模式方面具有重大意义，而且，还和她早期的焦虑密切关系。我们曾经看过到，小女孩在自己的幻想以及其他方面表现出了和母亲的竞争，她希望取代母亲，成为家里的女主人。男孩和女孩有一个共同的焦虑情境（尤其是女孩），那就是害怕被从家里赶出来，从而无家可归，他们在家里有安全感的一部分原因是焦虑感得以减轻。女人想要保持正常的稳定状态必须满足以下条件：她的孩子们、她的工作、她的种种活动、对她个人以及家庭的关心和爱护等，这些都是驳斥焦虑感的因素。她确信，她和男人的关系在一定程度上取决于男人对她的身体的"完美如初"的渴望，因此，她的自恋非常有助于克服焦虑情绪。相比于男性克服焦虑的模式，女性克服焦虑的模式更多取决于男性或者其他客体的爱和称赞。但是，男性从自己的恋爱关系中减轻焦虑，并满足自己的性需求。

有几个因素调节着克服焦虑的正常过程，一些方法和数量因素相关，比如施虐与焦虑的程度，自我承受焦虑的能力等。如果这些互相影响的因素联合起来达到一个最佳的状态，儿童非常严重的焦虑症就能得到缓解，自我发展和心理健康也能得到满意发展并达到最高水平。儿童克服焦虑的能力以及爱的能力都有着特定条件，这些条件和能力息息相关。在一些处于青春期的病例中，克服焦虑的前提条件是个体克服困境，特别是造成巨大恐惧感的困境；在其他一些危险情境中，由于害怕心理，儿童常常会尽力避免极端情境。我们认为在这两个极端情境中，有一个获得克服焦虑的正常动力，它并不是十分直接，和焦虑也没有密切关系，因此是更为分散的动力。

在这一章的内容中，我会努力证明个人的所有活动和升华其目的都是克服焦虑以及缓解罪疚感，所有活动和兴趣的动机（除了满足其侵犯冲动以外）都是个体想要对客体做出补偿以及对自己的身体和性器官进行修复的愿望。在儿童发展的早期，我们也发现了他"无所不能"的自信被用在破坏冲动上，当他的反应形成启动时，这种消极的、破坏的"全能"心理让他对自己的破坏能力非常信任。施虐全能心理越强大，积极全能心理也就越强大，其目的是为了他可以达到超我提出的补偿修复的要求。如果补偿修复需要更加强大的建构全能，比如补偿父母、补偿兄弟、补偿姐妹等，它们就都会被置换到其他客体甚至是整个外部世界。那么，他的一生有没有成就，他的自我有没有得到发展和性生活是不是和谐，他有没有更加拘谨压抑，这些都由他自我的力量和他适应真实社会的能力（这种能力对他的想象力进行调节）决定。

第十章
早期儿童焦虑情境对自我发展的影响

在这里我要就已经讨论过的内容做一个总结，我已经就这个复杂的过程发表了自己的观点。这个过程包括了个体的所有能量，在这个过程中，自我竭尽全力克服婴儿期的焦虑，这个过程的成功表示自我发展和心理健康非常重要。一个正常人往往对自我的许多方面都很确信，确信自己不焦虑、不内疚，确信自己对参加的各种活动以及自己的兴趣爱好感到喜欢，确信对自己的社会关系以及性生活感到满意，他对以上种种方面都确信无疑，并且这个确信过程将会持续不断。这让他把原始的焦虑情境弱化后抛之脑后，并且完全改善焦虑对自己产生的影响。其实，这个机制常常应用在普通的行为上，这是正常人用来克服小小焦虑和处理日常生活难题的办法。

最后，我要对这一章中关于改善焦虑的正常方法的描述进行检验，并和弗洛伊德关于这个主题的阐述进行比较。弗洛伊德在他的《抑制、症状和焦虑》中说："因此，随着个体越来越成熟，焦虑的某些决定因素消失不见。"这个陈述由他的下文限定，他在上面的引言之后又接着说："还有，这些焦虑情境的某些部分凭着乔装打扮成为漏网之鱼，它们仍然会在每日的情境中出现，并对后期的发展造成影响。"我的有关改善焦虑的理论可以帮助我们更好地理解正常人用何种方法摆脱焦虑情境，以及用什么方式缓解焦虑。通过精神分析观察，使我更加相信：大多数人即使在很大程度上已经摆脱了焦虑，但是，焦虑是不会彻底消失的。就意图和目的来讲，确实，这些焦虑情境不会对个人产生直接的影响，但是，这些影响会在某种特定的场景中出现。比如，如果某个正常人正处在严厉的内外部压力中，一旦他突然生病或者遭遇挫折，他最深层次的焦虑情境的直接影响就会出现。那么，问题来了，每一个健康的人都可能受到神经官能症的影响，因为他不可能彻底摆脱自己的原始焦虑情境。

弗洛伊德的论述证实了这个观点。在上面内容中提到的段落里，他说："相比于正常人，神经官能症患者对危险做出的反应要强烈很多倍。长大成人并不能确保他不会回到之前的创伤性焦虑情景，极有可能是这样的，每一个个体都有一个焦虑极限，一旦超过这个极限，他的精神和智力就无法发挥作用，处理不了超出他极限的焦虑。"

第十一章
早期焦虑情境对女童性发展的影响

通过心理分析观察展示出来的女性心理内容明显少于男性心理内容。分析师在发现阉割恐惧是导致男性神经官能症的主要原因后,紧接着就着手研究女性身上的类似病因。因为男性和女性在心理学上有一定的相似性,从某种程度上来说,分析师在这种方式下得到的研究结果也是合情合理,但它们并没有完全反映出两性心理学之间差异的真实状况。在弗洛伊德很早的一篇文章中,他就已经表达过类似观点,他说:"……另外,是否真的能够完全确定阉割恐惧是导致抑制(或者防御)的唯一原因呢?如果我们将女性神经官能症纳入考虑范围,我们就一定会对此产生怀疑。因为,即便我们确实已经在女性身上证实了阉割情结(The Castration Complex)的存在,我们仍然很难在阉割已经发生的事实上再提出阉割焦虑。"

对阉割焦虑认知的每一次进步都对人类心理学和神经官能症治疗

有着重大意义,当我们在思考这个问题的时候就应明白,了解女孩身上相对应的焦虑形式不仅有助于我们对女孩的健康治疗,而还能帮助我们更清晰地知晓女孩的性发展经历。

女孩的早期焦虑情境

我在《俄狄浦斯情结的早期阶段》一文中,曾深入地探索过这个一直悬而未决的问题,与此同时,我提出了自己的观点,即女孩最根本的恐惧是害怕自己的内在身体被抢夺和毁坏。当她在母亲的身上经历了口腔挫折之后,她逐渐远离母亲,并把父亲的阴茎视为兴奋的客体。这种欲望使得她在人生成长的过程中迈出了非常重要的一步。她幻想的内容有了变化,在她的幻想中,母亲把父亲的阴茎放到了她的身体里,同时她也把自己的乳房给了父亲。这些幻想是她早期性理论核心内容的一部分。由于从父母那里受到了挫败,她产生了嫉妒和仇恨的情绪。在这个时期,男孩和女孩都认为母亲是一切滋养之源,她的身体里蕴含着垂涎之物,其中包含了父亲的阴茎。由于母亲让小女孩受到了挫败,这种性理论使得小女孩对母亲的仇恨更加强烈,并让她产生了施虐幻想。施虐幻想的内容是攻击与破坏母亲的内在身体,并掠夺母亲身体里的所有物品。由于害怕母亲报复自己,此类施虐幻想构成了小女孩深层焦虑情境的基础内容。

在恩斯特·琼斯的论文《女性性特征的早期发展》中,他称这种为满足力比多的完全又持久的破坏力为"性机能丧失恐惧"。他的观点是:在两性儿童的早期焦虑情境中,这种恐惧占据着主导地位。这个假设理论基本和我的观点一致。我认为,这种获得力比多满足的破坏力表示它们将要对这些器官进行破坏,以便达到目标的需求。而且女孩子也渴望着,当母亲在攻击她的身体以及掠抢她体内的东西时,她可以把这些器官破坏掉。她特别害怕母亲的性器,原因之一可能是,她自己对母亲的性器和母亲从性器官中产生的性欲快感有着很强的施虐冲动;另外一部分原因可能是,她害怕自己享受不了性欲快感,这反而导致她更加害怕自己的性器会遭受破坏。

俄狄浦斯情结的早期阶段

我认为,女孩对父亲阴茎的口腔欲望意味着俄狄浦斯倾向的到来。这些口腔欲望最早和性器冲动一起出现。我发现,推动女孩性发展的根本动力是她渴望从母亲的身体里面夺走父亲的阴茎,并把它吞进自己的身体里面。由于母亲不再给她提供丰硕的乳房,她对母亲产生了仇恨,而且这种仇恨在她再一次遭受不公平待遇的时候会变得更加强烈;原因是母亲不允许她把父亲的阴茎视为兴奋的客体。在俄狄浦斯倾向的作用下,这种双重不满是女孩对母亲产生怨恨的根本原因。

这些假设和公认的心理分析理论有很大的差异。弗洛伊德曾得出以下结论:女孩的俄狄浦斯情结是由阉割情结引起的;女孩怨恨母亲没有让她有一副属于自己的阴茎,这使得她脱离了母亲。虽然弗洛伊德的观点和我在本书中刚提出的观点有一定分歧,不过这并不是十分重要。我们只要稍微思考一下就会发现,它们之间有两个共识:第一、女孩想拥有阴茎;第二、女孩怨恨母亲没有让她生出阴茎。不过,我是这样假设的,女孩一开始并不想自己拥有阴茎而变成一个男人,她是希望吞并父亲的阴茎,使它成为自己口腔欲望的客体。而且我还认为,这种欲望并不是由阉割情结导致的,而是俄狄浦斯倾向最重要的表现形式。因此，在男性倾向以及阴茎嫉妒的作用下，女孩并不是间接地处在俄狄浦斯冲动的掌控之下，而是直接受到她身上显著的女性本能因素的制约。当女孩把父亲的阴茎当作其心驰神往的客体时，她这种渴望的强烈程度则取决于很多因素。由于她在母亲的乳房上受到了挫败，口腔吸吮冲动的需求被进一步强化，这促使她对父亲的阴茎产生了幻想；她幻想父亲的阴茎和乳房有所不同，阴茎能够让她获得前所未有的口腔快感，而且这种快感一直会持续到永远。另外，她的尿道施虐（urethral-sadistic）冲动使得幻想内容更加丰富。和女性泌尿器官相比，男童和女童都觉得阴茎的泌尿能力更加强大（他们更容易看清阴茎）。由于儿童对等了非常多的身体器官，女孩针对泌尿能力以及阴茎力量的幻想成为口腔幻想的部分内容。而且在她的幻想中，阴茎这个客体在提供口腔快感方面拥有着奇妙无比的力量。但是，从母亲那里受到的口头挫折也刺激了她其他的性感带，同时还激发了她针对父亲阴茎的所有性器倾向（genital trends）和性器欲望，阴茎最终变成了她口腔冲动、尿道冲动、肛门冲动以及性器冲动的客体在生命的早期阶段。于是女孩把父亲视为她的情感客体，在她心中的位置仅次于母亲，而且她还对父亲产生了许多真正的性欲。这些性欲跟帮助她全神贯注吸吮母亲乳房的口腔带息息相关，原因是"在某个发展阶段，在她的潜意识中，这等同于父亲的阴茎和母亲的乳房，因为她认为阴茎也是提供乳汁的器官"。在等同于父亲的阴茎和母亲的乳房这个过程中，"通过从上到下的置换过程"，阴道被动成为吸吮入口。总的来说，阴道的这种口腔吸吮活动隐含在其解剖学结构中。对于这个观点我也表示认同。但是海伦娜·朵伊契（Helene Deutsch）的观点是，只有在女孩达到了性成熟并且有了性经历之后，这些幻想才会发挥作用。不过我认为，在女孩的早期，她从母亲

第十一章
早期焦虑情境对女童性发展的影响

的乳房上受到的挫折已经开启了阴茎和乳房等同的早期阶段，而且这种等同不仅迅速在她身上产生重大的影响，也会对她整体的发展方向产生巨大影响。另外，我也认为阴茎和乳房的等同伴随着"一个从上到下的置换过程"；它在早期就唤醒了女性性器的口腔特质和包容特质，并让阴道做好了迎接阴茎的准备，因此引发了俄狄浦斯倾向（即便这些倾向要到很晚的时候才会全部体现出来），最终也奠定了她性发展的基础。还有一个因素也使得女孩在这方面的欲望有所增加，那就是女孩潜意识中的性理论。这个性理论让她认为母亲吞下了父亲的阴茎，于是她开始嫉妒母亲。

依我看，正是这些因素的相互作用，小女孩才会认为父亲的阴茎具有无比巨大的力量，才会如此爱慕这个客体并产生这么强烈的欲望。如果她的女性位置（feminine position）能够一直占据主导地位，她对父亲的阴茎的态度往往会让她对男性表现出谦卑与顺从。但同样地，这也会让她生出强烈的怨恨，原因是她得不到自己如此疯狂爱慕的和朝思暮想的东西。此外，如果是男性位置占据主导地位，在她身上就会表现出阴茎嫉妒的种种迹象与征兆。

在小女孩的幻想中，父亲的阴茎尺寸硕大、爆发力强、力量巨大无比。但是，因为这些幻想来自她的口腔冲动、尿道冲动以及肛门施虐冲动，她也给阴茎赋予了非常危险的特征。这个特征导致了她对"坏"阴茎的恐惧，这种恐惧是毁灭性冲动与力比多冲动同时导向阴茎时的一种反应结果。如果她的口腔施虐特征占据主导地位，她就会认为母亲身体里的父亲的阴茎应该是一个被仇恨、被嫉妒和被毁灭的东西。在这个全是敌意的幻想中，其重点是她将父亲的阴茎视为一个为母亲带来快感的客体。偶尔这种敌意会变得十分强烈，使得她会把最严重的焦虑（她对母亲的恐惧）转移到父亲的阴茎之上，原因是父亲的阴茎是母亲身上一个让人讨厌的附属品。一旦有此种情况发生，就会造成成年女性严重的发展缺陷，导致她对男性形成扭曲的态度；此外，她和客体的关系也会存在一定缺陷，这让她不能克服或者彻底克服局部爱（partial love）的阶段。

凭借思想全能（omnipotence of thoughts）的力量，女孩针对父亲阴茎的口腔欲望让她感觉自己在现实中已经吞并了阴茎，因此她对父亲似是而非的感情逐渐扩大成内化的感情。我们都知道，在局部吞并（partial incorporation）时期，客体的局部可以代表其整体，因此，父亲的阴茎代表的是父亲整个人。我认为，这就是儿童早期的父亲意象（它构成了父亲超我的核心内容）通常都是通过阴茎表征的原因。我始终想要证明的是，男童和女童会出现令人提心吊胆以及冷酷无情的超我形象的原因是他们在一个施虐症最严重的发展阶段中就开始让客体变成了他们的内心形象。因此，他们的最初意象就体现了幻想特质，原因是他们把强烈的前性器冲动转移到了父亲的意象中。和男孩相比，女孩对内射父亲阴茎（她们的俄狄浦斯客体）的渴望和想要把它留在自己身体里的冲动要强烈很多。和口腔欲望同时出现的性器倾向也具有包容特质，因此，通常情况下，相对男孩来说，女孩的俄狄浦斯倾向受口腔冲动制约的程度会更加强烈。其主要幻想的是到底是跟"好"阴茎还是坏"阴茎"有关，这无论是在超我的形成过程还是性发展过程中都是一个非常重要的问题。无论什么情况，无论结果好坏，女孩都会对内化中的父亲更加服从，同时也更容易屈服于父亲的控制；而男孩会和超我保持正常关系。另外，女孩对母亲的焦虑和罪疚感导致她对父亲阴茎似是而非的感情变得更加盘根错节。

为了让我们的研究更简洁一点，我准备先理清女孩对父亲阴茎态度的发展过程，然后再全力找出她和母亲的关系对她和父亲的关系的影响程度。在好的情况下，女孩相信危险的内射阴茎和仁慈有爱的阴茎是同时存在的。这也正是激发女孩焦虑的原因，并使得她们在如此小的年纪就像成年人一样开始寻求性经历。这种刺激既让她对阴茎的力比多欲望有所增强，又让她自身变成了这个欲望中的一种新冲动。这种刺激是由以下原因引起的：她对内射"坏"阴茎的恐惧刺激了她，导致她不断地在性交中内射"好"的阴茎。而且，不管是口交、肛交还是一般的性交方式，只要是性行为，都有助于她确定自己的恐惧是否具备充分的根据。这种恐惧在和性交相关的观念中发挥着非常重要的作用。在两性儿童的幻想中，性交之所以会变得如此危险，原因是他们的施虐幻想让性行为变成了四面楚歌的危险情境，如同父母之间的性行为一样。

在前面的内容中，我已经很努力地阐述了这些施虐自慰幻想的本质，并发现它们属于两个各具特色却又相互联系的类别。在第一类幻想中，儿童采取种种不同的施虐措施对父母发起猛烈攻击，其攻击的具体对象可能是正在性交中的父母，也可能是单独的父亲或者母亲；第二类幻想发展于某个施虐症最强烈的阶段后期，儿童通过一个更加间接的方式让他的施虐全能呈现出来，他认为施虐就可以赢得父母。他们把父母的牙齿、指甲、性器、排泄物等视为危险的武器和动物等，从而让父母拥有了相互毁灭的工具；而且他们根据自己的欲望，在幻想中让父母在性交的时候相互折磨和毁灭。

以上两类施虐幻想从各个方面让儿童产生焦虑。第一类幻想让小女孩对被父母或单独的父亲或者母亲报复产生恐惧，其中对母亲的恐惧最为强烈，原因是和父亲相比，她更加痛恨母亲。她希望父母的报复攻击能从里面和外面一起进行，因为她在转化这些内心形象的同时，也对他们发起了攻击。她的这种恐惧和性交密切相关，因为在她的幻想中，父母正在进行性交活动，因此她最初的施虐行为针对的都是父母。然而这在第二类幻想中更加突出。根据她的施虐欲望，她的母亲在性交中被完全毁灭。性交行为对她来说是一件非常危险的事。另一方面，由于性行为被她的施虐幻想和施虐愿望转变成了极其危险的情境的原因，它同样成为克服焦虑最好的方法（越多越好），因为伴随而来的力比多快感能让她的愉悦达到巅峰，从而缓解了她的焦虑感。

我认为，这个观点让我们更容易理解个体实施性行为的动机以及他从这个行为中之所以可以得到力比多满足的心理根源。正如我们所知，任何性感带的力比多满足同样也代表着毁灭特征的满足，因为这是他的力比多冲动与毁灭性冲动在施虐倾向非常明显的发展阶段中相互作用的结果。我认为，在他刚出生没几个月的时候，毁灭性冲动就已经激发了他的焦虑，因此，他的施虐幻想和焦虑常常形影不离；而且他们之间的这种形影不离的关系还引发了特殊的焦虑情境。我发现，由于性器冲动产生于施虐症最严重的发展阶段，而且在他的施虐幻想中，性交代表的是毁灭父母的媒介，因此产生于发展早期的焦虑情境也和性交活动相关。在它们的相互作用下，产生了以下结果：一方面，焦虑导致力比多需求增强；另一方面，所有性感带的力比多满足对克服焦虑有帮助。力比多满足可以使个体的攻击性以及随之产生的焦虑得到减轻。此外，个体还能从力比多满足中感觉到愉悦，这种愉悦似乎能从根本上减轻他对毁灭性冲动和客体把他毁灭的恐惧，并减轻了他的"性机能丧失恐惧"（琼斯），比如，他害怕获得力比多满足的能力会消失。力比多满足是一种性爱的表现形式，它能加强他对自己友爱意象的看法，并让死亡本能与超我对他构成的威胁得到减轻。

第十一章
早期焦虑情境对女童性发展的影响

如果个体越是焦虑和神经质,他的自我就会越发活跃,他就越需要集中自己的本能力量去克服焦虑。与此同时,力比多满足也会从本质上克服焦虑。对正常人来说,如果他的早期焦虑情境得到了很好的消除,并且进一步地得到了修正,那么这些情境将不会对他的性行为产生很大的影响,当然,这并不代表一点影响都没有。正常人也会在爱的关系中产生验证特定焦虑情境的冲动,这会使得他的力比多固着(libidinal fixations)得到增强和固定,因此,通常来说,性行为对正常人克服焦虑有帮助。处于主导地位的焦虑情境以及焦虑数量都是产生性爱的特定元素,这对所有人都适用。

如果女孩以性行为的方式来检测在现实生活中有所映射的焦虑情境,并从中获得了自信和希望,她就会认定这个客体是一个拥有"好"阴茎的人。在这种情况下,她的焦虑就能从性行为中得到大量的释放;这种释放会让她获得非常多的快感,并极大地增强了她体验中纯粹的力比多满足。另外,这还为她未来会拥有长长久久、幸福美好的爱情关系奠定了基础。但是,如果情况恰恰相反,并且占据主导地位的是她对内射"坏"阴茎的恐惧,那么构成爱的能力的必要条件就会变成以下情境:她会以"坏"阴茎的方式在现实生活中进行测试,比如她的性伴侣具有施虐特征。在这种条件下,她做这种测试的目的是想要知道伴侣在性生活中会对她造成什么伤害。就算这些伤害不是非常严重,但是也可以减轻她的焦虑,并对她的精神生活产生重要意义。我认为,如果个体强迫自己在外在世界中进行求证,并以此来减轻自身对内在与外在危险的恐惧,那么,这种冲动是重复性强迫的必备因素。个体越神经质,这种证明和惩罚需求之间的联系就越加密切。早期焦虑情境的焦虑越强烈,希望就越加渺小,那些和反向证明相关的条件就越来越不好。因此,只有严厉的惩罚或者糟糕的经历

（也是一种惩罚）才能代替幻想中预计的恐怖惩罚。同样，她的内心驱动她对施虐性伴侣进行选择，她渴望再次吞并一个施虐的"坏"阴茎（因为这是她眼中的性行为）来消灭她身体里的所有危险客体。由此来看，女性受虐症的根本原因是她对内化的危险客体的恐惧；而且，她的受虐症仅仅是她的施虐本能将矛头指向内化客体的最终结果。

弗洛伊德认为，即便受虐症最先出现于客体的关系中，但它本身是一种指向有机体本身的毁灭本能（原始施虐）；它只不过是后来在自恋性冲动的作用下从自我中转移出来了。此外，性受虐就属于这个过程中没有转移出来的那部分毁灭本能，它还停留在有机体体内，并且受到性欲的约束。弗洛伊德还进一步指出，所有已经转移出去的毁灭本能都可能会再次转向内在，并被客体驱逐，从而引发第二性或者女性受虐症（secondary or feminine masochism）。但是，就我所知，当毁灭本能再次以相同方式回到内在时，它仍可以依附于客体，只不过是会变成内化客体而已。当毁灭本能威胁要毁灭这些客体的时候，同时还威胁到了所在之处的那部分自我。因此，在女性的受虐症中，毁灭本能会再次导向有机体本身。弗洛伊德认为"……罪疚感也会从受虐的幻想内容中清晰地呈现出来；主体会认为自己犯了某种罪（明确不了实质内容），于是他才想以这些苦不堪言又折磨人的程序来赎罪。"我认为，受虐者的自我折磨行为与忧郁症患者的自我责备（self-reproaches）有着相似之处；正如我们所知，实际上他们指向的都是内化的客体。由此看来，女性受虐症不仅指向自我，还指向内化客体。而且，在消灭内化客体的过程中，个体其实是在自保。并且在极端的情况下，自我不会把死亡本能再次转向外在世界，因为生存本能和死亡本能达成了一致，生存本能不再履行保护自我的职责。

第十一章
早期焦虑情境对女童性发展的影响

下面我们简单地讨论几个其他的典型形式。在这些形式中，女性对内化阴茎的恐惧在性生活中达到最高峰，并且具有严重的受虐倾向；此外，她们往往会保持乐观，常常把自己的感情寄托在一个具有施虐特质的伴侣身上，同时还会竭尽全力地想把伴侣改造成一个"好"客体，这种改造一般会消耗掉她自我的所有精力。这种女性既害怕"坏"阴茎，又信任"好"阴茎；两者在力量上旗鼓相当，这使得女性常常在选择一个"好"还是"坏"的外在客体之间徘徊不定。

我们经常看到，女性对内化阴茎的恐惧导致她不停对焦虑情境进行测试。在这种情况下，女性会持续不断地强迫自己与客体发生性行为，而且会不停地变换客体。再者，在不同的情况下，同样的恐惧会使得结果天差地别；而女性将变成性冷淡（frigid）。在女孩很小的时候，对母亲的敌意导致她把父亲的阴茎从一个让人羡慕和宽大的客体转变成一个危险和罪恶的客体。同时，在她的幻想中，阴道变成了导致死亡的工具；而且当母亲和父亲发生性关系时，女孩整个人就变成了危险之源。因此，她对性行为的恐惧既建立在阴茎带给她的伤害上，也建立在她自身给伴侣带来的伤害之上。她害怕伴侣被阉割的原因，一部分是她对施虐特质的母亲表示了认同，另一部分是由她自身的施虐倾向导致。

正如我前面描述的，如果女孩采用的是受虐态度，她的施虐倾向就会指向她内化的客体。但是，如果她对内化阴茎的恐惧使得她采用投射的方式防御来自阴茎的威胁，她的施虐倾向就会指向外在客体，即指向性交行为中再次内射进来的阴茎，也就是她的性交伴侣。在这些情况中，自我曾又一次成功地逃离了毁灭本能，现在又脱离了内化的客体，并促使毁灭本能再次指向外在客体。如果女孩的施虐倾向占据主导地位，她会继续把性交行为视为现实对焦虑的测试方式，只不过会通过截然不同的方式来实施。她曾幻想用自己的阴道和整个身体来毁灭伴侣，包括在口交中，用牙齿咬断他的阴茎，把它撕成碎片；而如今，这些幻想反而有助于她克服对吞并的阴茎以及真实客体的恐惧。在利用施虐症针对外在客体的时候，她也在幻想中掀起了一场毁灭内化客体的战争。

全能的排泄物

在男孩和女孩的施虐幻想中，排泄物扮演着各种具有重要作用的角色。膀胱和肠子的全能功能与偏执机制（paranoid mechanisms）密切相关。当孩子在施虐幻想中想要通过尿液、粪便或者屁等隐秘手段来毁灭性交中的父母时，这些机制将会产生巨大的作用。由于害怕被报复，这些基本手段以及攻击方式在经过次要强化（secondarily reinforced）后最终变成了防御手段。据我判断，和男孩子相比，膀胱和肠子功能上的这种全能意识对女孩子的性生活和自我造成的影响更加强烈和持久。她们通过排泄物来攻击母亲，首先攻击的是她的胸部，其次是身体里面。由于女孩子针对母亲身体的毁灭性冲动更强烈和更持久的原因，她的攻击方式会逐渐变得隐秘和狡猾。这些攻击的基础是粪便和其他排泄物的神奇力量以及思想的全能性，同时，它还遵从了母亲与自己内在世界的本质，这个内在世界是一个隐蔽而神秘的世界。恰恰相反，男孩子的敌意专注于母亲体内的父亲的阴茎（他认为如此）以及父亲现实中的阴茎，因此他们更喜欢把仇恨转移到外在世界中看得见和摸得着的客体身上。此外，男孩子也更擅长使用阴茎的施虐全能特征，因而他也拥有了克服焦虑的其他方式。而女孩克服焦虑的方式依然受到自己和内在世界之间关系的制约，故而也跟潜

第十一章
早期焦虑情境对女童性发展的影响

意识相关。现在它常常被用于给客体施加精神压力，或者在精神上控制和主导客体。基于这种改变，加上儿童会以隐秘狡猾的方式发起攻击，同时又需要提高警觉性和具有缜密的心思来对父母的报复进行防范，因此，在男童和女童的自我发展过程中，最初的全能意识就显得十分重要了。在上面提到的亚伯拉罕的论文中，他认为膀胱和肠子的全能功能是思想全能的前身；恩斯特·琼斯（Ernest Jones）在论文《圣母通过耳朵受孕》（1923）中，描述了思想和屁之间是等同关系。同样我也认为，儿童把排泄物，特别是肉眼无法看见的屁等同于另一个看不见的隐秘物质（也就是思想），而且他们认为自己针对母亲身体的攻击是不为人知的，这些东西被他们神不知鬼不觉地放进了母亲的身体（参见本书第八章）。

正如上述所说，当女孩的施虐特质达到顶峰时，她会把性行为视为消灭客体的手段，并发动一场毁灭内化客体的战争。依靠排泄物和思想全能的力量，她竭尽全力想要战胜自己内在身体以及母亲内在身体中（她的最初目标）恐怖的客体。如果她高度信任自己体内的父亲的"好"阴茎，这个阴茎就会变成她眼中的全能感的传递媒介。如果她对排泄物和思想的神奇力量足够信任，并且这种信任占据主导地位的话，她就会在幻想中利用这种神奇的力量对内在和真实的客体进行支配与控制。这些不同来源的神奇力量不仅会同时运作与相互强化，女孩的自我还会出谋划策，让它们之间互相对抗，以实现克服焦虑的目的。

与母亲的早期关系

在一定程度上，女孩对待内化的父亲阴茎的态度由她对母亲乳房的态度决定。在此，我们先简单地回顾一下其中的基本因素：女孩最开始内化的客体是乳房表征下的"好"母亲和"坏"母亲。她对母亲乳房的吮吸需求激发了她想要吸吮和吞并父亲阴茎的欲望。因此，她从母亲乳房那里遭受的挫败为她在阴茎上再次遭受挫折奠定了情感基调。不仅仅是她对母亲的妒忌和怨恨会扭曲和增加她对阴茎的施虐幻想，而且，她和母亲乳房的关系也会从其他方面对她将来对男性的态度造成影响。一旦她开始对"坏"的内射阴茎感到害怕，她就会选择回到母亲的身边，无论这个母亲是真实的，还是她的内化形象，母亲都会伸出援助之手。如果她对母亲的最初态度受到口腔吸吮位置（oral-sucking position）的制约，那么她就会拥有无比强大的自信和希望；某些时候，她会通过躲在"好"母亲的意象中这个方式来对"坏"母亲和"坏"阴茎表示抗拒。否则，她对内化母亲的恐惧会导致她对内化的阴茎以及性交后让人觉得非常恐怖的父母感到更加害怕。

在女孩的幻想中，母亲不仅拥有丰满的乳房，还拥有父亲的阴茎和孩子，母亲拥有的这些物品足以满足她的所有需求，所以，"母亲非常有用"这个意象和她对母亲的依赖程度都具有无比重要的意义。当小女孩出现早期焦虑情境的时候，她的自我会最大限度地利用营养需求来帮助自己克服焦虑。她害怕自己被下毒后的身体更容易遭受攻击，这种害怕越强烈，她想要获得营养的乳汁、"好"的阴茎和孩子的愿望就越加强烈，因为在她的幻想中，母亲对这些物品拥有绝对的控制权。她想要得到这些"好"东西，以保护自己不受"坏"东西的攻击，从而在身体里内部建立起某种平衡。可以说，在女孩的幻想中，母亲的身体就犹如一座宝库，里面装有各式各样的宝藏；这些宝藏可以帮助她实现所有欲望，从而让她不再感到害怕。正是基于这些

第十一章
早期焦虑情境对女童性发展的影响

幻想，她再次把母亲的乳房当成最早的快乐之源，同时也是坎坷崎岖的快乐之源；这正是她对母亲无比依赖的原因。此外，在焦虑的迫使下，她曾经从母亲那里遭受的挫败使她对母亲再次生出不满，并再次对母亲身体发起了更猛烈地施虐攻击。

但是，到了整个发展过程的后期阶段，当她的内疚感开始从各个方面表现出来的时候，她认为，只有自己占据了这些东西，母亲才会被"坏"东西控制住；正是这种想法以及企图占据母亲体内所有"好"东西的欲望，激发了她内心无比强烈的罪疚感和焦虑。在她的幻想中，消灭了母亲体内的孩子这个行为等同于毁灭了整个宝藏世界，而这些宝藏可以满足自己的精神和生理需求。在女孩的精神生活中，这种恐惧发挥了非常重要的作用，它促使女孩和母亲之间的联系得到了增强。这种恐惧还能迫使女孩对母亲做出补偿（restitution），将所有从母亲身上拿走的东西还给母亲；这种强迫行为会在特定女性的各种升华中呈现出来。

但是，这种强迫行为与另一种强迫行为会南辕北辙。同一种恐惧也会使得后一种强迫得到强化，即她渴望通过夺走母亲拥有的所有东西这种方式来保护自己的身体。因此，女孩在这个发展阶段，受到一种既想全部拿走又想全部归还的强迫行为的控制。就像我们始终强调的，这种强迫行为是引发强迫性神经官能症的必要因素。比如，我们常常看到这样的场景，小一点的女孩会在纸上不断地画一些代表粪便的小星星或者十字；大一点的女孩则会不停地在纸上写字母和数字，这些小星星或者字母等象征的是母亲或者自己的身体，而且，她们在这个过程中非常仔细，常常让中间不留任何空隙。或者，她们会把一堆堆的纸整整齐齐地摆在盒子里，直到盒子装满为止。除此之外，还有一种最常见的场景，她们会画一栋房子，这栋房子象征着自己的母亲；然后会在房子的前面画一棵树，这棵树象征着父亲的阴茎；她们还会在树的旁边画一些花，这些花象征着孩子。而更大一点的女孩会先画一个木偶，然后再画衣服或者书籍等；有时候，她们也会自己动手裁剪和制作这些东西。这些东西代表的是母亲重新组建起来的身体（有时是整个身体，有时是遭到破坏后的部分身体）、父亲的阴茎以及母亲肚子里的孩子，或者是父亲和兄弟姐妹们。

当女孩们参与这些活动或者是完成这些活动后，她们往往会表现出愤怒、抑郁、失望甚至是消极厌世的情绪，原因是她们害怕自己做不好重建工作。这种焦虑由很多原因导致，并从根本上切断了所有的建设性倾向（constructive trends）。在女孩的幻想中，她占据了父亲的阴茎、粪便和孩子，但之后，随着施虐幻想的出现，她开始对阴茎、粪便和孩子感到害怕，于是她也对它们身上的好品质失去了信心。此刻她开始在脑海中问自己：她还给母亲的这些东西是不是"好"的？这些东西的数量、质量以及它们在身体里的排列顺序是不是和原来的一模一样呢（因为这也是其中的一部分重建工作）？另外，如果她确信自己确实把母亲身体里的"好"东西都给母亲了，她又怕这么做会将自己的人身安全置于危险之中。

此外，这些焦虑因素会导致女孩对母亲生出一种特殊的不信任感。女孩会时不时地把画作、纸质图案以及所有一切代表阴茎或者孩子的物品包起来绑好，然后小心谨慎地把包裹藏在装玩具的抽屉里；在整个过程中，她始终防备着我。这种情况下，她一般不让我靠近包裹或者是抽屉，我必须走到一边去或者眼睛看向别的地方。很多女孩患者一走进我的房间，就会对存放在抽屉里的包裹疑神疑鬼；她们担心这些东西不见了，或者和前一天相比，这些东西是不是变小了，数量是不是减少了；有时候她们会打开抽屉确认里面的东西有没有被弄乱，有没有丢失，或者有没有被换成别的东西，并确保一切都井井有条。通过对她们的分析，我发现抽屉或者抽屉里的包裹代表的是她们自己的身体，她们害怕母亲对它进行攻击和掠夺，然后把"坏"东西放进去，把"好"东西拿走。

除了这些焦虑因素，还有一个因素也会恶化女性位置（feminine position）以及女孩和母亲的关系，那就是女孩的身体结构。男孩由于有男性位置（male position）的支持而乐在其中，而且由于自身就拥有阴茎，他们可以在现实中测试焦虑。相对来说，女孩的女性位置并不能减轻她的焦虑，因为只有占有孩子才能完全证明和满足女性位置，但是这是将来才会发生的事情；而且她的身体结构也不能让她知道身体里面的真实情况。我认为，正是对自己身体结构的无能为力使得女孩的深层恐惧更加强烈，即她对自己的内在身体被破坏或者毁灭感到恐惧；也害怕自己生不出孩子或者生出的孩子是残疾人。

阴道在婴儿期性发展中的作用

我认为，从一定程度上来说，女孩针对内在身体的焦虑说明了一个现象，那就是早期性结构中的阴道作用在阴蒂活动下会显得黯淡无光的原因。在她最早的自慰幻想中，她甚至把母亲的阴道视为破坏工具；这体现了她潜意识中对阴道的认识。由于口腔与肛门倾向占据主导地位的原因，她虽然把阴道比喻成嘴巴和肛门，但是从她的诸多幻想细节中我们发现，在潜意识中她仅仅把阴道当成性器中的一个空隙，目的是用来接纳父亲的阴茎。

但是，女孩除了潜意识中对阴道的整体认知，也常常会有意识地对阴道进行认识。海伦娜·朵伊契曾描述过一些很特殊的案例；在这些案例中，女孩曾因受到性侵害而导致处女膜破裂，她们在这基础上获得的阴道认识使得她们沉沦于阴道自慰。除此之外，通过对很多女孩的分析让我发现，大多数的小女孩对阴道已经有了一定的认识，她们认为自己的性器里有条缝隙。有些女孩会和别的孩子（无论是男孩还是女孩）玩性游戏，在游戏中她们通过互相观察来获得相关认识；而有些女孩是自己发现阴道的。无论是哪种情况，毫无疑问的是，她们都非常强烈地倾向于否认或者抑制这类认知；而这个倾向是由于她们对阴道以及身体内在感受到的焦虑导致的。从对大量女性的分析来看，阴道是身体内部结构的一部分，她们的大部分深层焦虑都和其有关。分析还表明，在关于父母性交的施虐幻想中，女孩们都认为阴道非常危险，甚至会危及生命，这从根本上导致性障碍和性冷淡，特别是抑制了阴道兴奋。

大部分证据表示，只有在发生性行为之后，阴道的所有作用才会得以发挥。此外，如我们所知，女性常常会在经历了性行为后彻底改变对性行为的看法，并且她们强烈的欲望会取代之前的性压抑（在发生性行为之前，女性基本都会产生这种抑制，这是正常现象）。我们推断，女性之前的性压抑一部分原因可能是焦虑导致，而性行为将这种焦虑消解了。可以说，性行为具有安抚作用的原因是性行为产生的力比多满足使女性确信，性行为中她吞并的阴茎是一个"好"的客体，她的阴道并不会毁灭掉阴茎。她对内在与外在阴茎的恐惧因此在真实的客体中得到了消除，要明白这种恐惧在没有得到证实的时候最是强烈。我认为，女孩对身体内在的恐惧以及生理因素的作用，会导致她在儿童早期无法形成一个非常明确的阴道期。不过即便如此，通过对大量的女孩分析，我仍然确信，阴道的心理表征就如同其他力比多期的心理表征一样，它会对女孩的婴儿期性器结构产生同样强烈的

第十一章
早期焦虑情境对女童性发展的影响

影响。

在朝着隐藏阴道心理功能倾向的同时，同样的因素也会让女孩对阴蒂的固着得到强化，因为阴蒂是看得见的器官，它能够在现实中进行测试。我发现，阴蒂自慰往往伴随着各种各样的描述幻想。在女孩发展的早期阶段，这些幻想的内容会随着阶段之间的剧烈变换而迅速变化。最开始的时候，女孩幻想的内容主要和前性器期有关，紧接着，随着她想要通过口腔与性器吞并父亲欲望的增强，幻想的内容里也会出现性器与阴道特征（genital and vaginal character）（它们似乎常常伴随着阴道知觉），因此开始朝着女性特质发展。

由于一旦认同了母亲，小女孩很快就会认同父亲的原因，在小女孩的自慰幻想中，她的阴蒂会迅速呈现出阴茎的意义。在这个阶段，她所有的阴蒂自慰幻想都受到施虐倾向的制约；我认为这是关键因素。因为当性器期结束后，她的罪疚感会越来越强烈。从总体来说，这些幻想与自慰行为会逐渐减少，甚至完全停止。她的阴蒂并不能取代她一直渴望的阴茎。依我看，她怎么领悟这一点只不过是一连串行为中的最后一个环节，但是对她的未来生活具有决定性作用，而且在大多数的案例中，它还会使她的余生坠入性冷淡的深渊。

阉割情结

通过观察我发现，女孩会在性器期明显地表现出对的父亲认同，并明确地表现出阴茎羡慕（penis-envy）与阉割情结，这是多个阶段一起作用的结果。凯伦·霍妮在论文《论女性阉割情结的起源》中提到了一些因素，她认为，基于前性器贯注（pre-genital cathexes）的原因，这些因素对女孩建立阴茎羡慕具有重大意义。因素之一是，女孩发现男孩子能从排尿中得到偷窥与暴露倾向（scoptophilic and exhibitionistic tendencies）的满足；还有一个因素是，女孩确信拥有阴茎可以获得更加强烈的尿道兴奋（urethral erotism）满足。剩下的因素则来自她因女性特质而产生的种种障碍（比如她羡慕母亲能拥有孩子），这些因素导致她十分困惑，并促使她非常仔细地研究其中的某些重要步骤。我们会看到，由女性特质引起的焦虑通过什么方式影响了她对父亲的认同；我们还会看到，她在早期阶段选择的男性位置是怎么和她在每个阶段采取的男性位置相吻合的。

当女婴放弃了母亲的乳房转而将父亲的阴茎视为兴奋的客体时，她会对母亲产生认同感。但是，如果她在这个位置上遭遇了挫折，她又会立刻对父亲产生认同感。在她的幻想中，父亲能通过母亲的乳房与整个身体获得快乐，她却被迫痛苦地放弃这些原始的快乐之源。女孩对母亲的仇恨与嫉妒以及她的力比多欲望逐渐使得她对施虐的父亲产生了早期认同；在这个过程中，遗尿（enuresis）发挥了巨大的作用。

男孩和女孩都认为尿液是个好东西，他们都认为它和母亲的乳汁具有等同关系；原因是在他们的潜意识中，身体的所有部位相互等同。通过观察我发现，尿床在早期代表着积极的给予行为，是一种施虐反向，无论在男孩还是女孩身上，它都是一种女性位置的表现形式。他们的欲望从母亲的乳房那里遭受了挫败，因此他们仇恨母亲的乳房，于是他们幻想用尿液伤害和毁灭母亲的乳房，无论这种幻想是和食人冲动（cannibalisticimpulses）一起出现的，还是在其之后出现的。

如前面所述，女孩在施虐期会相信排泄物具有神奇力量，而男孩则会把阴茎视为主要的施虐工具。但是同样地，女孩也相信尿道具有

第十一章
早期焦虑情境对女童性发展的影响

全能功能，这让她对具有施虐特质的父亲产生了认同，虽然这种认同的程度不如男孩；女孩认为，特殊的尿道施虐能力源自父亲拥有的阴茎。因此，尿床很早就开始表征两性儿童身上的男性位置，又因为女孩早期对施虐性父亲的认同，于是，尿床成为一种毁灭母亲的方式；与此同时，女孩还幻想以阉割父亲的方式占据阴茎。

我认为，女孩在内射阴茎的基础上对父亲表示了认同，之后又迅速通过尿床方式对父亲产生原始的施虐认同。在女孩早期的自慰幻想中，她总是不断地在父亲和母亲之间进行交替认同。有关于内化父亲阴茎的女性位置会让她对内化的父亲"坏"阴茎感到害怕。但是，这种焦虑反而会让她对父亲的认同得到强化，原因是她在消除焦虑的过程中，唤醒了认同焦虑客体（anxiety-object）的防御机制。她盗走和占据了父亲的阴茎，这让她产生了全能感，并且使她更加相信，她可以通过排泄物来施展毁灭性力量。这种立场下，她对母亲的敌意与施虐欲望受到了强化，她幻想通过父亲的阴茎来毁灭母亲。与此同时，由于曾经从父亲那里遭受挫折，她对父亲的报复之心也获得了满足。由于感受到全能感的原因，她认为自己比父母更加强大，因此她找到了一种消除焦虑的防御手段。我发现，这种态度在某些偏执特征占据主导地位的患者身上尤其强烈，除此之外，它在某些女同性恋身上也同样强烈，因为她们和男性之间的敌对竞争关系使得她们的同性恋倾向（homosexuality）得到了深刻的强化。因此，恩斯特·琼斯认为，这种态度同样也适用于上述提到过的那群女同性恋身上。

首先，女孩相信占有外在阴茎后她可以在现实生活中利用施虐力量把父母打败，这样她才可以将自己的焦虑消除。其次，阴茎是一种战胜客体的施虐力量，它可以将内化的危险阴茎以及其他内射客体打败，因此，女孩确信占有阴茎最终可以保护自己的身体。

当女孩的焦虑使得她的施虐特质得到强化，男性情结（masculinity complex）因此而建立时，她的罪疚感也导致她希望拥有一个阴茎。她希望拥有的这个真实的阴茎会被用来补偿母亲。正如琼·里维埃（Joan Riviere）观察到的，女孩因为抢走了母亲身上的阴茎，她想要补偿母亲的愿望是促成阉割情结与阴茎妒忌的重要条件。当女孩因为害怕而不想再和母亲竞争时，她希望可以和母亲和解，并弥补自己对母亲做的一切，于是，她强烈希望自己能够通过阴茎进行补偿。琼·里维埃认为，女孩施虐症的强烈程度与容忍焦虑的能力是促使她选择异性恋还是同性恋的关键因素。

下面我们来深入探讨一下这个问题：在某些案例中，为什么男性倾向与占有阴茎是必不可少的条件，否则，女孩就不能对母亲做出补偿。早期分析显示，潜意识中有一个基本原则。这个原则支配着所有反应和升华过程，要求女孩对母亲的补偿行为在所有细节上必须和幻想中犯过的错误一一对应。无论女孩在幻想中犯过偷窃、伤害或者毁灭等错误，它都要求必须一一归还，并以复原的方式成功完成补偿。这个原则还要求女孩使用当初用来破坏和毁灭的施虐工具（如阴茎、排泄物等）进行补偿；同一个工具如今要再次转变成"好"东西，并使它成为成功补偿的手段。无论"坏"阴茎还是"坏"尿液造成了何种伤害，"好"阴茎和"好"尿液都必须给予补偿。

让我们一起来看看这个案例，女孩所有施虐幻想的主要内容都是怎样通过父亲的危险阴茎间接地对母亲进行毁灭。而且，她对父亲具有强烈的认同感。一旦她的反向作用（reactive trends）与做出补偿的欲望同时大量地出现时，她将非常迫切地需要一个具有治愈功能的阴茎，这个阴茎能够让母亲得到复原，因此这使得她的同性恋倾向得到了强化。在这段关系中，有一个关键的因素，那就是她是怎么认

第十一章
早期焦虑情境对女童性发展的影响

为不需要再对父亲进行补偿的。原因有可能是，她相信自己已经阉割了父亲，父亲不会再是障碍；或者父亲的阴茎已经转变成了"坏"阴茎，因此她不必再抱有让他复原的希望。如果她的信念十分强烈，她自己就必须得扮演起父亲的角色，而这也会让她选择同性恋位置（homosexual position）。

当女孩发现自己没有阴茎时，她会感到失望、自卑和怀疑。此外，她的男性位置（masculine position）导致她产生了恐惧和罪疚感，这种恐惧和罪疚感最开始来自父亲，因为她抢走了父亲的阴茎，占有了母亲；其次来自母亲，因为她从母亲身边抢走了父亲。上述的所有情感发生了相互作用，导致压垮了男性位置。另外，她最初对母亲产生不满，原因是母亲不允许她把父亲的阴茎视为力比多的客体。如今旧仇加上新恨，因为母亲没有使她生有一个属于自己的阴茎，让她不能成为一个男人。一方面，双重不满使得她不再把母亲视为性爱（genital love）的客体。另一方面，由于她的男性位置，她对父亲的敌意和对阴茎的妒忌再次成为她选择女性角色的障碍。

按照我的经验，当女孩结束了性器期后，她还会进入另一个阶段，即后性器期（post-phallic）。在这个阶段，她会做出保留女性位置还是放弃女性位置的选择。当女孩到了潜伏期后，她的女性位置已经达到了性器水平，具有了被动特质与母性特质，而且还包括了心理表征下的阴道功能；可以说，她的女性位置已经在所有基础因素上完成了构建。当我们在思考小女孩是怎么频繁地表现出真挚的女性位置与母性位置的时候，我们就能够明显感觉到这一点。只有阴道成为一个接受性器官时，这种位置才会出现。我们曾说过，当女孩在青春期发生了生理变化并有了性行为之后，阴道的功能就会发生巨大转变。正是这些转变让女孩的性发展迈向了最后阶段，也正是这些转变让她成为一个真正的女人。

对于凯伦·霍妮（Karen Honrney）在论文《逃离女性》中描述的许多观点，我都表示认同。她在论文中指出，阴道与阴蒂都会对女孩的早期生活造成影响。她还说，从女性性冷淡的后期表现我们可以判断，和阴蒂相比，阴道更加容易受到焦虑与防御性情感的强烈贯注（cathected）。她认为，女孩的"乱伦欲望是她的潜意识无比精确地瞄准阴道的结果"。由这个理论得出，生活后期的性冷淡可能是针对幻想的防御表现，这些幻想会对自我产生十分巨大的威胁。

除此之外，我还对凯伦·霍妮下面的观点表示认同，那就是女孩不能和男孩一样仔细地对性器进行研究，她们对阴道不能获得正确的认知，也不能进行现实测试，从而确认自慰是不是对它造成了可怕后果。这会导致她的生殖焦虑有所增强，使得她更愿意选择男性位置。凯伦·霍妮还对女孩的次级阴茎妒忌（secondary penis-envy）（出现在性器期）与初级阴茎妒忌（primary penis-envy）进行了区分。初级阴茎妒忌主要围绕着特定的前性器贯注（pre-genital cathexes），比如偷窥与尿道兴奋等。凯伦·霍妮认为女孩的次级阴茎妒忌常常对她的女性欲望产生抑制；随着俄狄浦斯情结的消除，她不仅不再把父亲当成性欲客体，还会背离女性角色，退回到初级阴茎妒忌。这是必然的事实，只是程度有所不同罢了。

在我的论文《俄狄浦斯情结的早期阶段》中，我曾发表过一些关于女孩生殖结构的最后阶段的观点，这些观点在本质问题上和恩斯特·琼斯同期提出的一些观点不谋而合。恩斯特·琼斯在论文《女性性特征的早期发展》中说道，阴道功能最开始认同于肛门，它们之间早就在某些内容上进行了区分，而且这个时间比大家推测地还要早，虽然到目前为止，这种区分还是一个模糊的过程。恩斯特·琼斯认为口腔——肛门时期是女孩建立异性恋态度的基础，这种态度基于女孩对母亲的认同。恩斯特·琼斯还认为，在性器期阶段，和女同性恋者相比，正常女孩仅仅是以更弱的方式对父亲和父亲的阴茎进行了认同，而且她们都具有显著的第二性特征（secondary character）与防御特征。

海伦娜·朵伊契的观点则有所不同，她假设确实有一个后性器期，在这个时期，女孩的后期生殖结构已经做好了最终结果的准备。但是海伦娜·朵伊契认为，在女孩身上根本就没有犹如阴道期之类的现象，所以女孩自然也不会知道阴道的存在或者对阴道产生什么知觉。因此当女孩完成了婴儿期的性发展（infantile sexual development）之后，她无法通过性器方式来选择女性位置。因此，尽管女孩还维持着女性位置，她的力比多已经被迫回归到了更早的位置，这个位置由阉割情结主导（海伦娜·朵伊契认为，女孩的阉割情结在俄狄浦斯情结之前产生）；这种回归是导致女性受虐症的重要原因。

补偿倾向和性特征

在上述内容中，我们已经讨论了女孩的补偿倾向对强化同性恋位置发挥的作用。但是，女孩异性恋位置的强化同样也由这个位置能不能满足她超我的需求而决定。

在本章节的前面部分我们已经看到，哪怕是正常人，他的性行为与力比多动机也可以帮助他克服焦虑。下面我将进一步指出，他的性活动还受另外一个动机因素的影响，那就是他想要以性行为的方式来补偿自己在施虐幻想中造成的损坏。由于性冲动以更加强烈的方式出现的原因，他的自我在回应超我的需求时，焦虑会得到缓减，罪疚感却增加了；与此同时，他发现对客体进行补偿的最佳方式是性行为，原因是他的早期施虐幻想和其相关。补偿幻想会与他在幻想中造成的毁坏一一吻合，其本质和程度不仅是他种种行为与种种升华形成过程中的重要因素，还会对他性发展的过程和结果产生巨大的影响。

回到女孩身上，我们发现许多因素，如施虐幻想的内容与组成部分、反向作用的强度以及自我的结构与强度等，都会对她的力比多固着产生影响，并可以帮助她决定补偿行为应该具有男性特质还是女性特质，或者是两者都有。

我认为，还有一个重要的因素影响着女孩最终的发展结果，即她在特定的施虐幻想上形成的补偿幻想是不是对她自我的发展和性生活产生决定性影响。一般情况下，它们会相互交织，以便帮助构建特定的力比多位置与相应的自我位置。比如，在小女孩的幻想中，如果她的施虐特质无比强烈地专注于毁坏母亲的身体，然后偷走身体里的孩子和父亲的阴茎，那么，当她的反向作用大量地出现时，也许她就会在特定的条件下维持女性位置。在升华中，她将会以多种方式来实现复原母亲的愿望，比如让自己变成保姆、医院的护士或者按摩师，或者探索智力上的兴趣等；此外，她还会将父亲和孩子还给母亲。与此同时，如果她确信自己的身体能够复原，无论是通过生孩子的方式还是跟带有"治愈"功能的阴茎发生性关系，在这种情况下，她也会选择异性恋位置，从而消除自己的焦虑。另外，她的异性恋位置也会使得她的升华倾向得到强化，目的是复原母亲的身体，原因是她发现，父母的性行为并没有对母亲造成伤害，或者说，不管怎样，母亲都能从性行为中得到复原；这个想法也会反过来使她的异性恋位置得到强化。

即便基本条件完全一样，女孩最终会选择男性位置还是女性位置,这还将取决于她对自身建构全能(constructive omnipotence)的信任是不是能够让她的反向作用得到增强。如果答案是可以,那女孩的自我就会为自己的补偿倾向设定一个更高的完成目标。也就是说,女孩的父母都会得到复原,并将再次在亲善关系中结合。这个时候在女孩的幻想中,正是父亲对母亲进行了补偿,他通过有益健康的阴茎让母亲得到了满足。与此同时,在女孩的幻想中,原本危险的母亲的阴道,如今也让父亲的阴茎得到了恢复,并治愈了其受到的所有伤害。因此,女孩认为母亲的阴道是一个有益健康、令人愉快的器官,这不仅让她再次回忆起了她早期对母亲的看法,那时候,她认为母亲是一个给予她乳汁的"好"母亲;而且女孩还想到了自己对母亲的认同,她认为自己也是一个可以使人恢复健康和舍得给予的人,这使得她把性伴侣的阴茎视为一个"好"阴茎。这种转变不仅会让她的性生活得以顺利发展,还能促成她通过性关系依附客体的能力,这种能力并不比她在情感与爱的关系中建立起来的依附能力差。

正如我在上述内容中想努力说明的,个体的婴儿期性发展的最终结果,是他长时间在很多位置之间来回徘徊的结果,也是他在自我与超我及自我与本我之间反复无常的互相妥协中产生的结果。这些妥协是他竭力消除焦虑的结果,在很大程度上,这也是一种自我的成就。下面我将用几个例子证明以下几个因素能够使得女孩继续保持女性角色,并在未来的性生活与日常行为中显著地呈现出来:她父亲的阴茎可以轮流满足她和她的母亲的需求;母亲可以获得一定数量的孩子,同样,她也可以得到相同数量或者数量少一些的孩子;如果母亲拿走所有孩子,那么女孩应该吞并父亲的阴茎等。此外,男性成分也会加入这些妥协中来。在小女孩的幻想中,她有时会占用父亲的阴茎,以便自己能以一个男人的身份来对待母亲,然后再把阴茎还给父亲。

在分析的过程中，我们可以越发清晰地感觉到，个体在力比多位置上发生的每一次改善，原因都是他的焦虑和内疚感得到了缓解；而且这种改善会迅速促成新的妥协。女孩的焦虑和内疚感越是得到缓解，就会有越多的性器期呈现出来，她也更加认可母亲的女性角色和母性角色，或者是让母亲回到这些角色上去，同时也让自己承担起这些角色，并升华自己的男性成分。

外在因素

如我们所知，儿童早期的本能生活和生活中的现实压力会互相作用，这种相互作用会刻画心理发展的进程。通过观察我发现，在焦虑情境的最初阶段，现实与真实客体就已经开始施加影响；从某种程度上来说，已转移到外在世界的焦虑情境会在他们身上多次得到证实或者反驳，从而帮助引导本能生活（instinctual life）的进程。在这种方式下，客体的行为与经验的本质有助于儿童的主要焦虑情境的增强或者减弱。另外，由于投射与内射机制互相作用的原因，外在因素会对超我的形成以及其客体关系与本能的发展造成影响，而且它们还对决定儿童性发展的最终发展结果有一定帮助。

比如，小女孩想要通过得到父亲的爱与仁慈的方式来证实自己身体里的阴茎是一个"好"阴茎的想法，从而反驳它是"坏"阴茎的念头。但是当她发现事实并非如此的时候，她往往会形成越来越坚定的受虐态度，而"施虐的父亲"在她眼中则会变成一个爱的实际条件；或者父亲对她的行为方式可能会导致她对阴茎的敌意和焦虑有所增加，她还会放弃女性角色，或者变成性冷淡。

事实上，女孩最终的发展结果的好坏，将由所有外在因素的相

第十一章
早期焦虑情境对女童性发展的影响

互作用决定。父亲对她的态度只是她未来选择恋人类型的因素之一。比如，和她的母亲或者姐妹们相比，父亲对她的爱是更多还是更少；除此之外此，父亲对她的态度还影响着他们之间的亲密关系。她在女性位置上能持续多久，在这个位置上能不能建起立对一个仁慈的父亲意象的渴望，这些在很大程度上都由她对母亲的罪疚感决定，也由她的父母之间的本质关系决定。另外，某些特定事件也会使得她增强其中的一个性位置，比如父母和兄弟姐妹中有某个人生病或者去世了。这件事对她罪疚感的影响程度决定着她最终会选择男性位置还是女性位置。

除了父母之外，还有一个因素也对女孩的发展具有十分重要的作用，那就是在她的早期生活中，是否有一个她认为"乐于助人"的人，这个人会在外在世界对她克服幻想的恐惧进行帮助。在区分"好"母亲与"坏"母亲以及"好"父亲与"坏"父亲的过程中，女孩常常会把对客体的敌意转移到"坏"的一方，或者从中背离出来；与此同时，她会把补偿倾向于"好"母亲和"好"父亲一方，并对她曾在施虐幻想中对他们的意象造成的毁坏进行修复。但是，如果因为焦虑过于强烈或者某些实际因素，俄狄浦斯客体并没有成为好的意象，那么其他人也可以在特定条件下代替"好"母亲或者"好"父亲的角色，比如一个善良的护士、哥哥、姐姐、外祖父、外祖母、婶婶以及叔叔等。如果对俄狄浦斯客体太过害怕，积极情绪就得不到发展。在这种情况下，那些积极情绪就会浮出水面，并依附于爱的客体。

我反复指出，在早期生活中，孩子之间，特别是兄弟姐妹之间发生性关系是很普遍的事情。俄狄浦斯挫折使得儿童的力比多渴望得到强化，这种渴望以及他们在深层危险情境下产生的焦虑会一起促使儿童相互沉溺于性行为。正如我在本章内容中特别指出的，这些性活动不仅让他们的力比多得到满足，而且还能促使他们在性行为中进行多种寻找，以便证实或驳斥那些和性行为有关的种种恐惧。我多次发现，如果性客体仍然是一个"乐于助人"的角色，那这种早期性关系就会有助于女孩和客体的关系以及她以后的性发展。她对父母的强烈恐惧以及某些特定的外在因素，会产生一个俄狄浦斯情境，这个情境会导致女孩对异性产生偏见，并对她维持女性位置和爱的能力造成巨大阻碍。然而，如果在儿童早期女孩曾和兄弟或者兄弟这类的人发生性关系，而且这些人对她付出了真挚的感情，并始终保护着她，那么这将为她的异性恋位置奠定基础，并让她建立起爱的能力。我在一些案例中发现，女孩曾拥有两种爱的客体，一种代表的是正颜厉色的父亲，另一种代表的是亲切善良的兄弟。而在另外一些案例中，女孩会形成两种客体的混合意象，同时她跟兄弟的关系会使得她的受虐特质得到减轻。

女孩跟兄弟的关系不仅有助于她在现实中证实"好"阴茎的存在，也使她对"好"的内射阴茎的信任更加坚定不移，并缓解了她对"坏"的内射阴茎的恐惧。这些关系还有助于她克服对这些客体的恐惧，原因是当她跟别的儿童发生性行为时，她会产生一种他们联合起来对付父母的感觉。他们的性关系让他们在自己身上再次演绎了曾经针对父母的施虐自慰幻想，使得他们互相沉迷其中无法自拔，同时产生共犯的感觉。由此，他们通过为彼此分担愧疚的方式，使得每个人都有如释重负的感觉，从而减轻恐惧感，原因是他们认为自己找到了可以一起对付可怕客体的盟友。据我观察，这种秘密同谋对任何一段爱的关系都发挥了重要的作用，甚至在成人之间也是这样，而且它对偏执型个体的性依附特别重要。

同样，女孩也会把她和其他儿童（代表"好"的客体）的这种性依附视为一种对现实的反驳，也就是对自己的性特征和毁灭性客体的恐惧的反驳，所以这种依附能力能够防止她成为性冷淡，或在未来的生活中出现其他的性障碍。

正如我们所见，虽然这种性经历有利于女孩的性生活与客体关系，但是，它也会对女孩的性生活造成严重的障碍。如果她和其他儿童的性关系让她的深层恐惧得到了证实（原因也许是她性伴侣的施虐特征过于强烈；或者因为自己的施虐特质太过强烈，导致性行为反而使得她的焦虑和愧疚有所增加），会让她对自身内射客体与本我的杀伤力的信任更加坚定，她的超我会逐渐变得苛刻，因此她的神经官能症以及她在性发展和人格发展上的缺陷将会变得根深蒂固。

青春期的发展

如大家所知，在青春期阶段，儿童心理上的起伏波动大部分是身体悄然发生变化使其产生种种冲动的强化结果。对女孩来说，月经来潮更是使得她的焦虑受到了强化。海伦娜·朵伊契在她的《女性性功能的精神分析》中，非常详细地探论了月经来潮对女孩的意义以及考验。海伦娜·朵伊契认为，女孩会在潜意识中有这样的想法：第一次流血等同于真正的阉割，会导致自己丧失生育能力，于是流血对自己来说意味着双重失望。海伦娜·朵伊契还指出，月经也象征着对女孩沉溺于阴蒂自慰行为的惩罚，而且这也是一种后退，会让女孩回想起早期的性观念，那时候，她认为性行为基本上是一种施虐行为，它伴随着残忍，还会导致流血。我所拥有的资料也充分支持了海伦娜·朵伊契的观点，即对女孩的自恋来说，月经期的出现是一种失望与冲击，会对她造成巨大的影响。不过我认为，这种影响的病原学应该是，这些情感在特别的条件下再次唤醒了她曾经的恐惧。在整个焦虑情境中，只有少部分焦虑会受月经的影响重新出现。由于我们在前面已经探讨论了相关内容，下面我将简单地把这些焦虑罗列出来：

1. 在女孩的幻想中，由于潜意识把身体的所有物质进行了等同，女孩把经期的流血等同成了危险的排泄物。因为很早就知道了受伤与流血之间的关系，她曾对这些危险的排泄物感到恐惧，害怕它们会损伤自己的身体，经期的流血似乎在现实中证实了她的这种恐惧。

2. 行经让她更加害怕自己的身体会遭受攻击。在这种联系中，各种各样的恐惧开始运行：（1）她害怕母亲会对她发起攻击，并将她毁灭，一部分原因是母亲想要报复她，另一部分原因是母亲想从她这里拿回父亲的阴茎和被她抢走的孩子。（2）在性交的过程中，她害怕父亲会用施虐的方式对她进行攻击和伤害，一部分原因可能是她对母亲产生了施虐自慰幻想，另一部分原因可能是父亲想从她这里拿回自己的阴茎。因此，在她的幻想中，父亲会强迫她还回父亲的阴茎，从而导致她的性器受到伤害。个人认为，这使得她产生了以下想法，即她的阴蒂是她的阴茎被阉割后留下来的一个伤口或者伤疤。（3）她害怕自己的内在身体会直接或者间接地遭受内射客体的攻击和伤害，原因是内设客体会在她的身体里互相斗殴。她幻想在实施施虐式性交的过程中，她内射了具有暴力行为的父母，他们之间的暴力行为对她的内在身体产生了巨大的威胁，这些是她形成强烈焦虑的根源。月经常常会引发身体上的感官知觉，而焦虑会使得这些知觉得到强化。她把这些身体上的感官知觉视为一种征兆，这些征兆预示着所有恐怖的伤害与幻想中的恐惧都要成为现实了。

3. 月经期间流出的血让她确信，肚子中的孩子已经遭受了伤害和毁灭。对一些女性进行分析后我发现，月经来潮会使她们生不了孩子（害怕肚子里的孩子被毁灭）的恐惧受到强化，这种恐惧要等到她们真正生了孩子之后才会消失。在大量的案例中，月经来潮会使她们的恐惧受到强化，她们会害怕生出来的孩子会是残疾人，或者智力不正常等，这导致她们在意识或者潜意识中都不愿意怀孕。

4. 月经来潮让女孩更加明确地知道了自己没有阴茎这个事实，也证实了她关于阴蒂是她身上的阴茎被阉割后留下的伤口或者伤疤的想法，这导致她很难维持男性位置。

5. 正如上述提到的，月经来潮作为一种性成熟的标志，激活了各种各样的焦虑，这和她认为性行为具有施虐特征有关。

对青春期的女性患者进行分析的结果表明，由于上述这些原因，女孩感到无论是女性位置还是男性位置都很难维持。和同期的发展过程对男孩子的影响相比，月经会更加容易引发女孩各种各样的焦虑与冲突。这也解释了青春期的女孩子在性方面会比男孩子表现得更加拘谨的原因。

从一定程度上来说，月经会对女孩的心理造成影响，这种影响往往会导致这个阶段的女孩子出现很多神经质问题。尽管是个正常儿童，月经也会唤醒她曾经的焦虑情境。但是，由于女孩的自我与克服焦虑的方式已经有了一定的发展，和童年期相比，她已经有了更强的能力去修正自己的焦虑。而且，在月经来潮时，她还可能从中感受到愉悦。假设当她开始初探性生活的时候，她的女性位置已经稳定了，那么她就会把月经来潮视为性成熟的标志，以此证明自己已经是一个真正的女人了；而且她也会把它当成一种预示，预示着自己可以更加坦然地期待性快感和生孩子了。如果一切如我们所想，她会把月经作为克服种种焦虑的有力证明。

与孩子的关系

在之前的内容中，我在讨论女性个体的早期性发展的时候并没有涉及很多她想生孩子的欲望，因为下面我将会讨论未来孕期中她对肚子里真正孩子的态度。届时我将再一起讨论她初期对幻想中的孩子的态度。

弗洛伊德认为，女孩拥有阴茎的欲望会被想要生孩子的欲望取而代之。但是通过观察我发现，女孩想生孩子的欲望正是在她产生了想要拥有父亲的阴茎的欲望之后才产生的。对父亲阴茎的欲望来自口腔位置（oral position），是一种基于客体的力比多意识。在一些案例中，女孩最开始会把粪便与孩子进行等同；而在另外一些案例中，她则是把孩子和阴茎等同起来。在第一种案例中，女孩和孩子的关系基本上会按照自恋式路线发展。这种关系和她自身的身体以及她排泄物的全能感密切相关，并不会对她对男人的态度有所束缚。在第二种案例中，她对孩子的态度主要由她和父亲或者父亲阴茎的关系决定。目前存在着一个大家普遍认同的婴儿期性理论：即在每一次的性行为中，母亲都会吞并一个新的阴茎，这些阴茎或者部分阴茎会变成孩子。基于这个理论，女孩和父亲阴茎的关系首先会影响到她和幻想中的孩子的关系，其次会影响到她和真实孩子的关系。

海伦娜·朵伊契在《女性性功能的精神分析》（之前已引用过）一书中，探讨了女性在孕期时对肚子里孩子的态度，接着她提出了以下观点（《弗洛伊德全集英文标准版》，卷19）：女性会把孩子视为自己身体的一部分，也会视为自己身体外的一个客体，"这由她是不是会让自己和母亲之间所有积极与消极的客体关系再现而决定"。在女性的幻想中，父亲以性交的方式变成了她的孩子，"换句话说，这表征着她在潜意识中通过口腔吞并了父亲",而且父亲"在之后发生的真实或者想象出来的怀孕中持续着这种角色"。当完成这个内射过程之后,她的孩子"化身成了一个理想的自我,这个理想的自我在之前就已经形成了",同时也表征着"她自己的理想化身,一个她实现不了的理想"。她对自己的孩子产生这种矛盾情绪的一部分原因是,这个孩子代表的是她的超我(超我常常和自我激烈对立),并且还让她再次想起了俄狄浦斯情境和她对父亲产生的那些矛盾情绪。另一部分原因是,她对早期的力比多位置产生了退化贯注(regressive cathexis)。她自恋式地对粪便进行评估,因此对粪便与孩子的认同,意味着她也基本上会自恋式地对孩子进行自评估;最初她高估了自己的排泄物,和其针对的反向作用激发了她对自身的厌恶,使得她想把孩子驱逐出去。

在海伦娜·朵伊契的基础上,我增加了一两条内容。在早期发展阶段,女孩将父亲的阴茎等同于孩子,这种等同使她赋予了肚子里的孩子一种父亲超我的象征意义,因为父亲内化的阴茎成为这个超我的核心。此种早期等同既决定了她对想象中孩子的矛盾情绪,也决定了她在未来以一个母亲的身份,对自己真正孩子的矛盾情绪,同时还决定了她的焦虑的程度,这种焦虑对她跟孩子的关系具有决定性的影响。我发现,在女孩很小的时候,她将粪便和孩子之间进行等同也会对她和想象中孩子的关系产生影响。因为她的幻想内容涉及有毒、可燃的排泄物,因此她会产生强烈的焦虑;我认为,这种焦虑使得她早期肛门阶段向外排出的倾向得到了强化,也是她未来对待肚子里真正孩子的态度的基础,这种态度往往充满敌意与恐惧。

正如我之前提到的,女孩对"坏"的内射阴茎的恐惧促使她更加渴望内射一个"好"的阴茎,因为这个"好"的阴茎可以保护和帮助她对抗身体里面的"坏"阴茎和坏意象；对她来说，这些坏"阴茎"和坏意象就如同危险的排泄物一样。正是这个友善的"好"阴茎（在想象中常常是一个小小的阴茎）表征了孩子的意象。女孩想象中的孩子保护和帮助了自己，在她最早的潜意识中，这个孩子代表着身体里所有"好"的内容。当然，帮助女孩克服焦虑这种事情是女孩幻想出来的，然而同样的，那些让她感到恐怖的客体也是她幻想出来的。因为在这个发展阶段，她主要受控于精神现实（psychic reality）。

我发现，正是由于占有孩子可以克服焦虑和缓减罪疚感的原因，所以很多女孩都强烈地渴望拥有孩子，和其他原因相比，这个原因是最重要的一个。也就是说，和找到一个性伴侣相比，成年女性往往想要拥有孩子的愿望更加强烈。

同样地，女孩对孩子的态度也强烈地影响着她的升华发展。女孩在幻想中，通过她有毒又具毁灭性的排泄物对母亲的内在身体发起了攻击，这导致她对自己身体里的内容建立起了错误的认知。由于她把粪便和孩子等同的原因，她幻想身体里面的粪便是"坏"的粪便，于是身体里面的孩子也是"坏"小孩，也就是说，她的身体里面存在一个"长得丑"且不正常的孩子。女孩对危险粪便的施虐幻想形成了反向作用，这似乎促进了某种特别的女性升华。通过对大部分小女孩的分析，我们清楚地看到，她们非常想要拥有一个"漂亮"的孩子，始终坚定不移地努力让想象中的孩子与自己的身体越来越漂亮；这些行为和她们的恐惧有着十分密切的关系。她们害怕自己会生出长得丑又不正常的孩子，害怕要把这些孩子放进母亲的身体里；要明白对她们来说，这些孩子代表的是有毒的排泄物。

费伦齐曾说过，儿童在其各个发展阶段对粪便的嗜好都会有不同的变化。后来他又得出以下结论：儿童在早期阶段，对粪便的嗜好倾向会部分升华成他们对所有美丽物体的喜爱。我认为,引起这个升华过程的原因之一是,孩子对危险的"坏"粪便的恐惧。这种恐惧会升华出一条直接通往"美丽"主题的道路。女性强烈地渴望美丽的身体、美丽的家以及一切美好事物这种愿望正来自她们对一个美丽的身体内在的渴望,她们渴望身体里住着的是一个可爱的"好"客体或者是无害的排泄物。女孩对"危险的""坏"粪便的恐惧还会升华出一条通往所谓"好"东西的概念的道路,它从有利于健康的角度出发(顺便提一句,即便对孩子来说,"好"和"漂亮"往往是同一回事),因此也使她身上那些来自女性位置的原始母性情感和给予欲望得以强化。

如果是女孩的积极情感占据主导地位,她不仅会相信自己内化的阴茎是一个"好"阴茎,也会相信身体里的孩子是一个"好"孩子。但是,如果她特别害怕内化的"坏"阴茎和危险的排泄物,她将来和真正的孩子的关系往往会被焦虑主导。即便如此,如果她对自己和性伴侣之间的关系感到不满,她会转而在她和孩子的关系中寻求精神支持并获得满足。在这样的情况下,性行为本身就被赋予了过多的焦虑情境的意义;女孩会认为,她的性客体已经成为焦虑客体,只有她的孩子才可以吸引到有益的"好"阴茎。然而,恰恰是她们这种以性行为来克服焦虑的女人,才有可能跟丈夫建立起十分融洽的关系,但是,她们和孩子的关系会非常糟糕。原因是她把针对身体内在敌人的大量焦虑转移到了孩子身上。我发现,正是这种焦虑导致女孩对怀孕和生孩子产生了强烈的恐惧;这种焦虑还会使得女孩在怀孕的过程中遭受特别多生理上的痛苦,甚至有可能让她从心理上认为自己无法成功怀孕。

我们已经知道,女性对"坏"阴茎的恐惧会怎么增加她的施虐特质。她们对丈夫的强烈施虐态度也会使得她们把孩子当成仇敌，就犹如她们会在幻想中将性行为视为一种毁灭客体的方式一样，她们希望生孩子，但是主要是为了控制孩子，仿佛它跟自己有仇似的。

接着，她们就会把这种仇恨转移到外在客体身上，也就是丈夫跟孩子的身上；原本，她们仇恨的是可怕的内在敌人。当然，也存在这样的女性，虽然她们对丈夫具有施虐态度，但是对孩子非常温柔，反之亦然。但是，无论怎样，女性对待丈夫和孩子的态度都取决于她对待内射客体的态度，特别是对待父亲阴茎的态度。

如我们所知，母亲对待自己孩子的态度和她跟客体的早期关系密切相关。她在童年阶段和亲人的情感关系，比如和她的父亲、叔伯以及兄弟之间，或者和她的母亲、姑婶以及姐妹之间的关系等，多多少少都会在她和孩子之间的关系上体现出来，体现多少则取决于孩子的性别。如果她早期把孩子和"好"的阴茎等同，那么，她就会把这些关系中的积极情绪转嫁到孩子身上，她还会把很多友善的意象浓缩在孩子身上，这些意象意味着婴儿期的"天真无邪"，而且她也认为，这是她童年时曾渴望的样子。她希望孩子健康快乐地成长的根本原因之一是，她希望把自己曾经不快乐的童年重新塑造成一个幸福快乐的时光。

我认为，有很多因素能让母亲与其孩子之间的情感关系得到加强。把孩子带到这个世界上来，对她来说，这就是现实中最有力的反驳证据，可以反驳所有来自施虐幻想的恐惧。对她的潜意识来说，孩子的出生既代表她的内在身体与身体里想象中的孩子并没有受到伤害，或者他们都得到了康复，还能让她所有跟孩子有关的种种恐惧失去淫威。这证实了，她攻击过的母亲身体里的孩子（代表她的弟弟和妹妹）、父亲的阴茎（或父亲）以及母亲本人都完好无损，或者他们都得到了康复。因此，生孩子象征着许多客体都得到了康复；在一些案例中，生孩子甚至会让她的整个世界都得到改变。

母乳喂养孩子极其重要，这能在女性与孩子之间建立起一种十分亲密和特殊的纽带关系。而且，从孩子的营养和成长角度来说，给孩子吃自己生产的乳汁也非常重要，同时，女性也终于可以对恶性循环的荒谬进行有力的反驳，最终将这个恶性循环画上一个完美的句号。因为她在潜意识中认为，给予孩子营养健康的乳汁能够向她证实，她早期的施虐幻想并没有成为现实，或者她已经成功地让幻想客体得到了复原。这个恶性循环出现于婴儿期，她对母亲的乳房发起了攻击，乳房是她毁灭性冲动下的首个客体；随后，她在幻想中把母亲的乳房咬成碎片，并用她的排泄物将其弄脏、毒害和烧毁。

正如我们在上述内容中讨论的，因为"好"客体会成为女性补偿倾向的目标与客体，同时还能满足她，并减轻她的焦虑，所以，女孩会更爱她的"好"客体。能显著满足这些条件的客体，当然非一个无助的小孩莫属了。而且，女性在对小孩付出母爱和照顾的同时，不仅让她的早期欲望得到了满足，而且因为她对孩子的认同，她还能从她给孩子提供的快乐中分到一杯羹。因此，她会颠倒母亲和孩子的关系，从而让自己再次体验到早期自己对自己母亲的那种愉悦的依附关系；于是慢慢地，她就会把当初针对母亲的敌意抛到九霄云外，而积极情绪就会再次浮上心头。

以上这些因素让孩子在女性的情感关系上发挥了巨大的作用，而且也让我们更加明白，如果她们发现自己的孩子不健康，特别是不正常的时候，为什么她们的心理平衡会被强烈地打乱了。就如一个健康、茁壮成长的孩子能够对恐惧进行反驳一样，一个不正常或者不健康的孩子，或者仅仅是让人不那么满意的孩子就可以证实这些恐惧，这个孩子甚至会被视为一个仇敌与施害者。

自我的发展

接下来我们将简单地探讨一下女孩超我的形成与自我发展之间的关系。弗洛伊德曾说过，男孩和女孩的超我形成之间有一定的差异，这些差异和两性生理结构上的显著差异息息相关。我认为，两性生理结构上的显著差异从各个方面对超我和自我的发展产生影响。因为女性性器结构明显具有接受性功能，她的俄狄浦斯倾向主要受到口腔冲动的制约，而且相对男孩来说，女孩超我的内射形式（introjection）更加广泛。另外，女孩没有一个像阴茎一样的主动性器官。她没有阴茎的事实使她强烈的内射倾向进一步受到了强化，因此女孩会更加依赖于她的超我。

正如我在前面提出的这个观点，即男孩最开始的全能感和阴茎有关，而且在他的潜意识中，这种全能感表征着由男性特征引起的各种活动和升华。相比于男孩，女孩因为没有阴茎，她的全能感和她内射的父亲的阴茎有着更深、更广泛的联系。这点在下面的情况中更是明显。女孩在小时候曾幻想过身体里父亲的阴茎的模样，这个模样决定了她为自己设定的标准。由于这个模样是女孩在非常歪曲的幻想中产生的，因此相对男孩来说，"好"和"坏"的标准要夸张得多。

有观点认为，和男性相比，超我对女性产生的影响更大。乍一看，这个观点似乎并不合理。原因是和男性相比，女性对自己的客体的依赖性更强，更容易受到外在世界的影响，也更容易改变自己的道德准则。换句话说，她们似乎并不怎么受到超我要求的束缚。但是我认为，女性之所以更加依赖于客体，原因是她们对爱的丧失（the loss

第十一章
早期焦虑情境对女童性发展的影响

of love）赋予了更重大的意义，这实际上和他们受到超我更大的影响密切相关。这两个观点在本质上是一致的，即它们都认为，女性更倾向于内射客体，而且她们会让这个客体扎根于身体里面，这样她们就可以在里面建立一个非常强大的超我。而且，这种倾向得到强化的原因恰恰是女性对自身超我的更多依赖与害怕。女孩恐惧的根源是，她们害怕内化客体会对她们的内在身体造成不可预估的伤害；我在前面曾提过，这会导致她们在现实生活中不断地检验她的恐惧，而她们与真实客体的关系就是她们的检验办法。换句话说，这导致她以次级的方式对内射倾向进行了强化。再者，由于女性拥有更强的排泄物全能和思想全能的原因，相对男性来说，她也拥有更加强大的投射机制，这正是使得她跟外在世界与现实中的客体建立起更加密切联系的另一个原因，目的之一是通过神奇的力量来掌控它们。

我认为，和男性相比，女性更加强烈的内射和投射过程既对她客体关系的特点产生影响，也对她的自我发展具有重要意义。她希望放弃自我，彻底信任与服从于内化的"好"阴茎。这个想法根深蒂固。萨克斯（Sachs）曾指出一个有趣的事实，他说虽然大部分女性比男性更加自恋，但是相对男性来说，女性更容易感受到爱的丧失。接着萨克斯对这个看起来似乎对立的现象进行的详细解释，他认为，当女性的俄狄浦斯冲突结束的时候，她会想要和父亲生一个孩子，或者她能以口腔退化的方式让自己依附于父亲。萨克斯还强调，女性对父亲的口腔依附对她超我的形成具有重大意义，这一点和我的观点一致。但是，他认为，当女性明确自己无法拥有一个阴茎，或者她无法从父亲那里获得性满足之后，她才会通过退化的方式产生这种依附能力。而我则认为，女性对父亲的口腔依附，或者更确切地说，她想吞并父亲阴茎的欲望是她的性发展与超我形成的基础和起点。

恩斯特·琼斯（Ernest Jones）认为，和男性相比，客体的丧失对女性造成的影响更大，因为女性害怕从父亲那里再也得不到性满足（参见《女性性特征的早期发展》，1927）。他还认为，女性忍受不了性满足上的挫折（当然，和男性相比，女性在这件事上更依赖于他者）的原因，是这将引发她内心深处的恐惧，也就是她害怕自己会丧失性机能，比如她担心自己彻底丧失了体验性愉悦的能力，这是促成她的升华与兴趣呈现出接受性特点的根本原因之一。但是，她的女性位置也极力逼迫她通过排泄物和思想全能的手段隐秘地控制内化客体，这让她培养了敏锐的观察能力与强大的洞察内心的能力，同时，她不仅谋略和心计得到了增长，利用起欺骗和计谋来也是得心应手。从这个层面来说，她的自我发展整体上和母性的超我保持一致，但是导致了她和父亲意象的关系的扭曲。

在弗洛伊德的《自我和本我》一书中，他说："如果它们（指认同的客体）（object-identifications）占据了主导地位，而且不仅数量众多，彼此之间还非常强大，导致无法共存的话，那么将可能会发展出一个病态的结果。由于不同的认同客体之间互相排斥的原因，必须得把它们相互隔离起来，但是这可能会使得自我发生瓦解。像'多重人格'（multiple personality）这类案例，就有可能是不同的认同客体之间轮流控制意识导致的结果。退一步说，就算没有导致'多重人格'，不同的认同客体之间依然会产生冲突，这种冲突虽然不能说是百分之百的病态，但是，在冲突中，自我会受到分裂。"有人曾深入研究过早期超我的形成以及其跟自我发展的关系，研究的结果与上述观点完全一致。另外，就我们所知，对整体人格的更多研究不得不参照弗洛伊德提出的路线着手进行。想要更深刻地认识自我，就必须要了解自我的各种认同和它对待这些客体的态度。只有通过这条研究路线，我们才能知道自我会通过哪种方式对各种认同之间的关系进行调节。我们知道，随着发展阶段的变化，这些认同也会跟着变化，而且这种变化还由认同的主体是母亲、父亲还是两者的混合体决定。

和男孩关于父亲的超我形成相比，女孩关于母亲的超我形成受到的阻碍更大，原因是女孩和母亲的身体结构相似，所以她很难产生认同，而这又是因为促成女性性功能的内在器官和身体里的孩子都无法在现实中得到研究或者验证的原因，这个内在器官不仅包括母亲的，还包括女性自身的。我在前面提到过，这种障碍对女性的性发展具有重要作用，它会使得她的母亲意象变得非常可怕，而这个可怕的意象是她在幻想中对母亲施虐攻击的结果。这个可怕的意象会对她的内在身体构成威胁，并要求她对母亲失去孩子、粪便和父亲阴茎这件事负全部责任。

由于女孩排泄物和思想全能的原因，她用来攻击母亲的方式对她自我的发展有着直接或者间接的影响。这种针对施虐全能的反向作用（reactionformations）与从施虐全能到建构全能的转变过程让女孩的自我升华（sublimations）和种种思想品质得到发展。这些品质并非我们刚才提到的品质，它们会将女孩对排泄物最初的全能意识融入进来。这能让女孩变得坦诚、可靠，愿意牺牲自我，愿意为当前的义务献身以及愿意承担起自己和他人的责任。基于内化的"好"客体，这些反向作用与升华重新让她建立起了全能感和服从父亲超我的态度，而这些也是她女性态度的决定性因素。

另外，她的欲望对她的自我发展产生的重要作用是：她想通过"好"尿液和"好"粪便消除有害的"坏"排泄物产生的影响，并通过它们做出漂亮的好东西；这个欲望对她生孩子和哺乳孩子的行为具有极其重要的意义，原因是她生出的"漂亮"孩子和产出的"好"乳汁将会消除她对有害粪便和危险尿液的恐惧。确实，这个欲望为升华奠定了丰富的创造性基础，让升华在生孩子与母乳喂养的生理性表征下得以应运而生。

在此，我们总结一下女性自我发展的特点：女性的超我得到了很大程度的提升，并充分地得到了放大；自我尊敬并服从于超我。自我由于想要满足提升后的超我，便会使出浑身解数，全力以赴，因此自身会得以扩大和丰富。总之，在男性身上，基本上是自我及其在现实中的关系占据主导地位，因此从本质上来说，他整个人都会更加客观与务实；而在女性身上，则是潜意识起着决定性作用。和男性一样，女性成就的质量由自我的品质决定，但她们的自我具有如直觉和主观这样独特的女性特质，原因是自我服从于一个有爱的内化精神。这些内化精神象征着女性和父亲所怀的精神之子的出世，这种精神的出世要归功于女性的超我。确实，尽管是一条具有显著女性特征特有的发展路线，它也会呈现出很多男性特有的特征。但是，女性之所以能成功地发展出独特的女性特征，主要原因是女性的坚定信念，也就是她对父亲被吞并了的阴茎以及她身体里持续发育的孩子的信念。

就这点而言，我们忍不住将女性和儿童的心理状况进行对比。我坚定地认为，相对成人来说，儿童受到超我的控制更加强烈，而且儿童对客体的需求也更加强大。我们知道，和男性相比，女性和儿童的更加相似，尽管女人和男人的自我发展在很多方面都和儿童的自我发展截然不同。下面的观点将能够对这些区别进行解释：女性在发展的过程中，比男性更加强烈地内射俄狄浦斯客体，从而让自身的自我得到了更充分的发展，但是也存在两个限制因素：第一，人格仍然主要受控于潜意识，从某种程度上来说，这和儿童有一定相似性；第二，女性对身体里强大的超我具有依赖性，其部分目的是控制它，或者超越它。

如果在幻想中,女孩始终坚持想要拥有一个阴茎,而且她认为这是让自己成为男人的主要方式,那么她的发展将会截然不同。在讨论女性性发展的过程中,我们已经讨论了促使女性选择男性位置的种种原因。至于它的活动和升华,它们不仅被她用来对抗父亲的阴茎,而且还一如既往地用来防御和削弱自我;在女孩的潜意识中,她把这些活动与升华视为拥有阴茎的现实证据或者阴茎的替代品。此外,在这类女性身上,她们的自我往往占据主导地位,她们也会更多地去追求男性权利。

我曾强调过,在女性的性发展过程中,一个好的母亲意象对一个好的父亲意象的形成具有十分重要的作用。如果女性把自己完全托付给一个她信任与仰慕的父亲意象,并且还顺从他的指挥,那么这往往意味着她有一个好的母亲意象,原因是只有她拥有一个可以充分信任的内化的"好"母亲,她才会愿意把自己彻底托付给父亲的超我。但是为了建立这种托付,她也必须坚定地相信,自己的身体拥有一个非常"好"的东西,这个"好"的东西表征着内化的友善客体。在女孩的幻想中,自己只有跟父亲生出或者希望能跟父亲生出一个"漂亮"的"好"孩子时,也就是说,只有当她的身体内在象征着和谐美好的场所时(男人也会产生这种幻想),她才会在性和精神上把自己完全托付给父亲的超我以及其在外在世界的代表。想要实现这种和谐状态,必须满足一个前提条件,那就是她的自我与认同客体之间以及认同客体相互之间都要和平相处,其中特别是父亲意象和母亲意象之间更要和平共处。

女孩在小的时候由于嫉妒和敌意的原因,曾幻想要毁灭父母,这是她产生强烈罪疚感的根源;同时也是她产生强大危险情境的基础,这种危险情境强大到让女孩无法对抗；她开始对自己的身体里潜伏着敌对的客体感到害怕，她害怕这些客体之间进行殊死搏斗（如毁灭性的性交），或者发现了她所犯的罪行后，联合起来对付她的自我。但是，如果她的父亲和母亲相处融洽，过着幸福美满的生活，她就会从中得到很大的满足，主要原因是，他们之间和谐的关系让她得到释怀，她不需要再为自己曾经的施虐幻想感到内疚了。因为在她的潜意识中，父母之间的相敬如宾让她的愿望在现实中得到了实现，这种状态正是她竭尽全力想要对他们进行的。此外，如果她能成功建立起补偿机制，她不仅能和外在世界相处融洽（我认为，这是获得和谐状态、满意的客体关系以及顺利的性发展的必要条件），还能让自己的内在世界与自己融为一体。如果她那些威胁性的意象逐渐消失，取而代之的是父亲和母亲亲切与默契的意象，这不仅保证了她内在身体的安全与和谐，她还可以发挥内射父母的精神，以便帮助她在女性特质和男性特质中做出选择，最终，为她和谐人格的充分发展奠定基础。

后记

当我在撰写本章内容时，我注意到弗洛伊德发表了一篇新的论文。在论文中，他重点探讨了女孩对母亲的长期依附关系，并竭力把这种依附从女孩的超我和罪疚感的作用中分离出来。但是依我看，这是行不通的。我认为，女孩的攻击冲动激发了她的焦虑与罪疚感，而在她很小的时候，这种焦虑和罪疚感就使得她对母亲的原始力比多依附受到了强化。她对幻想意象（她的超我）以及真实的"坏"母亲产生了多种恐惧，这些恐惧使得女孩在很小的时候就希望能在真实的"好"母亲身上获得庇护。而且为了实现这个目标，她必须先对自己

第十一章
早期焦虑情境对女童性发展的影响

在幻想中对母亲发动的原始攻击进行过度补偿。

弗洛伊德还强调了，女孩也会对母亲产生敌意，因为她害怕母亲会"杀害"（吃掉）自己。而通过对儿童和成人的分析我发现，女孩害怕母亲会把她吞噬、切成碎片或者毁灭掉的原因，是女孩投射了自身对母亲的类似施虐冲动，并且这种恐惧是导致她早期焦虑情境的根本原因。此外，弗洛伊德还指出，对母亲过度依附的女孩以及成年女性尤其会对她们曾使用过的灌肠剂与结肠冲洗方法感到愤怒和焦虑。据我所知，她们会反应出这种情绪现象的原因是，她们对母亲对她们的肛门攻击感到恐惧；这个恐惧意味着她们投射了自身对母亲的肛门施虐幻想。我很赞同弗洛伊德的这个观点，即女性在儿童早期对母亲敌对冲动的投射是她们未来生活中偏执特质的主要内容。但是，通过观察我发现，正是由于她们在幻想中通过有毒、可燃和爆破性的毁灭性排泄物对母亲的身体内在发起了攻击的原因，她们才会在投射的作用下对母亲以及母亲的粪便感到恐惧。在女性的眼中，粪便变成了施害者，母亲也变得让人害怕。

弗洛伊德认为，女孩对母亲长期强烈的依附关系具有排他性，而且在俄狄浦斯情境出现之前就已经发生了。但是通过对小女孩的分析我认为，女孩对母亲长期强烈的依附关系并没有排他性，而且这种依附和俄狄浦斯冲动密切相关。另外，女孩的那些和母亲相关的焦虑与内疚感也会对俄狄浦斯冲动的进程产生影响；因此依我看，女孩对女性特质的戒备大部分都来自她对母亲的恐惧，而并不是她的男性倾向。如果小女孩对母亲的害怕过于强烈，她就不能和父亲建立起强烈的依附关系，也不会出现俄狄浦斯情结。然而，在一些案例中，女孩要等到进入后性器期之后才会和父亲建立起依附关系；我还发现，女孩在很小的时候竟然也形成了积极的俄狄浦斯冲动，虽然这个迹象并不十分清晰。由于它们的核心是父亲的阴茎，这些早期的俄狄浦斯冲突仍然具有一定的幻想特质；但是，小部分的冲突已开始涉及现实中真正的父亲。

我曾在一些论文中举例说明了导致女孩背离母亲的早期因素，即女孩怨恨母亲让她受到口腔挫折（弗洛伊德也在刚刚提到的论文中论及了这个因素）；此外，基于早期的性理论，在女孩的幻想中，父母在性交中彼此获得了口腔满足，于是她产生了嫉妒之情。因为乳房与阴茎的等同关系，这些因素使得女孩在半岁的时候就转向了父亲的阴茎，这也就是她对母亲的依附关系会对她对父亲的依附关系产生根本性影响的原因。弗洛伊德也指出了这两者之间互相影响的关系，他认为，很多女性跟男人的关系再现了她跟母亲的关系。

第十二章
早期焦虑情境对男童性发展的影响

儿童的精神分析表明，男童早期性发展的路径和女童的一致。男童经历的口腔挫败使得他针对母亲乳房的攻击趋势受到了强化；当女童的口腔施虐到达顶峰时，施虐不仅开始发起针对母亲乳房的攻击，同时还发起对母亲身体内部的攻击。

女性特征阶段

在这个阶段，和女童一样，男童对父亲的阴茎吮吸固着。我的观点是，这个固着是同性恋的形成的基础，我的这个观点和弗洛伊德在《达·芬奇的童年回忆》一书中陈述的观点不谋而合。弗洛伊德在这本书中得出以下结论：达·芬奇的同性恋能够追溯到他对母亲的过度专注，这种专注最后又发展成对母亲乳房的过度固着。弗洛伊德认为，作为对客体的满足，乳房固着后来被阴茎固着取而代之。我从精神分析的发现：男童从对母亲乳房的吮吸固着到对父亲阴茎的吮吸固着这个转变是形成同性恋的基础。

在儿童的幻想中，母亲的身体吞并了父亲的那个阴茎，或者是好几个阴茎。儿童在幻想中发展和真实父亲的阴茎的关系的同时，也会发展和母亲身体里的阴茎的关系。儿童对父亲阴茎吮吸的欲望是他对母亲的身体发起攻击的动机之一（原因是他想要通过武力的方式抢夺母亲体内的阴茎，并毁坏她的身体），他的攻击和相关的其他活动代表着他和母亲之间的竞争关系，并且形成男童的女性情结。

儿童渴望从母亲的身体里抢走父亲的阴茎、排泄物以及孩子，这让他害怕被报复的焦虑更加严重。由于他认为自己已经抢走了母亲身体里的东西，他对母亲的恐惧感更加强烈。他对母亲的幻想施虐越强，他作为她的竞争对手的恐惧就越多。

俄狄浦斯情结的早期阶段

虽然在刚开始时，男童的性器冲动跟前性器冲动重合，紧接着实现前者的目标，但是，这些冲动影响着整个施虐过程，并指引他把母亲当成性目标，从而抢夺她的身体与生殖器。这样一来，他就想象从口腔、肛门与生殖器上彻底占据母亲，以及可以随意采取施虐手段对她身体内的父亲的阴茎进行攻击。由于从父亲那里遭受到了挫败，他的口腔方式也使得他对父亲阴茎的仇恨更加强烈。通常情况下，和女童相比，男童对父亲的破坏冲动要强烈很多，原因是男童想要把母亲当作性目标的愿望激发了他对母亲强烈的仇恨；此外，在男童发展的早期阶段，由于他对母亲的直接侵犯冲动已经激发起了一定程度的恐

第十二章
早期焦虑情境对男童性发展的影响

惧，母亲已经变成了引起焦虑的重要客体。这种恐惧再一次使得他的仇恨与他渴望摧毁母亲的欲望得以加强。

在上一章的内容中我们已经看到，相比于男童，女童把母亲当作自己破坏冲动的直接目标的时间更长而且更加强烈，而且她对父亲阴茎的正面冲动——既包含了父亲真实的阴茎还包含了她幻想中母亲身体里的阴茎，总的来说都比男童保留的时间更长，也更加强烈。对男童来说，只有在早期的某个阶段中，当他对母亲的身体发起攻击时，母亲才会成为他摧毁的事实目标。迅速地，在母亲体内的父亲的阴茎吸引了男童对母亲发起侵犯攻击。

早期焦虑情境

男童不仅害怕和母亲竞争，还对父亲内化的阴茎感到恐惧。这种恐惧阻碍了他的女性位置，而且，父亲内化的阴茎和生殖器冲动一起导致他放弃了对母亲身份的认同，并巩固了他的异性位置（heterosexual position）。如果他对和母亲竞争以及父亲的阴茎感到过度恐惧，就会导致他无法平安度过女性阶段，而这将严重阻碍他建立起异性立场。

此外，儿童早期的精神活动内容是不是充满了对父母性交结合以及父母结成同盟的恐惧（他们联合起来与儿童为敌），这对儿童的发展具有巨大作用。此类焦虑导致儿童无法保持任何一方的立场，以至引发危险情境，我认为，这是导致性无能最根本的原因。引发的这些特定危险情境来自儿童对被母亲身体里阴茎（父亲的阴茎）阉割的恐惧，也就是说，儿童害怕"坏"父母会联合起来对他进行阉割。他表现出来的强烈恐惧，意味着他的阴茎没有成功地从母亲的身体里退出来，而是被母亲关在了身体里。我曾多次提出，男童和女童发起的针对母亲身体的施虐攻击造成的焦虑情境分为两种：第一种，母亲的身体变成了充满危险的场所，它引发了多种恐惧；第二种，凭借儿童内射的危险客体，特别是内射父母的性交结合，儿童将自己的身体也变成了一个类似的危险场所。他对自己身体内的危险和威胁感到恐惧。无论是在男童身上，还是在女童身上，这两类危险情境都存在，而且互相之间施加影响。我曾在上述内容中探讨过克服这两种常见危险情境的焦虑的方法，现在我再次进行一个简单的总结：儿童通过全能的排泄物跟内化的"坏"客体进行斗争，并且受到"好"客体的保护；与此同时，儿童通过将内部危险投射到外部世界，在外部世界中找到证物来驳斥各种危险。

但是，除此之外，男童和女童都有属于自己的截然不同的克服焦虑的模式。相比于女童，男童全能排泄物的感觉并没有那么强烈，他的这种感觉部分通过全能阴茎进行置换。和其相关的是，男童的内部危险投射和女孩的内部危险投射有所不同，男童通过具体机制来对内外危险的恐惧进行克服，并获取性满足。这种缓解焦虑的方法是：阴茎作为主动性器官能够掌控客体并且可以在现实中进行检测。男童通过阴茎占据母亲的身体，向自己证明他既对危险的外部客体具有优越地位，也对内部危险具有优越地位。

摧毁一切的全能阴茎

男童排泄物的全能感与想法部分集中于全能的阴茎上，阴茎发挥了代替排泄物的作用。在男童的幻想中，他赋予了自己的阴茎一定的破坏力量，把阴茎和撕咬、吞噬的野生动物以及枪炮等毁灭性工具联系起来；他确信，尿液是一种危险物品，他将阴茎和有毒的爆炸粪

第十二章
早期焦虑情境对男童性发展的影响

便进行等同的想法使阴茎变成了施虐的执行器官；并且，由于生理特征，他的阴茎确实可以产生大小变化。于是，他把这种外观的变化视为阴茎全能的证据，因此他的阴茎和全能感产生了联系，这对于男性活动和他克服焦虑都具有极其重大的意义。在儿童的精神分析中，我们经常碰到这样的现象，男童认为自己的阴茎是"魔术棒"，"自慰"是魔术，勃起和射精则是阴茎产生了了不起的力量。母亲身体的内部作为乳房客体的继承者迅速成为包含很多客体的重要场所（刚开始这些客体由阴茎与排泄物代表），因此，男童幻想跟母亲性交，从而抢夺母亲的身体。这种幻想为他以男性方式征服外部世界和克服焦虑奠定了基础，这两者都可以视为性行为与升华。男童将自己的危险情境置换到外部世界，而且通过全能的阴茎将它们克服。

对女童来说，她对父亲"好"阴茎的信任与对父亲"坏"阴茎的害怕都使得她的内射趋势得到了加强，因此，女人对"坏"客体进行的现实检测最终将在自己身上完成。对男童来说，他对内化的"好"母亲的信任与对"坏"客体的害怕将有助于他的现实检测置换到外部世界（也就是置换到母亲的身体里）。他内化的"好"母亲不仅让真实的母亲的力比多吸引力得以增加，同时还增强了对自己的阴茎一定能击败母亲身体里的阴茎的信心，而取得的胜利也将会成为证明他自己的身体里具有更好的内化攻击者的证据。

对于男童的男性立场来说，阴茎集中的施虐全能极其重要。如果男童坚定不移地信任阴茎全能，他就能够对抗父亲的阴茎全能，并且发起针对那个既让人害怕又让人羡慕的器官的斗争。为了让这个集中过程产生效果，男童的阴茎不得不把种种形式的施虐累加起来，在这个集中的过程中，自我承受焦虑的能力与生殖器冲动的力量（最后都是力比多力量）似乎承担了决定性力量。如果性器冲动出现，自我会突然建立起针对破坏冲动的有利防御机制，而阴茎施虐集中将会受到干扰。

性活动的激发因素

男童对父亲阴茎的仇恨以及上述提到的焦虑都会激发他通过性器的方式将母亲的身体占为己有，因此也使得他想要和母亲发生性行为的力比多欲望有所增强。随着男童对母亲施虐欲望的减弱，他越来越坚信，母亲身体里的父亲的阴茎不仅针对他自己的阴茎，还针对母亲的身体，父亲的阴茎是危险的根源，他一定要将它除掉。渴望知识是另一个激发男童想和母亲发生性行为的因素（这个因素对女孩子的同性恋立场具有强化作用），这个渴望因为焦虑而被强化。渴望知识和破坏趋势同时发生，并且迅速被迫用来克服焦虑。凭借阴茎的穿透力（一种类似于眼睛与耳朵这样的观察器官），小男孩想要知道：母亲的身体里被自己的阴茎和粪便以及父亲的阴茎毁坏成什么样子了？他的阴茎又置身于母亲身体里的哪一种危险之中？

因此，尽管儿童仍然处于施虐的控制之下，并且采取的措施完全是破坏性的，他克服焦虑的驱动力刺激他获得性器满足，并且变成促使儿童发展的因素之一。另外，在这个阶段，部分破坏性措施被迫变成补救工具，于是，他的母亲就从父亲的"坏"阴茎中得到了解救（虽然还是以强力和伤害的方式进行补救）。

"具有阴茎的女人"

我一直在努力地解释，儿童认为母亲的身体包含阴茎的想法逐渐转变成了母亲是"拥有阴茎的女人"。母亲拥有自己女性阴茎的性理论，我认为这是对母亲身体藏匿的恐惧进行转移并进行修饰的结果。母亲的身体里装有特别多的危险阴茎，因为这是父母多次性交的场所。我应该说"拥有有阴茎的女人"指的是拥有父亲阴茎的女人。

通常情况下，随着男童和客体关系的发展，以及他克服施虐能力的进一步提升，他对母亲身体里的父亲的阴茎的害怕也会得到缓减。由于他对"坏"阴茎的害怕在一定程度上是由于他针对父亲的破坏冲动的原因导致，他意象的特征很大程度上由他自己施虐的质量与数量决定，施虐数量的减少以及焦虑程度的减轻都使得他超我的严厉程度得到缓解，因此，自我和内化想象客体的关系以及自我和外部真实客体的关系都将得到改善。

俄狄浦斯冲突的后期阶段

如果跟父母联合的意象（combined parents）同时运作的还有单独的父亲或者单独的母亲的意象，特别是"好"母亲的意象非常活跃，那么，男童跟客体的关系以及对现实的适应将有所改变。也就是说，他对母亲身体里阴茎的幻想将不再有力量，而且他的仇恨将逐渐得到缓解，转而更强地针对他的真实客体，这个改变的结果是父母联合的意向将会分离（分离成单独的父亲意向或者单独的母亲意象）。他的母亲将成为力比多冲动的主要客体，而他的仇恨与焦虑将转而主要针对真实的父亲（或者父亲的阴茎）或者转移到别的客体身上（比如动物恐惧症的病例）。父母单独的意象将更加突出，真实客体的重要性有所增加，随后他将迈进以下这个阶段：他的俄狄浦斯趋势与害怕被父亲阉割的想法将占据主导地位。

但是，即便男童发展中的焦虑得到了缓解，我仍然发现，这些焦虑多多少少还是会潜伏在男童身上，因此，所有在这些情境中形成的防御机制与后期的防御机制也潜伏在男童身上。在他内心深处，他真正想毁灭的是被母亲吞到身体里的父亲的阴茎，但是，只要他早期的焦虑情境没有过于强大，更重要的是，只要他的母亲象征的是非常"好"的母亲意象，母亲的身体将会成为一个不错的地方（虽然由于焦虑程度不同，他征服这个地方带来的危险程度也有所不同）。这个早期焦虑成分跟性交达成协议，它刺激性活动并让性交中的力比多满足感得到增加。如果这个刺激超过了限制范围，它将对男童进行的所有性行为造成干扰甚至阻碍效果。在他最深层的潜意识幻想中，他通过性交来控制或者移除母亲身体里的阴茎。我认为，男童在母亲身体里发动的斗争中加入了施虐冲动，这种施虐冲动在他通过性器方式占据女人的身体时就已经形成。因此，当父亲的阴茎在母亲的身体里产生原始置换时，母亲的身体变成了一个永久的焦虑客体（其程度因人而异），它使得女人对男人的性吸引力有所增强，因为它对男人克服焦虑有一定帮助。

在正常的发展过程中，男童的性器趋势会逐渐增强，并且他的施虐冲动会得到克服，与此同时，他的修复幻想逐渐占据主导地位。我们已经看到，当男童的施虐症表现还很明显，并且通过破坏父亲"坏"阴茎的方式发生时，这时候，他产生了对母亲进行补偿修复的幻想，幻想的主要目标是他的母亲。因此，"好"母亲的意象越多，男童的补偿修复幻想就越主动，这个特点在儿童游戏分析中尤其明确。随着男童反应趋势的逐渐增强，他开始通过建构的方式玩耍。举个例子，在修建房屋和村庄的游戏中，房屋和村庄的修建代表着母亲的身体和自己的身体得到了修复，修建的细节和男童早期在游戏中的破坏细节一模一样，或者修建细节与破坏细节交替着进行。男童将使出浑身解数建造城镇，并在城镇中修建多幢房子，他设置了一个警察来负责管理交通，这个警察代表的是他自己，警察时时刻刻都在站岗执勤，以确保所有车辆不会相撞、房子不会受损、行人不会被车辆撞伤。在儿童曾经的游戏中，城镇里常常发生交通事故。在更早期阶段，儿童的施虐症采取的是更直接的方式，比如他常常尿湿、烧毁或者剪碎那些象征着母亲身体内部的物品，如父亲的阴茎和孩子们。这些破坏行为象征父亲的阴茎造成的破坏，而且他更希望这确实是父亲造成的破坏。行驶的汽车象征着这些施虐幻想中的暴力与强大的阴茎（父亲和他自己的），它们毁坏母亲并对她身体里的孩子（城镇中的游戏小人代表孩子）进行伤害。作为他曾经破坏这一切的反应，现在，他在幻想中复原母亲的身体（城镇代表母亲身体），他想修复曾经被他毁坏的每一个地方。

修复倾向和性活动

在本章的这部分内容中，我曾多次指出，性行为是男性和女性克服焦虑极其重要的手段。在儿童发展的早期阶段，性行为除了提供力比多的满足感之外，还起到了毁坏或者伤害客体的作用（尽管正面趋势已经在幕后展开活动）。在儿童发展的后期阶段，性活动除了提供力比多的满足感，还起到了恢复母亲被毁坏的身体和处理焦虑与罪疚感的作用。

我在探讨女童同性恋的潜在根源时，曾经说过，就女童而言，拥有治愈功能的阴茎和在性行为中的建构能力非常重要。同样，这个说法对男性的异性恋态度也非常适用。在生殖器阶段的绝对控制期，男性性行为中阴茎的作用不仅仅是为女人带来性愉悦，还会对他和父亲的阴茎在她身体里造成的损坏进行修复。通过对男童的精神分析我们发现，阴茎的作用是完成一切治愈与清洁。在施虐全能阶段，如果男童在幻想中认为阴茎的作用是实现施虐目的，比如尿液淹没、下毒或者焚烧物品等，那么，在他的修复阶段，他将把阴茎当成一个灭火器、一把硬刷子以及一瓶药片等。如同他早先对自己阴茎的施虐特质的信念中包括了对父亲阴茎的施虐能力的信念一样，现在他对自己的"好"阴茎的信念中也包括了对父亲的"好"阴茎的信念。接着，他的施虐幻想开始把父亲的阴茎变成毁灭母亲的"坏"工具，他的补偿修复幻想与罪疚感则开始把父亲的阴茎变成带有治愈功能的"好"器官。于是，这种来源于父亲的对"坏"超我的恐惧感得到减轻，并且他可以在真实客体的关系中减轻对"坏"父亲的认同感（这个认同部分建立在他自己和焦虑客体认同的基础上），转而增强自己对"好"父亲的认同感。如果他的自我可以承受和改善一部分针对父亲的破坏性情感，以及他对父亲"好"阴茎的信念能够坚定不移，他就可以和父亲保持竞争关系（这是他建立异性恋位置的前提），同时保留对父亲的认同感。他对父亲"好"阴茎的认同让他对女性的性魅力得到提升，因为在他的幻想中，将会包括不太危险的客体，而就同性恋的态度来看，这些客体是"爱的客体"，事实上它们受到很大程度的推崇。他的破坏冲动将保留和他竞争的父亲阴茎客体（被视为"坏"客体），他的正面积极冲动将转而针对他的母亲。

异性恋中女性阶段的意义

男童发展的结果完全由他早期女性阶段的有利途径决定。早期

第十二章
早期焦虑情境对男童性发展的影响

我曾强调过，男童成功度过女性阶段是其异性恋位置得以稳固建立的前提条件。我在更早的一篇论文中曾指出，男童常常通过阴茎的骄傲以及把骄傲置换成智力活动的方式来对来源于他的女性阶段的仇恨、焦虑、嫉妒和自卑的情绪进行补偿。这种骄傲变成和女性竞争的敌对态度，并且如同阴茎嫉妒对女性造成影响一样，这种骄傲也会对男童的性格发展造成影响。他对母亲身体的施虐攻击使得他的焦虑更加强烈，最终对他的异性关系造成极其严重的干扰。如果他的焦虑和罪疚感得到减轻，那些焦虑就会变成补偿修复幻想的种种内容，这将让他获得对女人的直觉理解。

此外，早期女性阶段对男童在将来和女人的关系还有一个积极的影响，男人与女人在性取向上的不同是让双方的心里需要得到满足的必要条件，这引导着他们在两性关系中排斥同性和寻找异性。一般情况下，女人希望她"爱的客体"经常跟她在一起（在她的身体里），而由于外向的性心理趋势的原因，男人的"爱的客体"总是发生改变{如果"爱的客体"象征的是"好"母亲，他也会愿意保持同一个"爱的客体"。如果男人最终能够克服种种困难和障碍，做到跟她（男人"爱的客体"）的心理需求同步，那么，原因很有可能是他在早期对母亲产生了认同。因为在女性阶段，他内射父亲的阴茎为"爱的客体"，而且，他这方面的愿望与幻想（如果她和母亲的关系融洽）还能帮助他更好地理解女人内射和保留阴茎的倾向。此外，他想要和父亲生育孩子的想法也在女性阶段产生，这个想法促使他把女人视为自己的孩子。对这个女人（他的孩子）来说，他扮演了一位神通广大的母亲角色。通过这种方式，他也让他的伴侣"爱的愿望"（源于她对母亲的强烈情感依恋）得到了满足。因此，通过升华自己的女性构成部分以及克服女性阶段对母亲的嫉妒、仇恨和焦虑情绪，男童将使自己性器活跃阶段的异性恋位置得到稳固。

我已经解释了为什么在性器阶段彻底到来时，男童相信自己阴茎的"好处"是其性能力得以发展的必要条件，换句话说，他相信自己可以通过性行为进行补偿。这个信念最终和具体的条件挂钩——从心里现实角度理解的具体条件，也就是他对自己身体的健康状况的信任。对于男性和女性而言，危险事件、种种攻击和身体经历各种遭遇后产生的种种焦虑情境，以及与相关类似危险事件吻合的焦虑情境，它们一起组成了最深刻的危险情境。其中，男童对阉割的恐惧虽然只是焦虑的一小部分（少却很重要），但是，这种恐惧变成了男性个体的主要焦虑，它多多少少地超过了其他的所有焦虑，这恰恰是他性能力受到干扰的根本原因之一，可以追溯到他自身的焦虑。在男童的游戏中，他专心致志建造的房子与城镇象征着他母亲得到修复后的身体以及他自己的身体。

对阴茎骄傲的次级巩固

我在讨论男童的发展的时候，已经重点提及了我认为会使得他阴茎的中心意义得以增加的几个因素，这些因素总结起来有以下几个方面：在早期的焦虑情境中，男童担心身体内外的每个部分都被攻击，于是将包括来自女性位置的全部焦虑置换成阴茎这个外部器官，因此阴茎能够更好地克服焦虑。可以说，男童对自己的阴茎感到骄傲的态度以及跟这种骄傲态度有关的一切是处理那些恐惧与失望的方法（尤其是女性位置面临的恐惧与失望）。首先，阴茎是男童的破坏工具；其次，是男童的全能创造手段，它具有克服焦虑的作用。在完成这一切的功能中，即在提升他的全能感的过程中；在改善他的现实检测与他和客体的关系中；以及凭借这些功能，在发挥克服焦虑的主要作用中；阴茎或者说阴茎的精神表征着和自我的关系变得越来越密切，也变成了自我与意识的代表。与此同时，身体内部的意象和粪便——一切看不见也摸不着的东西都被视为潜意识。在对男性病人进行分析的时候我发现，无论他们是儿童还是成年人，当他们对身体里占据上风的坏意象与粪便（即无意识）的恐惧逐渐得以消除时，他们对自己性能力的信念也将得到加强，并且，也为自我的发展奠定了基础，后者的影响部分原因是男童对"坏"超我的害怕有所减轻，而身体里的"坏"物质让自己更加认同"好"的内射客体，从而进一步丰富和发展他的自我。

当他彻底建立起阴茎建构全能的信心时，他相信他父亲"好"阴茎将成为自己全能的次级信念基础，这个信念将支撑与强化他阴茎的发展路径。由于他和客体的关系不断发展变化，他的非真实意象回归到幕后，取而代之的是，他的仇恨与对阉割的恐惧开始显著出来，并在真实父亲的身上固着。男童的补偿修复倾向不停地指向外部客体，而且他克服焦虑的方法也逐渐变得现实，所有这些发展与进步都和逐渐加强的性器阶段同时进行，并且成为俄狄浦斯后期阶段的特征。

性发展过程中的干扰

在儿童的幻想中，父母通过性交而永远结合在一起是非常强烈的焦虑情境，它是造成压力的根本原因。在这种幻想中，儿童母亲的身体象征着父母的结合，这个结合主要针对儿童自己，对他来说，这实在是非常危险。在儿童的发展过程中，父母结合的意象如果始终不分离，儿童的客体关系和他性生活的严重干扰将会把儿童打败。按照我的经验，这个强势的父母结合意象能够追溯到儿童在幼儿时期时和母亲最早期的关系中，或者，和母亲乳房的关系中。虽然对于男童和女童来说，这个关系都非常重要，但是，在发展的最早期就已经有所不同了。在接下来的内容中，我将把重点集中在男童身上，并甄别这些可怕的幻想如何获得势力，又是如何对男童的性发展造成影响的。

在对男性的分析中我发现，无论是男童还是成年人，当强烈的口腔吮吸冲动和口腔施虐结合时，婴儿在早期就已经带着怨恨离开母亲的乳房，早期对乳房的强烈的破坏趋势促使他大部分时间都内射"坏"母亲。儿童在放弃母亲乳房的同时，伴随而来的是强烈内射的父亲阴茎，儿童的女性阶段处于仇恨和嫉妒的情感的掌控之下，而且，由于他强烈的口腔施虐冲动，他已经产生了强烈的仇恨以及对内化的父亲阴茎的强烈恐惧。他十分强烈的口腔吮吸冲动带来的幻想和源源不断的营养摄取有关，但是，他同时得到的营养与性满足（这两者都从与父亲的阴茎性交中得到）却成为对母亲的折磨和毁坏。他认为，他非常"坏"的阴茎正通过各种方法对母亲进行毁坏，母亲的身体已经被塞满到快要爆炸的地步。在儿童的幻想中，母亲不仅变成了一个"装有阴茎的女人"，而且还变成了一种装着父亲阴茎与危险排泄物的容器（父亲的阴茎代表排泄物），他通过这种方式，将对父亲和父亲的阴茎的强烈仇恨与焦虑转移到母亲的身上，因此，一种强大却不成熟的口腔施虐不仅鼓励儿童攻击性交中结合的父母意向，还阻碍他产生良好的母亲意象。儿童就这样度过了早期的焦虑情境，并为他的"好"超我与异性恋位置奠定了基础（以协助的形象出现）。在这种情况下，男童的女性阶段被施虐症控制，我们必须继续描述女性阶段的发展结果。男童不停地对父亲犹如怪物般的"可怕"的阴茎进行内射，他认为自己的身体以及母亲已经置身于来自"可怕"阴茎的危险之中。他对满是敌意的父母结合意向的内射和他对微弱的"好"母亲意向的内射都朝着一个方向发力,在他自身的内部焦虑增强的过程中,这些内射过程既为严重的精神疾病创造了条件,又为性发展的强大干扰提供了机会。我曾在本章节的前面部分指出,身体里的"好"状态和"好"阴茎(就性器而言)都是性能力的前提条件。在男童的想象中,如果他对母亲的乳房和身体的攻击已经十分强烈,导致母亲已经被他自己的阴茎和父亲的阴茎完全破坏,这时候,他就更加需要一个"好"阴茎来让母亲康复了。他必须坚定不移地相信自己的能力,从而消除他对制造和充满危险的母亲身体的恐惧(装满了父亲的阴茎),但是,正是他对母亲与自己身体内部的恐惧导致他不相信自己拥有"好"阴茎和性能力。以上所有因素叠加在一起,促使他远离作为"爱的客体"的女人,并且,在他早期的经验基础上,他将遭遇异性恋位置的性功能障碍,或者变成同性恋。

案例病史

A先生35周岁,是一位同性恋患者,他患有严重的偏执狂和疑病病症的神经官能症,导致他的性能力受到严重的损害,他不仅不相信女人,还对她们产生反感情绪。通过对他的分析我发现,这种情绪最终可以追溯到他的童年,那时候,在他的幻想中,只要他看不见自己的母亲,母亲就是在和父亲进行性交并结合在一起。他认为母亲的身体里装满了父亲的危险阴茎,在情感转移中,他对母亲的仇恨与恐惧(通过种种方式掩盖了他的罪疚感)常常和父母性交的场景相关。当他的焦虑发作时,只要他看我一眼,他就确信我已经生病了,并且看起来邋遢不堪,精神状态极差。他对我的这些怀疑其实象征着我的身体内部已经被下毒并且被毁坏了。这些焦虑可以追溯到他的童年，每天早晨，他总是以焦虑的眼神观察母亲，想知道她在跟父亲的性交中是否被下毒或者被毁坏了，可怜的他每天早晨都以为母亲死了。在这种心态下，母亲外表和行为上的微小改变、父母之间的意见不合、母亲对父亲态度的细微变化，总之，他身边每一件事的变化都是他一直等待的灾难真实发生的证据。在他的自慰幻想（自己愿望的满足）中，他的父母通过种种方式互相进行破坏，这些幻想最终导致了焦虑、害怕以及罪疚感的产生。这种焦虑让他时时刻刻关注环境的变化，并使他对知识的渴求得到强化，这种想要不停地观察父母性交的想法以及发现他们性秘密的渴求消耗了他的一切自我能量。与此同时，这个渴求被阻止母亲性交的愿望强化，他想要保护母亲不受父亲危险阴茎的伤害。他对父母性交的感受在情感转移中呈现出来。在很多事物中，A先生对我抽香烟尤其感兴趣，如果他发现烟灰缸中有一截我上次抽剩的香烟头，或者，如果房间里有香烟的味道，他就会想我是不是抽了非常多的烟，我是不是在早餐之前抽的，我抽的是不是好品牌的香烟等。这些问题与问题的答案都和他童年时对母亲的担心息息相关，这些问题都来自他童年时的想法：每天晚上他都会想，他的父母通过什么方式性交、性交了多少次，而这些性交对母亲又会产生何种影响。在对他的分析中，他和原始场景有关的情感挫折、嫉妒以及仇恨找到了发泄口，有一次，我在他认为不合适的时候抽燃了一支香烟，他大发雷霆，认为我对他不感兴趣，认为我只顾满足自己的吸烟欲望而忽视了香烟对他造成的影响，接着，他建议我戒烟。而有些时候，他非常不耐烦地等着我点燃香烟，他几乎就快说出口了，他对我划火柴的声音快要等不及了，并且坚持说如果他还没有准备好，我不能划火柴。非常明显，他的这种紧张状态是他童年时半夜倾听父

第十二章
早期焦虑情境对男童性发展的影响

母床上发出声音的状态,他几乎控制不住自己,直到他终于听见了父母性交时发出的声音(也就是划火柴的声音),这下,他可以确信整件事情就快要结束了。但是,有时候他又希望我抽烟,这可以追溯到他童年时候父母双亡的恐惧情境,他渴望听到父母性交(证明他们还活着)的声音。在他的后期分析中,他对性交的后果不那么恐惧了,他强烈坚定地希望我抽烟:后期的情况发展成他希望父母性交,因为性交不仅等同于和解,还等同于满足和治疗两个人的行为,他希望从剥夺父母性交的罪疚感中得到解脱。

对于自己吸烟的情况,A先生希望自己戒烟,这样就可以消除怀疑自己生病的想法。但是,他又无法长期坚持戒烟,原因是在他的潜意识中,吸烟能够治疗疑病病症。香烟象征着父亲的"坏"阴茎,他幻想抽烟能够消灭自己身体的"坏"客体。同时,香烟也象征了父亲的"好"阴茎,抽烟可以使他的身体和体内的客体得到复原。

A先生的强迫症状和他的种种焦虑有关,他们通过置换开始了"魔咒和反魔咒"(charm and counter-charm),它的作用是:确定他的父母那个时候是否在性交,他们性交的时候是否发生了相关的危险事件,这些事件造成的伤害是否得到了治疗,等等。强迫性神经官能症的一切因素都和破坏以及建构全能有着重大联系,全能起源于他自身并和他的父母性交相关,它得以扩大和发展,并和他周围广大的生活环境有关。

A先生性生活的强迫特质与严重障碍发挥了证明和反证明的作用,他对父亲阴茎的恐惧不仅使得自己对同性恋立场的维护受到了干扰,还破坏自己建立同性恋立场。

由于A先生强烈认同母亲并且幻想吞入性交中的父母,A先生感觉自己的身体处于生病状态。在情景负迁移上升中,A先生的疑病病症逐渐变得显著。由于种种原因，他幻想父母性交的危险有所增加，并且他们性交的结果是，母亲在身体里藏匿着父亲的阴茎，于是，他对我以及他自己身体的仇恨增强。由于他对母亲的认同感，他把发生在母亲身上的每一个灾难（他认为的）都视为是他的身体内部遭到破坏。但是，他仇恨母亲跟父亲性交的主要原因是：母亲不仅将她自己置身于危险中，还间接地将他也置身于危险中，因为在他的幻想中，父母在他的身体里性交。

而且，当他幻想母亲和父亲在性交中结合时，对他来说，母亲就变成了敌人。比如，有时候他非常厌恶我说话以及我说话的声音，这种厌恶不仅说明我说的话代表着危险与有毒的排泄物，而且还说明他幻想他的父亲或者父亲的阴茎在我的身体里并且让我当发言人，这个阴茎以充满敌意的态度对我的话语和行动造成影响。同样地，他的父亲通过相同的态度命令他对他的母亲进行破坏，他甚至害怕当我说话的时候，他父亲的阴茎会从我的嘴里跳出来攻击他，由此，我说话和说话的声音等同于他父亲的阴茎。

如果他的母亲被毁灭，那就再也没有一个"好"母亲可以帮助他了。他想象母亲的乳房被撕成碎片，或者被尿液与粪便毒害。这些想法导致他很早就内射了一个有毒又危险的母亲意象，从而阻碍了他"好"母亲意象的发展，正是由于这个原因，他的偏执狂特征更加强烈了，尤其是他被下毒和被毁坏的想法更加严重。在他的外部世界（最开始是在母亲的身体里）以及他自己的身体里，病人没有得到帮助来对抗父亲的阴茎。此种情况下，不仅会造成他对母亲的恐惧和阉割焦虑有所增强，而且他对自己拥有一个"好"身体和"好"阴茎的信念也会受到打压，这是导致他的性发展受到严重干扰的根本原因之一。除了对母亲的危险身体感到恐惧之外，A先生害怕自己的"坏"

阴茎会对母亲造成破坏（不能在性交中修复母亲）的想法是导致他性功能障碍的根本原因。

A先生没有成功建立起"好"母亲的意向，这件事在他染病时对他产生了巨大影响。A先生参加了"二战"这场战争，并在前线打了一场持久战，战争给他带来了很大的阴影，但是这种阴影也被他成功地摆脱了。后来，他去了一个偏远的地方旅行，在那里染上了痢疾，因为这次染病，他的信念受到了重创。对他的分析表明，他的症状又唤醒了疑病焦虑症，也就是对身体内部的"坏"阴茎和有毒排泄物感到恐惧等。导致他发病的原因是他的女房东照顾他的做法（A先生曾被她照顾了一段时间），这个女房东对他的照顾并不仔细，对他也不友好，甚至拒绝给他足够的牛奶和食物，这个经历再次唤醒了他已经消失的所有仇恨以及焦虑联想的创伤。除此之外，A先生还在无意识中完全把女房东的行为视为对他焦虑心理的暗示，也就是暗示自己，世界上再也没有"好"母亲了，他绝望地被推向内部摧毁和外部敌人的危险之中。A先生"好"母亲的意向从来就没有成功建立起过，就更别说得到保持，以至于在很多焦虑情境中，它都没有发挥它本该发挥的作用。从这里我们看到，这个本可以帮助他对抗焦虑的"好"母亲意象的缺失，是导致他遭受重创的决定性因素。

在A先生的病例中，我努力地表明，仇恨置换和害怕父亲的阴茎对母亲造成损坏的结果是：他不仅十分害怕女人的身体，而且，异性吸引力对他的吸引力越来越小。

选择同性恋

当把所有可怕的事物置换到母亲看不见的身体里时，往往都会有一个联想过程,这个过程正是导致同性恋立场彻底建立的前提条件之一。儿童的正常想法是,阴茎代表他的自我以及意识,分别对应他的超我以及身体内在代表的潜意识。他的同性恋态度让他通过自恋的方式选择了另外一个男性的阴茎当作客体,这个阴茎现在用于反抗他自己的阴茎以及由身体内在导致的一切恐惧。所以,在同性恋中,克服焦虑的方法是,自我凭借重点强调现实与外部世界,以及一切意识可见、可知的具体事物,竭力否决、控制和更好地利用潜意识。

我在这些情况中发现,如果男童在幼儿时期曾和同性发生过性行为,那么,他将能够很好地对自己的仇恨情绪和对父亲阴茎的焦虑进行调整,同时也能够强化自己对"好"阴茎的信念,而且,这个经历为他成年后的所有同性恋奠定了基础,并为他提供了几种确认方式:内化的阴茎和真实的阴茎不仅没有对他自己造成迫害,也没有对母亲造成迫害;他的阴茎并没有破坏性;除非他幼儿时期和兄弟或者别人发生性关系时被撞见并被赶出家门,否则,他担心被阉割或者被杀害的想法都是没有依据的。作为成年人,这些想法也不会被允许,因为同性恋行为没有导致任何不好的结果;他有秘密的同谋和共犯,原因是在幼儿时期,他和兄弟或者其他人发生性关系,这表示两人达成共识一起对父亲或者母亲或者他们的性交结合进行破坏。在他的幻想中,他的伴侣偶尔会扮演父亲的角色,和他一起在性交中秘密发起对母亲的攻击,以及通过攻击造成父母之间的决裂;有时候,他会扮演兄弟的角色,和他自己一起对母亲以及他身体里父亲的阴茎发起攻击。

我认为,对幼儿的性关系来说,这种以性行为的方式和另外一个人达成协议一起针对父母的情感(基于施虐自慰幻想)具有十分重大的意义。这种情感和偏执机制有着紧密的联系,当这种机制运行并活跃的时候，儿童将在寻找性取向与客体关系的同谋和共犯中产生强烈的偏见。如果他选择了母亲跟他一起对抗父亲，那么将她身体里的阴茎破坏（通过和她性交的方式）将会成为他选择异性恋位置的必要条件，这种情感可能会促使他成年后保持异性恋立场，即便他有明显的偏执特征。相反，如果他过于害怕母亲的危险身体，并且他的"好"母亲意象没有得到建立，他和父亲联合起来对抗母亲，或者和兄弟联合起来对抗父母的幻想，将有助于他形成同性恋立场。

儿童摆布他的客体，让它们互相之间进行决斗，通过秘密结成联盟的方式来控制客体。依我看，产生这些做法的根本原因是，在全能幻想中，有毒粪便和放屁通过幻想的形式被引进客体内部，从而实现占有和迫害客体的目的。在儿童的幻想中，他的粪便是秘密攻击客体内部的武器，同时也被他视为是为了自我的利益而做坏事的客体或者动物。这些伟大以及全能幻想构成了被害妄想和被下毒妄想的要素，他们担心作为受害者的客体也会对他们发动秘密攻击；而且，有时候它们会反过来以敌对的态度对待自我（病人害怕他自己的粪便）。在对儿童和成年人的分析中，我还碰见过这种案例，患者对自己的粪便感到害怕，并且他的粪便通过某种方式独立存在而不受他控制。粪便和自我意志形成对抗，并伤害内部和外部客体。在这些情境中，粪便意味着种种小动物，比如老鼠、苍蝇、跳蚤等。偏执狂焦虑将粪便和阴茎视为迫害者，而将同性恋"爱的客体"视为对抗迫害者最重要的联盟。个体力比多对"好"阴茎的渴望将造成过多的补偿修复，并且将发挥把对"坏"阴茎的恨和怕隐藏起来的作用。一旦补偿修复失败，他对"爱的客体"的恨和怕将增加，而且会导致把所爱的人转变成被迫害者的现象发生。

在偏执狂的病例中，这些机制清晰可见，它们以较弱的程度进到每一个同性恋的活动中。男性中的性行为一部分发挥了满足施虐冲动和确认破坏全能的效果。在正面力比多和"好"阴茎（作为外部客体的方式）的关系表象背后，多多少少不仅潜伏着（视仇、恨的强度）对父亲阴茎的恨和毁坏性伴侣的冲动，还有伴随而来的对性伴侣的恐惧。

在费里克斯·博伊姆的《同性恋和俄狄浦斯情结》中，把注意力集中到俄狄浦斯情结的作用的那部分内容，包括了儿童对父亲的怨恨、对抗死亡的愿望以及积极阉割意愿。费里克斯·波姆指出，在同性恋行为中，男性个体往往有两个目的：第一个目的是，让伴侣的异性性行为无能，也就是说，让伴侣远离女人；第二个目的是，阉割伴侣，这说明他还希望占有伴侣的阴茎，这样就可以增加自己对女人的性能力（主要针对第一个目的而言）。通过观察使我相信，除了对父亲的原始嫉妒以外（这让他更想让男人远离女人，比如母亲与姐妹），还存在一种和母亲性交导致的焦虑。因为既有来自父亲阴茎的危险，也有来自自己的施虐阴茎的危险，于是，他选择同性恋立场有了强烈的动机。通过对男童和成年男性的分析我发现，在同性恋位置中，他和父亲或者兄弟达成协议：他们全对母亲或者姐妹采取禁欲态度，绕开她们，然后从彼此的身上获得补偿。就第二个目的来说，我对博伊姆的观点完全认同：男童希望通过阉割父亲取得父亲的阴茎，再和母亲性交，他的目的是使得同性恋位置得以巩固。在某些情况下我相信，他的目标不仅仅是占有具有强大性能力的阴茎，而是保留大量的精子（在幼童的幻想中，精子是让母亲获得性满足的必要条件）。此外，他还希望把大多数的"好"阴茎和好"精子"放入母亲的身体里，目的是让她的身体内部完整无缺，他的这个愿望在性器阶段更加强烈。他确信，如果他的内部是完好无缺的，他将可以给予母亲"好"精子和"好"孩子——这个情境将使得他异性恋立场的性能力得到提高。如果他的施虐趋势占据主导地位，他将通过同性恋的行为来实现获取父亲阴茎和精子的愿望；他也将产生异性恋目的，原因是他在认同施虐父亲的过程中，他将和母亲性交，并彻底破坏掉她。

我曾多次指出，对知识的渴望为性行为能力提供了动力，但是当个体对同性恋行为有关知识的渴望得到满足时，他的目标是增强异性恋位置的效果，同性恋行为是为了让他幼年时期的愿望得到实现，即想要发现他父亲的阴茎和他自己的阴茎有什么不同之处，想知道当父亲的阴茎和母亲性交时，它是如何表现的；他希望自己在跟母亲性交时变得更内行和更有能力。

B先生的病例材料

我将继续从病例中选取部分片段，对上述探讨的某些因素在同性恋立场中的重要性加以说明。B先生三十五岁左右，他来找我治疗，原因是他有严重的抑郁症，并在工作中感受到强烈的拘谨约束感。他的这种约束感已经产生了很长一段时间，并越来越严重，导致他最后必须放弃自己的研究生涯，改而去从事教师行业。尽管他的性格与自我发展已经相当成功和完整，并且智力超群，但是他的精神健康遭到了严重的损害。他的抑郁症现象在他幼年的时候就已经出现了，但是在最近几年变得越来越厉害。现在他的抑郁症已经变成一种长期症状，而且他常常断绝和其他人的交往，他还经常毫无理由地害怕自己面目可憎，因此，他越来越不喜欢社交活动。他还有严重的怀疑心理，这种怀疑心理从他的智力兴趣领域发展到各个方面，导致他极其痛苦。

在上述这些显著的症状中，我看到了重度疑病病症以及强烈的迫害妄想，这些症状偶尔具有妄想特质，他本人却对此十分漠视，这很令人费解。比如，他在某次旅行中，在一家宾馆住了一段时间，他认为跟他同住在这家宾馆的有个女人想要跟他发生性关系，甚至设计想要他的命。有个念头在他的脑海中一闪而过，他认为这个女人买给她的面包里有毒，他被下毒了。第二年，他又住进这家宾馆，即便他知道他还会碰到这个女人（因为这个女人是这家宾馆的老顾客），而真实情况是，后来，他们俩发展了很好的关系并且成了好朋友。就算这样，B先生还是没有改变自己的猜疑，他还是认为去年这个女人就是要下毒害他，他安慰自己不会再犯险境了，原因是现在他们成为好朋友了。让人惊讶的是，他并不怨恨这个女人，他的这种情感部分原因是他毫无理由的情感置换，另外部分原因是他对别人的忍耐和理解。除了这些原因之外，他强大的掩饰能力导致他的迫害症、疑病焦虑以及强迫症都无法被亲近的人发现。他强大的掩饰能力伴随着十分强烈的偏执特质，他虽然认为自己被别人偷窥和监视了，也强烈地怀疑别人，但是，他强大的心理理解能力让他知道如何将自己的思想和情感完全隐藏起来。和他的掩饰以及精明气质一起的还有积极客体关系带来的新鲜感以及发自内心的情感，这些情感存在于他内心深处强大的希望中，并帮助他隐藏自己的病症。虽然在最近几年，这种情感基本上已经彻底消失了。

B先生是一个真正的同性恋，在他和女人（或者男人）发展恋爱关系时，他完全接受不了她们的性客体的角色，他无法理解她们到底哪里具备了性吸引力。对他而言，她们的身体仅仅是某种陌生、神秘而又奇特的东西，他对她们的身体感到非常厌恶，尤其是她们的乳房、臀部以及没有阴茎的样子，他厌恶她们的乳房和臀部的原因是他强烈的施虐冲动,他想象敲打着女人身体"凸出"的部分,直到将这些"凸出"的部分"敲平",这样一来,他应该就会喜欢女人了。这些幻想取决于他的潜意识,在他的潜意识中,女人的身体里装满了父亲的阴茎以及和阴茎等同的危险排泄物,这些阴茎和危险的排泄物把女人的身体撑破后便凸出在她的身体外面,因此,他对女人身体"凸出"部分的怨恨其实针对的是父亲内化和再现阴茎。在他的幻想中,母亲的身体内部是一个漫无边际和无法探索的地方,里面潜伏着无数危险和死亡,而母亲本人只不过是一个装满可怕阴茎和危险排泄物的容器。她细腻的皮肤以及所有的女性特征都被他视为非常肤浅的掩盖,掩盖她身体里正在进行的破坏活动,虽然女性的特征让他觉得悦目,但他更害怕它们,因为它们是女性欺骗与叛变本质的标志。

通过阴茎与大便的连接关系,B先生把他父亲的阴茎引起的焦虑进一步置换到他母亲的身上,同时也置换到他母亲有毒而又危险的排泄物上。通过这种方式,他在掩盖下从母亲的身体里拿走一切让他感到害怕和仇恨的东西,这个具有重大意义的置换过程的失败可以从这个事实推断出:B先生重新意识到他对女性乳房和臀部客体所隐藏的焦虑,它们代表着迫害者,在女人的身体里对他进行监视,而且,他带着明显的厌恶与焦虑跟我说,他永远不敢对它们发起攻击,因为他连碰都不敢碰它们。

与此同时,B先生已经把那些让他感到恐惧的东西都置换到了母亲身上,因此,母亲的身体变成了让他厌恶的客体。他还把阴茎和男性极度理想化,对他而言,只有男性身上的一切是清晰可见、一目了然的,男性不会隐藏任何秘密,因此是自然而又美好的客体。由于他将所有从父亲体内激发的恐惧置换到母亲的身体里,所以,他坚决压制和自己身体内部相关的所有东西。他强调那些可见的,特别是自己的阴茎,但是他又强烈地产生怀疑,这种怀疑的程度我们可以在他五岁时问保姆的问题中看到。他问保姆,"前面和后面"哪一个最糟糕(前面是阴茎,后面是肛门),当保姆回答他"前面"时,他表现得相当惊讶。还有一次,在他八岁时,他从楼梯最顶上往下看,他憎恨自己,同时也恨自己穿的黑长袜,他的联想表明,那时候他父母的家里常常非常阴沉——其实是"死气沉沉",他认为自己应该对这种阴沉负责,或者是对母亲身体内遭受的破坏负责,这个阴沉的房子象征着他自己的身体,这是由他的危险排泄物导致的(黑色的长袜)。B先生对自己身体内部的压制以及把身体内部置换到外部造成的结果是:他仇恨和害怕外部,这种仇恨和害怕不仅仅针对他自身的外表(虽然外表是他持续焦虑和关心的对象),而且还针对外部其他联合物体。比如,他厌恶一些服饰,特别是他的内衣裤,因为他的内衣裤犹如他的黑色长袜一样,看起来仿佛是他的敌人,它们将他紧紧围住并紧贴在他的身体上,它们想要压垮他的身体,它们象征着从内部对他进行迫害的内化客体和排泄物,通过把对内部危险的害怕置换到外部世界,他内部的敌人被转移到了外部。

下面我们来探讨一下B先生的具体情况。B先生在婴儿时期时吃的是奶粉,他的力比多没有得到满足(从母亲那里),由此阻碍了他的乳房吮吸固着,这个阻碍增加了他对乳房的破坏冲动,并且在他的想象中,乳房是个危险的地方(在潜意识中,他认为乳房是鸟身女妖)。通过将乳房和父亲危险的阴茎等同,他的这个想象得以强化,他认为母亲把阴茎放进她的身体里并再次从她身上出现,很快他就把婴儿安抚奶嘴和奶瓶嘴当成"好"阴茎。由于乳房吮吸被阻止了,于是他把渴望转向阴茎,并把它当成满足自己吮吸欲望的客体。而他在年幼时被哥哥引诱的经历在很大程度上为他的同性恋态度奠定了基

第十二章
早期焦虑情境对男童性发展的影响

础。在他快满两岁的时候,比他大两岁的哥哥莱斯利引诱了他,他们之间的肛交行为使得他从未满足过的口腔吮吸欲望得到了满足,这个行为让他非常专注于阴茎。让他建立起同性恋态度的还有另外一个因素,那就是他的父亲。在他幼年的时候,他的父亲是一个少言寡语的人,正是因为这个小儿子,让他的父亲变成了一个慈爱、和蔼的人,于是B先生决定赢得父亲的爱。B先生做到了,对他的分析表明,他认为自己成功地把父亲的"坏"阴茎变成了"好"阴茎,他的这种想法使得他的焦虑得到了缓解,并且,在他成年后变成他和男人发生同性恋的动机。

B先生一共有两个哥哥,莱斯利是他的二哥,比他大两岁,他非常喜欢并崇拜这个哥哥,他把莱斯利视为"好"阴茎的代表,原因是他的口腔吮吸渴望从莱斯利这里得到了满足(从与莱斯利的性行为中)。他渴望自己的智力能赶上莱斯利,从而和他平等相待,因此,他最终从事了莱斯利从事的职业。B先生的大哥比他大四岁,名叫大卫,是他的父亲和父亲的前妻的孩子,他对大卫的态度则截然不同。B先生认为(也许他的想法是正确的)和他相比,他的母亲更喜欢他的两个哥哥,于是他很不喜欢大哥大卫,虽然他比大卫小了四岁,但他还是想方设法占了上风。B先生占上风的结果一部分原因可能是大卫的受虐倾向造成的,另一部分原因可能是他的心理优势造成的。他把针对"坏"阴茎的施虐冲动发泄在大卫身上,尽管他在小时候也和大卫发生过性关系,与此同时,他把大卫当成装了父亲阴茎的充满危险的母亲。我们将在后面看到,他的两个哥哥都替代了他的父母,确切一点,是他幻想中的父母意象,这两个哥哥让他激发了他和父母意象的那些关系。虽然在现实生活中,和父亲相比,他更爱母亲,但是他的幻想中充满了魔法"好"阴茎和危险母亲的意象。甚至当他成年以后他都不喜欢大卫，分析表明，原因是他对大卫感到罪疚。

从上面的内容中，我们看到了好几个影响B先生选择同性恋态度的因素。除此之外，还有几个早期就存在的外部因素，这些外部因素影响了他选择异性恋的立场。虽然B先生的母亲非常爱他，但是他很快就发现了母亲并不是真的爱他的父亲，因为他发现母亲厌恶父亲的生殖器。他也许是对的，因为他的母亲是性冷淡，甚至阻碍了他的性欲望，这也是她热衷于条理和清洁的原因。另外，在他小时候，几个保姆也对所有性以及本能欲望持反感态度（这一点在保姆回答"前面"比"后面"糟糕时得到证实）。还有一个影响他的异性恋位置建立的因素是从小没有小女孩和他一起玩耍，因此，他对女人神秘的身体内部感到恐惧。如果他有姐妹或者小时候经常和小女孩一起玩耍，他的这种恐惧就会得以大幅度减轻，因为姐妹或者小女孩能够让他有机会在幼年时期对女性生殖器的神秘感得到满足。事实上，他直到二十岁才第一次从女性裸体照片上知道女人的身体和男人的身体有哪些不同。分析显示，宽松的褶皱短裙（他小时候见到的）使得他对神秘而危险的女性身体内部的种种想法得到了强化。各种各样的外部因素影响了他对女性一无所知的焦虑，最终导致他放弃了把女人当作性客体的选择。

我在描述男性个体发展的时候指出了，在阴茎上，集中施虐全能是一个建立异性立场的重要步骤，同时还指出了他的自我实施这一步一定要具有强大的能力，才能够在他发展的更早期忍受施虐与焦虑。和其他男童相比，由于B先生的这种能力不够，他对自己排泄物全能的信念更加强烈。他的生殖器冲动与罪疚情感过早就开始运作，并快速形成了良好的客体关系与现实适应能力。因为他的自我很早就得到了加强，因此可以粗暴地抑制施虐冲动，特别是那些针对母亲的施虐冲动，因而，冲动与罪疚情感让他无法充分地和真实客体进行接触，其大多数（对母亲来说，绝大部分施虐）还保留在他的幻想意象中。这样一来，和男、女两性客体良好关系一起的还有他对他们坏意象的严重恐惧，这两种对待客体的态度是两条平行线，永远不会相交。

  B先生不仅没有对母亲进行阴茎施虐，也无法凭借"好"阴茎在性行为中的表现方式来完成他想要让母亲复原的愿望。对于父亲的阴茎，他的施虐受到的压制却很小，但是，他无法对自己的俄狄浦斯趋势施加足够的影响，原因是上述讨论的因素太过强大，导致他无法建立起异性恋位置，因此，他对父亲阴茎的仇恨无法通过正常的方式进行改善，只能部分通过"好"阴茎的信念来实现改善和补充，而这为他的异性恋位置奠定了基础。

  B先生在逃离肛门以及跟他身体内部相关的一切的过程中，在强大的阴茎口腔吮吸固着和其他因素的帮助下，很早就十分钦慕其他男童的阴茎——这种钦慕之情偶尔会上升为崇拜之情。但是分析表明，他强烈压制肛门造成的结果是阴茎在很大程度上获得肛门功能特质，他不仅认为自己的阴茎能力不足还很丑陋（也就是"脏"）。他钦慕的阴茎必须要满足某些条件，没有满足这些条件的阴茎让他感到厌恶，因为这些阴茎具备父亲危险阴茎的一切特质和"坏"大便的特点。虽然有这些局限，但是他还是建立了非常稳定的同性恋立场，他并不认为同性恋行为低劣或者感到罪疚，因为他的补偿修复趋势无法在异性恋位置中表现出来，只有在同性恋行为中才能完全展开。

  B先生的性生活被以下两种客体占据，第一种客体是男童和后来的男人。自他从学校毕业以后，他总是专注于这些人既没有吸引力，也不受欢迎，他们对应他的大哥大卫。B先生无法从这些人身上获得性关系的愉快，原因是他的施虐冲动来得非常猛烈，他意识到了自己的优越感并且用各种各样的方法折磨对方,但是,他又会和对方成为好伙伴,并在他们身上施加好的心理影响,也会竭尽全力帮助对方;第二种客体对应的是他的二哥莱斯利,过去他非常喜爱这个类型的人,同时也非常喜爱他们的阴茎。

B先生的补偿趋势通过上述两种类型的爱客体得到了满足,同时他的焦虑也得到了缓解。在和第一种爱客体的关系中,性交象征着父亲和大卫的阴茎得到了复原,因为在他强烈的施虐冲动中,他幻想自己曾经毁坏了父亲和大卫的阴茎,同时,他对自己的自卑以及阉割客体感到认同,因此,他对客体的仇恨意味着对自己的仇恨,他对客体阴茎的修复意味着对自己阴茎的修复。而他对阴茎的修复倾向最终是为了让母亲得到修复,于是我们可以预见,他想要阉割父亲和哥哥的想法意味着攻击母亲身体里的孩子,所以他才会对母亲产生强烈的内疚感。在修复他父亲以及哥哥的阴茎中,他试着把一个毫发无伤的父亲、毫发无伤的孩子以及毫发无伤的身体内部还给母亲。而修复自己的阴茎则意味着他有"好"阴茎并且可以给母带来性愉悦。

在B先生和他的二哥莱斯利的关系中,他想要修复的想法并不十分强烈,原因是在这种关系中,他专注于"完美"的阴茎,这个让他非常崇拜的阴茎代表着一切魔法般对抗自己焦虑的工具。因为他在这种情况下也认同爱客体,所以爱客体的"完美"阴茎是他也拥有"完美"阴茎的证据,而且还说明了他父亲和哥哥的阴茎也是毫发无损的,于是他对"好"阴茎的信念以及母亲的身体毫发无伤的信念得以巩固。在和让人钦慕的阴茎这种关系中,他的潜意识施虐冲动找到了出口,原因是在这种关系中,他的同性恋活动象征着对爱客体的阉割(一部分原因是他嫉妒爱客体,另一部分原因是他想要占有伴侣的"好"阴茎),这样他就能从所有方面取代父亲的位置,从而和母亲在一起。

B先生的同性恋立场虽然很早就建立了并且十分牢固，而且他主动拒绝了异性恋立场，但是在他的潜意识中，他始终坚持异性恋目标。这个目标从他还是小男孩的时候就开始树立了，直到他长大成人仍然还在坚持，他在潜意识中的种种同性恋活动表征种种途径，这些途径通向这个他坚定不移的目标。

他的超我施加的性活动标准很高。在性活动中，他一定要将母亲身体内部自己曾经破坏的每一个地方进行修复，他的修复工作从阴茎开始，也从阴茎结束。这个修复的过程仿佛一个人想要修建一栋美丽的房子，但是他常常怀疑自己能不能打下牢固的地基，于是他不停地对这些地基进行加固，并且永远地做着这项工作。

因此，B先生能够复原阴茎的能力也是他精神正常的基础，一旦这个信念被击垮后，他就发病了。几年前，他喜爱的二哥莱斯利在一次探险活动中遇难去世了，B先生虽然也悲恸不已，但是他的精神并没有被击垮。他能够承受这份打击的原因是这件事没有激发他的罪疚感，也没有使得他对自己建构全能的信念受到打击。对B先生来说，二哥莱斯利拥有魔法般的"好"阴茎，他可以将对莱斯利的信念和爱转移到另外一个人的身上。然而，后来发生的一件事彻底击垮了他，那就是后来他的大哥大卫生病了。在大卫生病期间，B先生无微不至地照顾他，他希望自己的关心和努力能让大卫早点好起来，但是，他的希望破灭了，因为大卫去世了。大卫的去世对他的打击非常大，彻底将他击垮了，他的精神也因此出现了问题。分析表明，大卫的去世对他的打击比莱斯利的去世对他的打击还要大，原因是他对大卫有强烈的罪疚感，更重要的是，他复原阴茎的信念受到了动摇。这就意味着他不得不放弃潜意识中试图复原的所有事物——让母亲和他自己的身体得到复原是最后的尝试，他的希望破灭还有一个后果，那就是他的复原工作遭受严重阻碍，这也成为击垮他的最后一根稻草。

我曾强调过B先生的母亲不能成为他修复客体的原因（由性交完成），因此，母亲也不能成为他的性客体，而只能成为他温柔情感的客体。尽管这样，他的焦虑和罪疚感还是非常强大，不仅使他的客体关系受到严重的干扰，同时也严重阻止了他的升华趋势，导致的结果就是，B先生的意识中全是他母亲的身体健康——他总是自言自语他的母亲没有生病，只不过是"身体弱"而已——他的潜意识彻底被焦虑占据了。在他的分析由于假期而中断之前（后来每次的分析都在每个周末之前的当日和次日完成），他在情景转换中连续表现出害怕，他说他将再也见不到我了，因为我在这期间将会发生某个致命的事故。他的这个幻想通过不同的版本反反复复多次出现，但是主题只有一个，那就是我在拥挤的大街上被一辆车撞倒以及碾压。事实上，这条街道在美国，也就是他的家乡，而且在他童年的记忆中具有重大意义。小时候他经常和保姆一起上街，每当经过这条马路时他总是十分害怕——分析表示，他害怕将再也见不到母亲了。当他处于重度忧郁的时候，他在分析中经常说事情再也不可能"变好"了，除非时光倒流，幼儿时期发生过的事情重新再来一次——比如，当他经过那条街道时，街上所有的车辆都没有开动就好了。对于B先生和这本书中曾经提到的儿童来说，车辆的移动代表着父母之间的性交。在B先生早期的自慰幻想中，他曾经把性交幻想成父母的致命行为，而且他始终被这个恐惧笼罩：他的母亲和他自己将被母亲吞入体内的危险阴茎（因为他内射"坏"阴茎）毁坏（被车子撞倒），这个恐惧最终变成强烈的焦虑。他把自己的家乡想象成一个幽暗、毫无生气以及简陋破败的地方，即便事实上，他家乡的街道上是川流不息的车辆（象征他父母之间的频繁性交）。和他的家乡相比，他幻想出一个生机勃勃、轻松美丽的城市。有的时候，他发现他的这个幻想在他在其他国家的城市旅游时得以实现，哪怕仅仅是一段非常短暂的时光，这个让他的想象得以实现的城市表征他的母亲和自己的身体获得修复并且重新焕发出新的生命。但是，强大的焦虑导致他认为这样的复原并不能完成，同样地，他工作中的拘谨和束缚感也是由于这个原因。

当B先生还能正常工作的时候，他在撰写一本关于科学研究结果的书。由于拘谨和束缚感越来越强烈的原因，他不得不停止撰写。这本书对他而言，具有和那座美丽的城市一样的意义，书中的每一条信息和每一个句子都体现了父亲复原的阴茎以及健康的孩子，书本身表征的是他内化的健康母亲以及他自己复原的身体。他的分析表明，他对自己身体"坏"内容的恐惧是他的创造力遭受阻碍的主要原因，他疑病的症状之一是身体内部非常空虚。在智力方面，他抱怨曾经有价值而又美丽有趣的事物都变得毫无价值并且"破旧不堪"，它们通过某个方式从他身边被夺走。这些抱怨的根源来自他的恐惧：他担心，在投掷他的坏意象以及危险排泄物时，他身体中那些"好"而"美"的部分可能已经丢失了。

为B先生提供强大创造动力的是他的女性立场，他的潜意识被加上了一个条件，那就是除非他的身体中装满的都是好客体——其实指的是美丽的小孩子——否则，他不能创造孩子，也就是不能把孩子带到世上来。为了达到这个条件，他不得不将自己身体里的"坏"客体都清除掉（但是清除后他会觉得空虚），或者把它们变成"好"客体，就如同他把父亲和哥哥的阴茎变成"好"阴茎一样，如果他可以实现，他就能确认他母亲的身体和身体里的孩子以及父亲的阴茎都获得了复原，那么，他的父亲和母亲就可以融洽地生活在一起，并从彼此那里获得性满足。而他自己在对"好"父亲的认同中，能够给予他的母亲几个孩子并且让自己的异性恋位置更加牢固。

经过十四个月的分析治疗，B先生重新拿起了未写完的书，他对母亲的认同感也通过幻想转移呈现了出来：他幻想自己变成我的女儿。他回忆当他还很小的时候，他非常希望自己变成一个女孩，原因是他知道母亲想要一个女孩，但是，在潜意识中，他又想通过性爱的方式来爱母亲，因为他不担心自己会用阴茎来伤害母亲（因为这样做了母亲一定会恨他，而且他自己也认为这是危险的举动）。尽管他对母亲和显著女性特征具有强烈的认同感——这些特征也出现在他的书中，但是，他还是没有保持住女性位置，这就是导致他创造性活动受到束缚的根本原因。

在B先生的分析治疗中，随着他对母亲的认同以及变成女人的愿望越来越强烈，他在工作中的拘谨和束缚感渐渐得到减轻。他对内化客体的恐惧在一开始时就制约了他对孩子的渴望以及他的创造力，他对母亲这个竞争对手的恐惧首先针对的是他内化的"坏"母亲（她和父亲结合在一起）。那些内化的客体是导致他担心被监视、被查看的强烈焦虑的原因，他只能小心翼翼地将自己的想法隐藏起来，因为他的所有想法都呈现了自己内心中美好的东西———一个儿童。正是由于这个原因，他才会把自己的想法撰写成书，因为这样就能够让自己的想法在写作中不受"坏"客体的打扰，他必须得把身体里的"好"客体从"坏"客体中区分出来，然后把"坏"客体转变成"好"客体。在他的潜意识中，他的写作活动和整个智力生产过程都与身体内部的复原和孕育孩子息息相关，这些孩子都将是他母亲的孩子。他通过在母亲的身体里装满美丽孩子的方法来复原自己身体里"好"母亲的意向，并小心翼翼地保护着那些他体内从"坏"客体中（它们是父母性交的结果以及父亲的"坏"阴茎）再诞生（即被复原）的客体。这样一来，他的身体就变得漂亮健康了，原因是他漂亮健康的"好"母亲转而保护他不受他体内"坏"客体的毁坏。B先生由于对这个复原"好"母亲产生认同感，他幻想那些漂亮的孩子（指思想与探索）都是他和母亲孕育的孩子，他将"好"母亲的头衔授予母亲——即由于母亲曾经给予他健康的母乳，从而帮助他获得健康强大的阴茎。直到他可以选择并升华女性位置，他的男性特质才会在他的工作中才发挥更大的效果。

在B先生对"好"母亲的信念增强的过程中，他的偏执狂、疑病焦虑症以及忧郁症都得到了缓解。相应地，他也可以更好地胜任工作了，虽然刚开始的时候也表现出了焦虑和强迫症状，但是后来便应对自如了。他的同性恋冲动逐渐减小，对阴茎的喜爱也不再那么强烈，同时对"坏"阴茎恐惧（曾经和对"好"而美的阴茎的崇拜重合）也得到了缓减。在这个时期，我们碰到了一种焦虑：在B先生的幻想中，他父亲的"坏"的内化阴茎插入了他的身体里，占据并控制了他的阴茎，他觉得自己已经无法控制和有效地使用自己的阴茎了。这种恐惧在他青春期时非常强烈，他努力控制自己不自慰，这导致了他在夜晚遗精的结果，他的内心十分害怕，他认为自己控制不住自己的阴茎了，它被魔鬼控制了。他还认为自己的阴茎被魔鬼控制的结果是，阴茎可以自己变大变小，随意变化。B先生把自己成长过程中阴茎经历的种种变化都归因为这种焦虑。

这种焦虑使得他更加厌恶自己阴茎，同时也让他自卑的心态更加严重，因为他认为阴茎是肛门部位的，会产生非常"坏"的破坏效果。与此同时，严重地阻碍了他对异性恋位置的选择。他曾经这样想过，当他在和母亲性交的时候，他怀疑父亲的阴茎正在看着他，而且还强迫他进行捣乱，因此，他被迫和女人保持距离。现在就非常明显了，他曾经过于把希望寄托在阴茎上，它表征意识和与意识有关的严重抑郁症，以及对他身体内部的否决，因此他的希望在这一刻彻底破灭。当以上这些忧惧的分析刚一完成，B先生的工作能力就有了明显的进步，同时他的异性恋位置也得到了加强。

正当这个时候，由于某些外部原因，B先生的分析被中断了。截止到目前，他的精神分析产生了非常好的结果，他的深度抑郁和工作中的拘束得到了完全消除，他的强迫症状、偏执狂以及疑病焦虑症也得到了很大的缓解。这些结果让我们有理由相信，如果他继续进行治疗，他将完全可以建立起异性恋位置。

附录一 儿童分析的广度和局限

对成人来说,心理分析的目的非常清晰,那就是纠正他不健康的心理发展进程。为了实现这个目的,分析的宗旨在于调整本我以及超我需求之间的关系,让它们可以协调发展。为了实现这种调整,分析还需要拨正成人业已增强的自我,让自我最终可以满足现实的需求。

那么,儿童分析的目的是什么呢?分析又会对正值发展期的儿童的生活产生什么影响呢?首先,分析能够让儿童的施虐固着得到消除,从而让其超我的苛刻程度得到降低,同时让他的焦虑和本能倾向的压力得到减轻。由于儿童的性生活和超我都处于较高的发展阶段,他的自我会有所膨胀,这样它才有能力协调超我的需求与现实需求之间的关系,由此他新的升华根基会变得越来越牢固,旧的升华也会舍弃其不稳定的特性和强迫性的特性。

儿童在青春期时,他的焦虑和罪疚感只有维持在一定的限度内,他和客体的分离才会如期发生,这种分离还伴随着内在需求的增加。

否则，这种行为只算得上是逃离，而不是真正的分离，或者这种分离将会以失败而告终，青少年将一直固着在他的原始客体上。

如果想让儿童有一个让人满意的发展结果，我们必须让儿童超我的苛刻程度有所降低。虽然儿童各个发展阶段的目标有很大的差异，但是这些目标的实现都由相同的基本条件决定，那就是超我和本我之间的调整，并在这个调整的基础上建立一个足够强大的自我。分析在帮助儿童实现这种调整的过程中，会遵循与支持儿童所有发展阶段的自然的发展路线。与此同时，分析还能帮助儿童调节他的性活动。通过缓解儿童的焦虑与罪疚感，分析可以限制他们强迫性的行为，并改善那些容易引起触摸恐惧或者被触摸恐惧的行为。因此，分析能够从整体上对那些能对缺陷发展起到根本性作用的因素产生影响，也为儿童未来在性生活以及人格上的顺利发展奠定了基础。

我在儿童分析中通过观察得到的结果表示，越是深入分析儿童的每一层潜在意识，他们释放出的超我压力就越多。但是我们必须思考一个问题，即分析性程序有没有可能介入过深了，它们是不是强烈减轻甚至彻底消除了超我的作用。据我所知，在整个发展的过程中，力比多、超我以及客体之间的关系相互影响；除此之外，当力比多冲动和毁灭性冲动彼此融合后，它们之间还会相互施加影响。我还发现，当施虐特质激发焦虑时，力比多冲动和毁灭性冲动的需求就会增加。所以，早期焦虑造成的焦虑不仅会对力比多的固着点以及儿童的性经验产生巨大的影响，而且还会在现实中和他们发生联系，使其成为力比多固着的一部分因素。

从心理分析的经验来看，即便是一次彻底深入的分析治疗，也只能从一定程度上让儿童前性器的固着点和施虐特质得到减轻，而无法将它们彻底消除。其中，只有一部分前性器力比多能够转变成性器力比多。我认为，同样地，这个常见的现象也适用于超我。儿童由毁灭性冲动产生的焦虑在质量和数量上都会对施虐幻想产生回应；这种焦虑还和它对危险的内化客体产生的恐惧相对应，并促成了明确的焦虑情境。这些焦虑情境和前性器冲动相关，并且正如我一直努力指出的，它们不可能被彻底清除，分析只能减轻它们的影响力，并在一定程度上缓解儿童的施虐症与焦虑。因此可以说，儿童早期阶段形成的超我绝对不会完全放弃它的影响力。分析能够做的就是，缓解前性器固着并缓解焦虑，从而帮助超我从前性器阶段转变到性器阶段。在减轻超我苛刻程度上的每一次进步，都意味着力比多本能冲动又一次赢得了毁灭性冲动，也意味着力比多朝着性器阶段迈进了一步。

早期焦虑情境绝不会彻底停止运转，这个观点也道出了心理分析的局限性，也就是说焦虑不能被彻底治愈，而且不管是儿童还是成年人，心理分析治疗都无法保证未来他们绝对不会重新出现问题。如果出现这种情况，我认为我们应该先认真思考一下导致心理精神疾病的因素。我不想大量讨论儿童从早期就出现疾病的案例，这些疾病有时候会在他的生命历程中改变疾病特征，有时候又会呈现出原始特征。我基本上只讨论特定案例，在这些案例中，病人会明显在生活中的某个特定时刻发病。当然，通过分析也表明了，这个疾病早就处于潜伏期了，只不过是因为某些特定的事件，它才发展到了急性阶段，从而使它变成了真正意义上的疾病。发生这种情况的一种可能是，个体可能在生活中遭遇了某些事件，这些事件激发了他早期占据主导地位的焦虑情境，从而导致他身上已有的焦虑数量增加到了最高点。这时候，他的自我再也无法继续忍耐下去，于是疾病终于清晰地呈现了出来。又或者是，不好的外部事件阻碍了他克服焦虑的过程，而且还可能受到了病原的影响，最后他的自我只能孤军奋战，独自面对焦虑的强大压力。在这种情况下，一点点失望，哪怕在本质上非常轻微，也会让他对有用意象以及他自身建构能力的信念受到动摇，从而干扰他克服焦虑的方式，并在他身上促发了疾病；这就如同现实使得他早期的焦虑事件被证实了一样，这些事件使得他的焦虑受到了强化。从一定程度上来说，这两种因素息息相关，据我观察，这两种因素中的任何突发事件都极有可能引发精神疾病。从我前面的内容中可以看出，儿童的早期焦虑情境是一切心理精神疾病的基础。我们知道，无论是成年人还是儿童，对他们的分析治疗并不能让这些情境彻底停止运转，因此它既不能完全治愈患者，也不能完全排除患者在未来的某一天患上精神疾病的可能。但是，分析能够做到的是，可以让儿童获得相关的治疗，从而大大地降低他未来发病的概率，这具有非常重要的现实意义。在分析中，儿童早期焦虑情境的影响越是减少，自我和自我用来克服焦虑的方法就会越多，它的预防效果也就越好。

我认为，心理分析还有一个局限，那就是由于个体的心理构造有所不同，因此成功的程度也会因个体的不同而有所差异，哪怕是儿童也不例外。分析能在多大程度上减轻焦虑，这主要由多种因素决定，这些因素包括个体具有几种焦虑、哪种焦虑情境占据了主导地位、在早期发展阶段中他的自我主要发展了哪几种重要的防御机制等；也就是说，它由童年时期个体精神障碍上的结构决定。

对于十分严重的案例，我认为进行长时间的分析是很有必要的，如针对5~13岁的儿童，用18~36个工作月是比较合适的，在个别特殊案例中我甚至用了55个月，有些成年人的时间还会更长。一直要等到焦虑在数量或者质量上得到了有效的修正，我才能合理地结束分析。另一方面，这么长时间的治疗会因分析的深入而得到更深远、更持久的结果，因此这也可以完全弥补长期治疗带来的弊端。此外，在大多数案例中，分析时间常常比这短很多（一般不超过8~10个工作月），但也能够产生非常令人满意的效果。

在上述的内容中，我把注意力集中在了儿童分析所能提供的主要可能性上。事实上，分析能在成年人身上做到的，同样也可以在儿童身上做到，并且收获到的内容可能比成年人还多，不管是正常的儿童还是神经官能症患者。分析可以使儿童免受很多不幸与痛苦的经历，要知道这些经历让成年人在接受分析之前受到了无比痛苦的折磨；而且和成年人的分析相比，儿童分析在治疗学上具有更加深远的前景。近几年来积累的经验让我和其他儿童分析师有足够的理由相信，精神病和精神病特质、人格畸形、不合群行为、严重的强迫性神经官能症以及种种发展抑制都能在个体的童年时期得到治愈。我们知道，当他成年以后，这些情况就无法完全受到心理分析治疗的影响。的确如此，童年阶段，我们根本无法预测某种疾病在多年以后会发展成什么样，也判断不了它是不是会变成精神病、犯罪行为、人格畸形或者严重抑制。但是，如果我们在早期可以对不正常的孩子进行成功的分析，那么至少能够预防以上这些情况的发生。如果儿童已经呈现出了严重的障碍，并且可以及时获得分析治疗，那他们就可以免受那些悲惨的命运，并过上正常人的生活。否则，这些人晚期可能会在监狱或者精神病医院度过余生，也或者他们的人格会完全分裂。如果儿童分析可以成功做到这些（有很多迹象表明它可以做到），那这个方法不仅可以为个体提供帮助，还能给整个社会带来不可预料的贡献。

附录二 说明

《儿童精神分析》是梅兰妮·克莱因早期研究成果中的巅峰之作，同时也是儿童分析方面的优秀著作。这本书描述了梅兰妮·克莱因在心理分析中的游戏策略，这是她在20世纪20年代初期的柏林率先创立的一种策略，而与此同时，胡贺慕斯博士（《儿童分析策略，1921》）和安娜·弗洛伊德（《儿童分析策略的入门》，1927）创立了另一种发展路线。梅兰妮·克莱因在《儿童分析专题论文集》（1927）中对它们之间的不同进行了探讨，并在《儿童分析中的游玩策略》（1955）中介绍了这个策略的早期历史。

梅兰妮·克莱因从来没有改变过她在《儿童精神分析》中阐述的技术原理，这个原理也始终是她儿童分析工作的基础。那个时候，她已经针对个体心理机能建立了具有自我特色的普通概念。她认为，自我建立了一个内化形象的内在世界，并通过投射和内射的过程与真实客体形成互动。由于自我对客体的施虐特征，它受到了焦虑的困扰。

自我早期的主要任务就是成功克服焦虑,而这个时候的焦虑已经带有精神病特质;随着进一步发展,它逐渐转变成神经质焦虑。

  这些观点源自她的早期论文,当然也在本书中进行了更充分、更系统化地阐述。她的总体观点是,如果焦虑没有过度,那它就会成为发展的动力。而且,最初克服的焦虑往往具有精神病特征,如果这个焦虑没有得到减轻的话,它会导致个体在童年时期就患上精神病,或者在成年后患上心理疾病。在本书中,她还针对超我与俄狄浦斯情结的早期阶段提出了一些假设性观点;这些现象原本只能通过心理分析得以了解,并且只能了解到它们晚期的表现形式。她认为,苛刻的超我形成于正常的良知之前,并在前性器期中对恋母情境中的多变性关系表现出了嫉妒与焦虑。恋母情境包括了儿童对母亲身体的施虐幻想、两性中的女性位置以及女性性特征中女性特质的真实由来。总的来说,她认为我们不可以从孤立的角度看待客体关系、自我、超我、性特征的发展以及意象上的改变等,因为任何一个因素都会对其他因素产生影响。她的这些研究结果最初在1919和1939年发表的一系列论文中有所陈述(《克莱因文集Ⅰ》)。

  此外,梅兰妮·克莱因在这本书中还增加了很多她新的发现。而对未来研究具有巨大理论意义的是,她在这本书中首次基于生存本能和死亡本能展开了研究工作。也就是说,梅兰妮·克莱因现在已经掌握了两个重大发现的理论手段。这两大发现分别是抑郁位置和后来的偏执精神分裂位置;从概念上来讲,它们主要取决于主体是不是具有爱和恨这两个截然相反的冲动,以及这两个冲动之间会不会相互作用。当然,在本书中,弗洛伊德的观点至今仍然具有重大意义。弗洛伊德很早就认为,力比多会通过精神以及性的阶段得以持续发展,亚伯拉罕还对此做了补充。总体上,克莱因认同生存本能和死亡本能之间的相互作用是心理机能的基本原则。除此之外，她只是把这两个概念在一个新的基础上明确并尽可能简洁地表达了出来。自1923年起，梅兰妮·克莱因专注于焦虑的现象的研究，并把焦虑归因于死亡本能之上：从本质上来说，焦虑源自死亡本能的出现以及它所带来的危险。自那以后，梅兰妮·克莱因一直坚持这个观点，并在《精神分裂机制的几点补充》（1946）中对此进行了详细的说明。在这篇文章中，她把焦虑和死亡本能联系在了一起，她还认为超我的起源和死亡本能有关：超我从本我中分离出来，而且它还被自我用于防御仍然存留在内的那部分死亡本能。一旦吞并的过程开始，被吞并的客体就承担起了超我的作用。虽然这样，在超我的形成与内射恋母客体的关系上，梅兰妮·克莱因一直赞同弗洛伊德的观点。而且，她还在本书中阐述了超我的作用，还从运作方式上对焦虑与罪疚感进行了区分：早期的超我被自我视为焦虑，只是后来随着超我的发展，罪疚感才随着产生。要想对梅兰妮·克莱因关于超我的观点有所了解，读者可查阅《克莱因文集Ⅲ》中针对《儿童良知的早期发展》（1933）的说明部分。

此外，梅兰妮·克莱因在本书中第一次围绕自慰与乱伦提出了女性受虐症、恐惧症、愧疚以及禁忌等，她还十分新颖且错综复杂地描述了男孩跟女孩的性发展。梅兰妮·克莱因在本书之前的一篇论文《智力抑制理论》（1931）中，还重新定义了强迫性神经官能症。弗洛伊德认为，强迫性神经官能症是后期肛门固着的一种回归，梅兰妮·克莱因的观点则跟其有着明显的差异。她认为，强迫性神经官能症是对约束早期精神焦虑的一种尝试。梅兰妮·克莱因的思想体系中还没有涉及补偿的概念，她在本书中认为全能补偿倾向是一种缓解早期焦虑的手段。而且，虽然这和自恋期有关，但是她始终明确地把这看作是一种非常早期的客体关系。

　　纵观梅兰妮·克莱因的所有研究成果，我们该如何评价这本《儿童精神分析》呢？它占据什么分量呢？这本书最全面地记录了她早期的所有研究成果和概念，但开始写作时，她已经处于转型期。她提出的一些观点只部分吻合了主要的理论基础，因此它的参考价值很快就不如弗洛伊德和亚伯拉罕在精神和性阶段上提出的力比多理论。另外，她对弗洛伊德关于生存本能和死亡本能的理论的引用也很少，所以从内容上来说，这本书稍稍有点错综复杂了，有时它还会前后矛盾。在这个起步阶段的所有研究成果中，梅兰妮·克莱因一直过度地强调攻击行为；这本书也不例外，因为她的大部分新作都会讨论到攻击性问题。此外，在这个起步阶段，各种发现层出不穷，梅兰妮·克莱因虽然受到了各种发现的刺激，但还是忽视了理论上的一致性。

　　不管怎样，在这以后，她用了三年的时间改变了这本书里对儿童人格发展的这种描述性叙述，转而针对生命的头几个月发展出了一套完整且具有重大影响的理论。其中有三篇代表性的论文，它们分别是《论躁郁症状态的心理动因》（1935）、《服丧和躁郁症状态的关系》（1940）和《精神分裂机制的几点补充》（1946）。正如梅兰妮·克莱因在本书的第三版序言中所说的，这些是她对研究成果的回顾，而且她还修改了部分观点；毕竟，在本书中，爱被赋予了更重要的意义，尽管她没有承认这一点。

编辑委员会
梅兰妮·克莱因信托基金

附录三　克莱因生平年表

1882　3月30日生于维也纳。

1886　二姐席多妮（Sidonie）因肺结核病逝。

1897　长兄伊马努尔（Emanuel）进入医学院。

1900　父亲墨里士·莱兹（Moriz Reizes）因肺炎病逝。伊马努尔转学成为艺术系学生。

1901　与阿瑟·克莱因（Arthur Klein）订婚。

1902　伊马努尔病逝于热那瓦（Genoa）。

1903　与阿瑟结婚。

1904　长女梅莉塔（Melitta）出生。

1907　长男汉斯（Hans）出生。

1909　因过度沮丧而住进瑞士一所疗养院长达数月。

1910　和丈夫及孩子移居布达佩斯。

1914　次子艾力克（Erich）出生。母亲莉布莎（Libussa）去世。首次阅读弗洛伊德的作品《论梦》（über den Traum）。开始接受费伦齐分析。阿瑟受征召，加入奥匈帝国军队。

1918 于布达佩斯举行的第五届国际精神分析年会（International Psycho-Analytic Congress），首次跟弗洛伊德见面。

1919 于匈牙利布达佩斯精神分析学会（Budapest Society）宣读第一篇论文《一名儿童的发展》（Der Familienroman in statu nascendi），并被遴选为布达佩斯精神分析学会会员。

1920 在海牙举行的第六届国际精神分析年会上，首次跟胡格-赫尔姆斯及亚伯拉罕见面。

1921 和次子艾力克迁居柏林，开始在柏林执业。发表《儿童的发展》（The Development of a Child）。

1922 成为柏林精神分析学会（Berlin Psychoanalytic Society）的会员。发表《青春期的抑制与困难》（Inhibitions and Difficulties at Puberty）。

1923 发表《儿童力比多发展中学校的角色》（The Rôle of the School in the Libidinal Development of the Child）、《早期分析》（Early Analysis）。

1924 接受亚伯拉罕分析。在萨尔斯堡（Salzburg）举行的第八届国际精神分析年会上发表论文。与丈夫阿瑟分居。于9月和艾利克斯·斯特雷奇（Alix Strachey）见面。

1925 詹姆士·斯特雷奇（James Strachey）于英国精神分析学会朗读克莱因作品的摘要。受琼斯之邀，7月前往伦敦进行三周的讲座。其分析随着亚伯拉罕的逝世而告终。发表《论抽搐的心理成因》（A Contribution to the Psychogenesis of Tics）。

1926 离婚，9月迁居伦敦。随后次子艾力克迁居伦敦。发表《早期分析的心理学原则》（The Psychological Principles of Early Analysis）。

1927 十月二日被遴选为英国精神分析学会（British PsychoAnalytic Society）正式会员。发表《儿童分析论文集》（Symposium on Child-Analysis）、《正常儿童的犯罪倾向》（Criminal Tendencies in Normal Children）。

1928 长女梅莉塔抵达伦敦。发表《俄狄浦斯情结的早期阶段》（Early Stages of the Oedipus Conflict）。

1929 发表《儿童游戏中的拟人化》（Personification in the Play for Children）、《艺术作品中反映的婴儿焦虑情境》（Infantile Anxiety Situations Reflected in a Work of Art and in the Creative Impulse）。

1930 发表《象征形成在自我发展中的重要性》（The Importance of Symbol-Formation in the Development of the Ego）、《对精神病的心理治疗》（The Psychotherapy of the Psychoses）。

1931 开始分析第一位受训分析师史考特（Clifford Scott）。发表《智力抑制理论》（A Contribution to the Theory of Intellectual Inhibition）。

1932 出版《儿童精神分析》（The Psycho-Analysis of Children）。

1933 5月22日费伦齐逝世。梅莉塔被遴选为英国精神分析学会正式会员。出版《儿童良心的早期发展》（The Early Development of Conscience in the Child）。

1934 4月长子汉斯因山难意外去世。发表《论犯罪》（On Criminality）。

1935 伦敦——维也纳交换讲座展开。发表《论躁郁状态的心理成因》（A Contribution to the Psychogenesis of ManicDepressive States）。

1936 发表《断奶》（Weaning）。

1937 发表《爱、罪疚与修复》（Love, Guilt and Reparation），收录在

《爱、恨与修复》（Love, Hate and Raparation）。

1938　6月6日弗洛伊德抵达伦敦。

1939　9月3日大战爆发。与苏珊·艾萨克斯（Susan Isaacs）一同迁居剑桥。9月23日弗洛伊德辞世。

1940　于七月定居皮特洛可里（Pitlochry）。发表《哀悼及其与躁郁状态的关系》（Mourning and its Relation to ManicDepressive States）。

1941　开始分析十岁的案例"理查"。于九月返回伦敦。

1942–44　世纪论战展开。

1945　发表《从早期焦虑讨论俄狄浦斯情结》（The Oedipus Complex in the Light of Early Anxieties）。

1946　英国精神分析学会形成"A"训练课程和"B"训练课程。出版《对某些类分裂机制的评论》（Notes on Some Schizoid Mechanisms）。

1948　发表《关于焦虑与罪疚的理论》（On the Theory of Anxiety and Guilt）。

1950　发表《关于精神分析结案的标准》（On the Criteria for the Termination of a Psycho-Analysis）。

1952　国际精神分析期刊庆祝克莱因七十大寿出版专刊。发表《移情的根源》（The Origins of Transference）、《自我与本我在发展上的相互影响》（The Mutual Influences in the Development of Ego and Id）、《关于婴儿情绪生活的一些理论性结论》（Some Theoretical Conclusions Regarding the Emotional Life of the Infant）、《婴儿行为观察》（On Observing the Behaviour of Young Infants）。

1955　梅兰妮·克莱因基金会于2月1日成立。发表《精神分析游戏技术：其历史与重要性》（The Psycho-Analytic Play Technique:Its History and Significance）、《论认同》（On Identification）。

1957　发表《嫉羡与感恩》（Envy and Gratitude）。

1958 发表《论心智功能的发展》(On the Development of Mental Functioning)。

1959 发表《我们成人的世界及其婴孩期的根源》(Our Adult World and its Roots in Infancy)。

1960 9月22日于伦敦逝世。发表《关于精神分裂症中忧郁症状之短论》(A Note on Depressive in the Schizophrenic)、《论心智健康》(On Mental Health)。

1961 出版《儿童分析的故事》(Narrative of a Child Analysis)。

1963 发表《〈俄瑞斯忒斯〉的某些省思》(Some Reflections on The Oresteia)、《论孤独感》(On the Sense of Loneliness)。

附录四　个案病人名单

姓名	年龄	诊断
莉塔（Rita）	两岁零九个月	强迫性神经官能症
楚德（Trude）	三岁零九个月	婴儿期神经官能症、大小便不能自主
彼得（Peter）	三岁零九个月	严重婴儿期神经官能症
鲁思（Ruth）	四岁零三个月	严重婴儿期神经官能症
库尔特（Kurt）	五岁	婴儿期神经官能症、明显神经质特质
弗朗茨（Franz）	五岁	严重婴儿期神经官能症、严重学习障碍
约翰（John）	五岁	严重婴儿期神经官能症
厄娜（Erna）	六岁	强迫性神经官能症、强烈的偏执特质

续表

姓名	年龄	诊断
巩特尔（Gunther）	六岁	变态的人格发展、神经质特质
葛莉特（Grete）	七岁	神经分裂症
英格（Inge）	七岁	正常
维尔纳（Werner）	九岁	强迫性神经官能症、性格问题
埃贡（Egon）	九岁半	早期精神分裂症
肯尼斯（Kenneth）	九岁半	变态人格发展、严重的抑制与焦虑
伊尔莎（Ilse）	十二岁	精神分裂症
路德维希（Ludwig）	十四岁	正常
格特（Gert）	十四岁	神经质问题
比尔（Bill）	十四岁	神经质问题
A先生（Mr.A）	三十五岁	同性恋、带有偏执与疑病特质的强迫性神经官能症
B先生（Mr.B）	三十五岁左右	同性恋、严重的工作抑制、抑郁、躁郁症、偏执与疑病